西方服饰与时尚文化：古代

A Cultural History
of Dress and Fashion in Antiquity

［英］玛丽·哈洛（Mary Harlow） 编

谭皓今　杨帆　译

重庆大学出版社

Ⅰ 西方服饰与时尚文化：古代

玛丽·哈洛 （Mary Harlow） 编

Ⅱ 西方服饰与时尚文化：中世纪

莎拉－格蕾丝·海勒 （Sarah-Grace Heller） 编

Ⅲ 西方服饰与时尚文化：文艺复兴

伊丽莎白·柯里 （Elizabeth Currie） 编

Ⅳ 西方服饰与时尚文化：启蒙时代

彼得·麦克尼尔 （Peter McNeil） 编

Ⅴ 西方服饰与时尚文化：帝国时代

丹尼斯·艾米·巴克斯特 （Denise Amy Baxter） 编

Ⅵ 西方服饰与时尚文化：现代

亚历山德拉·帕尔默 （Alexandra Palmer） 编

身体、服饰与文化系列

《巴黎时尚界的日本浪潮》
The Japanese Revolution in Paris Fashion

《时尚的艺术与批评：关于川久保玲、缪西亚·普拉达、瑞克·欧文斯……》
Critical Fashion Practice : From Westwood to van Beirendonck

《梦想的装扮：时尚与现代性》
Adorned in Dreams : Fashion and Modernity

《男装革命：当代男性时尚的转变》
Menswear Revolution : The Transformation of Contemporary Men's Fashion

《时尚的启迪：关键理论家导读》
Thinking Through Fashion : A Guide to Key Theorists

《前沿时尚》
Fashion at the Edge : Spectacle, Modernity, and Deathliness

《时尚与服饰研究：质性研究方法导论》
Doing Research in Fashion and Dress : An Introduction to Qualitative Methods

《波烈、迪奥与夏帕瑞丽：时尚、女性主义与现代性》
Poiret, Dior and Schiaparelli : Fashion, Femininity and Modernity

《时尚的格局与变革：走向全新的模式？》
Géopolitique de la mode : vers de nouveaux modèles?

《运动鞋：时尚、性别与亚文化》
Sneakers : Fashion, Gender, and Subculture

《日本时装设计师：三宅一生、山本耀司和川久保玲的作品及影响》
Japanese Fashion Designers : The Work and Influence of Issey Miyake, Yohji Yamamoto and Rei Kawakubo

《面料的隐喻性：关于纺织品的心理学研究》
The Erotic Cloth : Seduction and Fetishism in Textiles

即将出版：
《虎跃：现代性中的时尚》
Tigersprung : Fashion in Modernity

《视觉的织物：绘画中的服饰与褶皱》
Fabric of Vision : Dress and Drapery in Painting

前　言

玛丽·哈洛

　　现代观众能轻易地认出冠以"古典"之名的希腊或罗马风格的图像。这种图像通过博物馆里或实地的雕塑原作，通过文艺复兴或新古典主义时期重新演绎的作品及其复制品，通过电影、电视或电子游戏这些更接近我们现代生活的媒介传播开来。然而，现代观众可能不会马上意识到衣橱中那些具有特定的希腊—罗马文化特征的细微之处。本书将通过对有效证据的调查以及对公元前 500 年—公元 500 年的材料提出特定问题，来概述这些细微差别以及古代服装和时尚所传达的信息。在任何情况下，无论过去还是现在，着装都会传递一系列有关穿着者身份的复杂信息。这些身份信息将在本书的各个章节中提及和被拆解，但在我们开始论述之前，有几个关于古代服装本质以及时尚的问题要说明。

以现代的标准来看，古希腊、古罗马人的行头相当有限。经过几个世纪的演变，其基本上是一种束腰外衣搭配大衣、斗篷或裹巾。尽管这种行头相对简单，但服装和纺织品的风格足以让当时的人判断出他们遇到的任何个体的等级、地位、民族、年龄，以及最重要的——阶级和性别。对他人的服装、装备以及肢体语言的一瞥，已能够让观者识别出他人的社会地位，退一步讲，即使观者不能识别出他人的着装规范，也至少能看出这人是否是外地人。现代观众要依靠一系列的佐证来理解这些来自古代的信息：图像让我们看到覆盖在衣服之下的身体的理想化模型；文学和文献资料提供了一个背景，我们在此背景下阅读视觉图像并理解古人对某些服装单品的态度。此外，考古纺织品的残片为我们提供了一个现实基础，让理解古代服装的生产方法和经验性质成为可能。罗兰·巴特（Roland Barthes）意识到了这种情况。他发现将实际的服装、符号化的服装（在照片中）和文字之中的服装（在评论中）的相关证据组合起来是困难的，尽管他在 1967 年出版的《时尚系统》（*Système de la mode*）一书中谈到了女性杂志中的时尚。这也是古代服装史学家所面临的难题。现存证据的范围很广，并尚存一些疑云。本书所研究的古代世界，从英格兰北部的哈德良长墙，横跨西欧直至莱茵河和多瑙河，南至北非和埃及，东至叙利亚，时间跨度超过千年。因此，本书包括许多民族和许多重大的政治变化及文化变迁。然而，在整个古代，用于制作纺织品和服装的工具的演变却保持相对静止，并遵循强大的地方文化传统，因此，至少对于地中海沿岸地区，我们可以用静态历史与动态历史两种方式来谈论服装。本书大部分章节都集中于论述该时期西方的主流文化，即古希腊文化——实际上古希腊通常指的是雅典城及其周边地区，并包括斯巴达以及罗马帝国及其势力范围。

图 0.1　红绘双耳杯，画师布里塞伊斯（Briseis）的作品，约公元前 480—公元前 470 年。
The J. Paul Getty Museum，Los Angeles.

　　来自这些社会的证据绝不稀少，但它们往往是零碎的，相互间在年代或地理上并不完全吻合。瓶画、雕塑、马赛克拼贴画以及造型艺术等形式的视觉资料被保存下来，这些特定图像的背景及其产生方式对肖像题材（iconographic program）有很强烈的影响。（图 0.1）因为类型图像通常也代表着类型装扮，所以作任何分析都需要考虑到这一点。而书面资料也同样与类型有关，读者需要意识到，作者和艺术家都不是从事时尚板块创造业务的人，而是塑造了让观众既能欣赏又能产生共鸣的形象的人。书面和视觉资料是其所属政治和文化时代的产物。图案和风格往往始于部分精英文化，不过，在古代社会涓滴效应已被证实：当一种风格流行起来的时候，它就会被社会底层的人接受，但一旦精英阶层以外的人穿上它，它作为文化和社会象征的内在价值就会发生变化。[1]与现存的布料相比，视觉和文学资料有一个优点，那就是它们的范围很广泛；从公元前 500 年开始，在研究过的这个时段的文化中——除了少数几个，都或多或少地产生了艺术和文学。现存的考古证据则较为零碎。纺织工具，特别是纺锤，被发现可以超越地理和时间跨度；不过纺织遗迹主要来自沙漠条件下的埃及、叙利亚和约旦地区，这些遗迹通常可以追溯到古代晚期。偶尔，一些偶然的环境条件允许纺织品在西欧其他地区留存下来，但这相对罕见。[2]为了创造出一幅人们可以理解的关于古代服装和时尚的画面，研究人员需要进行一些方法上的倒转腾挪，必须小心地将高度背景化的资料过度概括出来。

从公元前 500 年—公元 500 年，西方古代服装最基本的方面之一是，大多数服装是在织机上做出来的。它们只需要很少的剪裁，传统上制作衣服不是把面料从一段布上剪下来，然后缝制成形，而是把面料织成一个整体。[3]古希腊人和古罗马人都知道裁剪和缝制而成的服装，但视它们为外来的东西，是象征着不同文化的服装。他们的世界，是以用最少的附加扣件去覆盖和包裹身体的衣服为标志的。他们的有些衣服，尤其是古希腊的佩普洛斯（peplos），会用别针别住，有些斗篷或外套会用胸针固定住，而贴身剪裁、量身定制的衣服是罕见的。

织造成形在服装生产中起着特殊的作用。从一开始，成品服装就在纺纱工和织布工的脑海里。织机是用来制造这种特殊的服装的，这不是一种在穿过经线或织成布匹后随意创作出来的服装。在古希腊或古罗马服装的国内生产中，特定服装的生产模式从操作链（chaîne opératoire）的开始环节就决定了。如果要一件衣服柔软光滑，其纺织原料只有羊绒毛的某些部分或者用特定方式加工过的亚麻布可以选择。如果需要制作一件彩色衣服，羊毛在上织机之前会被处理成染色的羊绒毛或机纺纱。物品的形状也决定了织机的安装方式：经纱纺起来应该比纬纱更强力还是结实？纬纱的密度应该比经纱的密度大吗？如果需要制作有图案的饰带，是否必须有一份卡通的设计手稿和便于理解的线的计数方式，以确保得到一个平衡、对称的图案？收尾是织成整体还是留作流苏？古代纺织生产很少是随机的或由某一特定纱线的偶然供应决定的。即使只有纺织工具或破碎的织物留存下来，纺织品考古学的研究也大大增进了我们对这一过程的了解。与现代工业化生产过程相比，古代的纺织生产可能看起来很"原始"，但它其实是一项高度复杂的活动，需要生产者具有很高的技艺。[4]（图 0.2）

  在古希腊世界里，对男人、女人和小孩来说，最基本的服饰是以多种编织方式做成的束腰外衣。一般来说，男性的宽大长袍希顿（chitōn）、女性的佩普洛斯以及扣着纽扣的希顿都可以用同一块布料——一块长方形的、风格不同的布料制成。男性服装方面，可以在对应肩膀处的布料上缝两个长方形的带子，或者在织机上纵向或横向地将布料织成一个整体，有时还会在衣服内部做一个织边，以留出头部的空隙并形成领口。而对于女性服装佩普洛斯，则是首先将一块大的矩形布料折叠大约三分之一的长度，然后将其环绕在身体上，并将折叠后的布料边缘别在肩膀上，折叠部分垂至腰部或大腿上部。佩普洛斯有一面是开放的、可以缝合的，但可以通过腰带和一些操作以大量布料来隐藏那些不应该被看到的身体部分。女式希顿是由一块对折的长方形布料或两块长

图 0.2 黑绘油瓶（*lekythos*），出自画师阿马西斯（Amasis），其上的图案展示了重锤织机，约公元前 550—公元前 530 年。Image ©The Metropolitan Museum of Art，New York，Fletcher Fund，1931.

方形布料做成的，沿着肩膀系紧，并系牢"袖子"。这部分是用超出身体宽度的布料做成的，而不是缝上去的。在古罗马雕塑中出现的这种服装，通常被称为有"开口袖"的束腰外衣。雕刻家经常展示这种束腰外衣的袖子上的扣子，扣子之间都有开口。目前还不清楚这种系扣是如何工作的：它似乎不是现代意义上的扣孔或扣钩，但显然是创造出来的某种形式的系扣。[5] 所有束腰外衣都可以用腰带束起来，容纳和约束多余的布料，并塑造形状和个人风格。

大量的束腰外衣或其残片自罗马时期被保存下来，所以我们对它们的构造有更好的了解。它们在织机上被织成特定的形状。当"clavi"（从肩部延伸到下摆的两条装饰带）变得普遍后，在织机上横向织造束腰外衣就变得更简易了。因此可以通过挂毯式方法或其他技术将"clavi"织进束腰外衣中，使其成为织物纬线的一部分。可以通过在对应头部的织物空隙处编织两条内边来制作出领口。把织物从织机上取下后，将其旋转 90°，其就成为一件可以从头上套下来的束腰外衣。这种基本款式适合男人、女人和孩子，但其穿着方式特别是它的长度，也许还包括对纺织原料、装饰品和颜色的选择[6]，定义了穿着者的性别。随着时间的推移，束腰外衣的形状发生了一些变化，袖子开始被采用。在这种情况下，织造从一侧袖子的袖口开始；束腰外衣主体部分的织造将用到更多的经线组，之后再次减少经线的用量以完成另一侧袖子的织造。织造中可将装饰品和领口一起编织进去，并在另一侧袖口处收口，完成整个工序。同样地，织物一旦离开织机，就会被旋转 90°。人们可能会缝合袖子的上侧面和下边沿，缝合后就可以穿着了。穿上它时，经线横穿束腰外衣的主体。长斗篷与斗篷也是用类似的方法制作的。在织机上，长方形的斗篷是单件织造的，而那些带弯曲边缘的斗篷也是如此制作。即使是无处不在的古罗马托加袍（toga）也是单件织造，但是它的尺寸很大，需要一台非常大的织机[7]来制作。织物从织机上取下后，再以各种方式整理成衣服，有时是简单地缝纫织物边沿，有时则通过大量的缩绒处理使织物起绒或绒毛平整、使织物软化，有时是创造出特殊效果，例如使织物打褶。（图 0.3）

西方古代装束那明显的一致性引出了一个问题：关于时尚，我们能有多深入的讨论？这是古代历史学家争论不休的一个问题，特别是那些侧重经济学研究的历史学家。尽管我们不能将快节奏、全球化时尚中的那些现代、后工业观念与节奏慢得多的古代世界等同起来，但我们依然可以去追踪随着时间的推移而产生的变化：人们对特定种类纺织品的偏好；处理它们的方式；新的色调的出现；穿着衣服的方式；以及从长远来看，不同民族服饰习俗的出现。服装的这些物质特性往往与某些个体的愿望结合，从而产生不符合社会规定的服装，或将"尊敬"的边界"玩弄于股掌之间"。这就是本书的主要观点，即两种目的——实现一系列面料、颜色和装饰的可利用性，让人看起来具有个性或在人群中脱颖而出——之间的互动构成了人们对于时尚的想法和行为。而困难在于在幸存的证据中识别出这种融合，尤其是在文学表现中，看起来与众不同或过度修饰的想法经常收到负面反馈。围绕穿着衣服的身体的道德论述是贯穿本书几个章节的一个主题。[8] 在古代，穿着与社会规范相悖的服装总是会引发非议，尤其是当有人喜欢上已经被视作外国文化的服装时。直到本书

图 0.3 科普特人（Coptic）的束腰外衣，出自约公元 5 世纪的埃及，外衣材质为未染色的亚麻布，搭配羊毛装饰。Image ©The Metropolitan Museum of Art, gift of Edward S. Harkness, 1926.

所涵盖的时期的最后阶段，带有长袖或紧身裤的紧身束腰外衣才变得既时尚又被上层阶级接受。古时这类服装在雅典城和罗马城这类大都会中并不少见，但在一段时间里被西方社会视为蛮族文化，因此被西方社会认为是不可以接受的公民着装。[9] 过度装饰的感觉也会引来责难；反之，有些矛盾的是，在基督教的修辞学中，则以此来夸大苦修造型的意义。[10] 关于时尚的争论强调服饰在一个社会的文化和着装规范中扮演的角色：无论是在古代还是今天，都是如此。在古代，这种状态尤其与阶级、地位和性别的概念联系在一起，因为任何话语中占主导的声音都来自精英男性，他们创作的文学作品和委托创作的艺术作品常常引导我们对过去的看法。因此，纺织品考古学和对遗留下来的材料的精细研究在测定变化以及时尚方面发挥着非常重要的作用。

颜色是古代服装难以被摸透的方面之一。对从古代留存下来的染色纺织品染料的分析表明，古人已掌握了诸多植物、昆虫、软体动物和矿物的染色特性，并能运用复杂的技术来提取颜色[11]。一些颜色具有象征性的特殊意义，这让它们无论是在现实生活中还是作为着装规范的一部分都非常重要，其中明显的例子就是紫色。至少从公元前 2 000 年的头几个世纪开始，紫色就与经济、社会权力以及皇室有了关联。最珍贵且最有光泽感的紫色是由各种骨螺属软体动物的腺体提取的染料染成的，而许多较便宜的紫色替代品是通过将蓝色（来自崧蓝或槐蓝属植物）与红色（来自茜草属植物）混合制成的[12]。我们通常很难去想象古代的彩色服装，因为我们的古典美学（aesthetic of the classical）是直接建立在希腊瓶画上那种单色图像和那些占领各大博物馆、美术馆的白色大理石雕像之上的。近年来，对古代雕塑彩绘的创新性工作开始改变这一看法，但制作《穿披肩的少女》（Peplos Kore）、来自（雅典）卫城的波斯骑士彩绘复制品，或对第一门的奥古斯都[1]像进行彩绘复原，仍相当具有挑战性[13]。研究人员对古代的一些著名雕像进行各种分析，得出了有趣的结论。希腊化时代那些尚存一丝颜色或者可以进行复原的人像给我们的印象是，与古典时代更纯的原色相比，它们采用了更柔和的色调，当时的人偏爱柔和的淡粉红色、浅蓝色、薰衣草紫以及亮黄色。这发生在雕塑艺术还在偏好追求展示多层服装的工艺的同时期。这一时期的雕塑通过精心雕刻来表现一件斗篷下那材质轻盈、几乎透明的束腰外衣，让一件衣服的重量看起来明显比另一件大[14]。同一时期的赤陶人像也使用了类似的色彩组合[15]。雕像上的服装和装饰所使用的颜色是为了强调真实服装所用染料以及雕塑中所用涂料的成本[16]。

从雕塑表现中感悟现实服装是一个复杂的问题，但从公元前 3 世纪开始，文学资料就经常强调服装的奢华本质，包括体现在它的颜色和纹理中的奢华。普劳图斯（Plautus）是公元前 3 世纪的喜剧作家，他会让一个角色抱怨其家中的妇女对衣服的选择权：她们可以选择织得很密的或织得非常精细、几乎透明的亚麻或羊毛衣服。亚麻可以经过整理和上油而具有光泽，羊毛可以被染成各种颜色。这表明，即使受到标准形状的限制，但女性至少可以选择通过材质和颜色来个性化自己的衣服[17]。改变衣服的质地也会影响披挂的方式以及将衣服层层堆叠在一起的操作方式。在服饰领域，用手头的材料去创造一种"造型"的潜力是显而易见的，男性作家们所表达的焦虑也证实了这种潜力。在阿普列乌斯（Apuleius）的《金驴记》（Metamorphoses）中，即使是一位奴隶女孩，也可以用红色的腰带来装饰她的亚麻束腰外衣[18]。

----

[1]　指罗马帝国第一任皇帝屋大维（Gaius Octavius Augustus）。——译注

对考古纺织品中的染料的分析，弥补了对古代雕像的色彩装饰的研究以及文字资料中对色彩的探讨的不足之处。在一些遗迹中发掘出一些具有耐人寻味的颜色以及色彩组合的物品，以现代色彩感知去看它们，会感觉到一点不和谐：这是一种心照不宣的暗示，即色彩组合、品位以及时尚，都受到文化的影响。Didymoi（公元 3 世纪在埃及沙漠里的罗马驻军）的纺织品有各种各样的颜色，包括粉色、紫色、薰衣草紫色、红色、橙色、绿色以及许多介于它们之间的色调。这些颜色往往与女性的行头有关，它们的存在也可能在提醒我们注意驻军里的人员。正如发掘者们和纺织考古学家们推测的那样，衣服的颜色与罗马埃及（Romano-Egyptian）木乃伊肖像画上留存的颜色非常相似[19]。在罗马埃及的木乃伊肖像画中（图 6.9），颜色更频繁地运用在女性肖像上，男性肖像则倾向于展现纯白色或灰白色的束腰外衣，只有被称为"clavi"的条带式装饰有颜色——或许还能瞥见一件彩色的斗篷。一些从木乃伊肖像画中发现的证据也证实当时存在一种风格的变化，即从穿着单一的束腰外衣到穿着分层的束腰外衣，比在罗马雕塑中出现这种变化的时间要早，考古学家认为这是时尚从外围向中心转变的一个实例[20]。

在各个时期，男性和女性都容易受到时尚变化的影响，而文学以高度性别化的方式呈现了人们对个人外表的关注。纵观整个古代，男人和女人都谨慎地履行社会对服装以及装饰的礼节要求，如履薄冰，但往往会超出界限。男性笔下和口中滔滔不绝的道德化语言表达了有关性和性行为、社会控制和社会整合、经济和遗产减少的可能性的焦虑。这一时期还存在着一种共同的担忧，那就是担心服饰的力量会导致欺骗以及其地位象征意义的滥用，而与此同时，这也是社会流动性的标志。但矛盾的是，表达这些焦虑的精英作家们所处的文化环境认为，富人和穷人、公民和非公民、男性和女性之间的地位差异应该在着装及配饰上清楚地体现出来。读者们会发现，这类紧张氛围在本书的每一章都有出现，为所有关于衣着和外表的文学探讨提供一种背景杂音。它们显示出穿着衣服的身体在过去和今天都是被评论的对象，且易于被阐释。

在古代，对生产过程更深入的了解促使人们仔细观察他人的穿着方式，如今的许多人都做不到如此仔细地观察。在现代世界，大多数人将服装与在商店、杂志、电视或互联网上看到的成品服装联系在一起。而在希腊—罗马世界的情况则是非常不同的：几乎每个人都直接参与服装生产的操作链的所有阶段，具备与之相关的知识。古代经济以农业为主，在整个古代，大量服装是家庭生产出来的。人们会种植、收割和加工亚麻来生产亚麻布，饲养绵羊来获取羊毛。所有的女性和一部分男性要学会纺纱。一件衣服所需要的纱线量从几米到几千米不等，即使是专业的纺纱工也需要足够的时间才能保质保量地稳定产出。一年四季，人们都可以在每天的闲暇时间用纺锤进行手工纺纱。纺纱所需空间小，且工具便于携带。织布则需要更结实的工具，并且是一种静态职业。大多数女性从小就会学习纺纱和织布。努力工作并产出优质的纺织品的能力是美德、高贵和价值的象征。[21] 随着时间的推移，特别是在古罗马时期，服装生产已经走出了单一的家庭领域，男性被训练成织布工，并且一种更有组织的供求过程开始发挥作用。[22] 这意味着每个人在某个阶段都有过纺织生产的直接经验。贫困家庭的孩子会观察父母是如何加工亚麻或羊毛的，观察母亲、姑姑或姐姐如何纺纱、织布，并向她们学习这种手艺。其中有些人可能会变得非常熟练，能够制作出可以出售的额外产品，从而提高家庭收入。在任何时候，纺织品都是家族财富的一部分。富裕家庭的孩子可能看不到实际生产过程，但他们仍会看到奴隶们参与其中。对他人服装的批评或赞扬的总量显示出观察者所具有的关于羊毛种类和质量的知识储备量，此外，我们可以假定观察者对投入服装生产过程的时间和资源的总量也有很好的理解。对他人外表的评论——例如，妓女穿着的那透明的人造丝绸，对粗糙的而非光滑的羊毛的运用，对优质、柔软、洁白的羊毛的认可——不仅意味着观察者对服装质量具有感知力，其还因对劳动力和成本的感知力而获得对地位的感知。只有当一位观察者具有共通的礼仪观念时，才能拿他人着装上的错误来开玩笑；只有理解了服装的物质价值，道德评论才具有价值。位于社会等级体系另一端的服装的物质价值，可以从考古发现的人们对服装的仔细修补和回收利用中看出。在罗马时期的埃及的克劳狄亚努斯山（Mons Claudianus）采石场，居民都是工人和工匠。人们在那里的遗址发现了两件打有很多补丁的束腰外衣，它们虽然有过大量修补，但依然可见有人曾小心翼翼地维护过上面的"clavi"线条的痕迹。[23] 那时，带补丁的、旧的和穿过的束腰外衣也可以抵押给当铺、送出去修补或者裁剪成合适的大小给孩子穿。这表明即使是在社会底层，衣服也保有其内在价值，一直到它破败不堪为止。[24]

　　古代人对操作链流程（特别是对纺纱和织造过程）那近乎直觉的了解，从古代文学中使用的纺织相关术语可见一斑。从一开始，与纺织品生产相关的隐喻和图像就是语言最具视觉感的方面，例如，命运三女神纺出人类的生命线，编织了故事和歌曲；凡间女子阿拉喀涅和女神密涅瓦有一场编织比赛；克里特的公主阿里亚德妮用一团线把雅典王子忒修斯从迷宫中拯救出来——在古代神话、诗歌和戏剧中有无数的例子可以证实这一点。[25] 不过，最根本的一点是使用纺织相关术语来阐明复杂的知识结构，例如阐释数学原理以及宇宙的存在。设计织机所需的知识，对经纬线二元系统的理解，以及预测经纱张力、织机配重和成品布料之间技术关系的能力，为哲学家们提供了一种用来谈论数学、宇宙学和理想状态的运作方式的语言。[26]

尽管有这类知识以及对服装生产的复杂性的智力认知，在古代，具备服装生产所需许多技能的人的地位还是很低。有一部分原因是纺织工作被看作家庭生产的一部分，因此，它更偏向于被视为"女性的工作"，而不是那涉及政治和战争的男性公共空间。即使在男性也成为参与这一过程的一分子时（主要作为织布工），工匠类和艺匠类工作也只是以体力劳动的形式出现，因此被认为不适合受过教育的阶层。[27]

一些形式的书面证据提供了关于这一时期的服装和时尚世界的不同看法。其中一种书面证据是从希腊化时代的埃及和罗马埃及流传下来的纸莎草纸文献。沙漠环境使许多纺织业遗迹得以留存下来，同时保存下来的有财产账目、税单、嫁妆以及典当商的清单、服装生产的订单和未能履行订单的借口以及一些私人信件。总的来说，这类材料引发了与纺织品生产和服装的价值有关的有趣见解。公元 2 世纪的一张典当商清单罗列了一些被抵押换钱的束腰外衣，一件红色束腰外衣价值 20 德拉克马 [2]，这个价格几乎是白色（或素色）束腰外衣的两倍。[28] 在那些私人信件中，人们要求家人购买特定颜色的纱线并寄给织布工，或者要求家里的亲戚记得检查衣服里是否有蛾子，或者把衣服寄给远离家乡的亲戚。[29] 一些来自帝国另一端（来自哈德良长墙的温德兰达）的类似信件表明当时给士兵送去了袜子和内裤。[30] 这些让我们可以瞥见古代使用功

---

[2] 德拉克马：drachmae，希腊货币单位。——译注

能性服装和多余的服装这一事实。到本书所涵盖的时期结束之时，罗马帝国皇帝戴克里先（Diocletian，公元 301 年）颁布了《限定物价敕令》（*Edict of Maximum Prices*）。在这篇长文中，有很大一部分内容涉及服装、鞋子以及原材料的成本。在关于其他商品的内容中，它列出了一件用紫色地衣染色的紫色条纹粗羊毛女式 "dalmatic"（一种宽松且带袖的束腰外衣）的价格；部分由丝绸制成的带兜帽的 "dalmatic"；列出一系列以地名命名的、带兜帽的斗篷（如 "Laodicean" "Nervian" "Taurogastric" "Noric"、不列颠、高卢、非洲）；来自穆蒂纳（Mutina）的轻长斗篷；亚麻 "dalmatics" 和一等到三等质量的披肩，其中还包括适合奴隶用的粗亚麻布；"dalmatics" 和面巾按它们所含有的紫色染料的总量来定价。颁布《限定物价敕令》的目的是控制整个罗马帝国的物价，它表明，即使有大量夸张的言论，还是有许多不同风格和品质的服装可供那些买得起的人消费。我们可以想象一下，古代的人们穿着他们能负担得起的衣服。如果他们身处有政治影响力的圈子之外但很富有，那么他们就能穿自己选择的衣服，并且可以无视任何可能招致道德谴责的潜在因素。[31]

此外，还应考虑当前研究中两个更深层次的相互关联的方面：复原的作用以及实验考古学的作用。越来越复杂的古代服饰复原方法被用来检验服装生产过程并对此提出疑问，它还被用来理解古代服装的经验本质。研究人员们正在对他们的工作施以更加严格且谨慎清晰的标准，借助当前精密的虚拟现实技术，模拟出服装的重量以及织法，从而让人感受到垂挂衣服的柔韧和布料的手感。对古代服装的复原让我们能更好地了解穿着某些服装需具备的肢体语言。[32] 例如，据说古希腊和古罗马的一些男女在身着披挂式或包裹式衣服时不允许进行剧烈运动，以此限制他们从事体力劳动的能力。因此，有人认为，这些男女的繁复的装束为其强加了某种地位和生活方式。然而，在披挂式和包裹式衣服依然常见的现代社会，无论男女都承担着繁重的劳动。[33] 复原还有助于我们厘清服饰难懂的一些方面，例如声音和气味。它们可以帮助我们理解在古代操纵织物的种种可能性，有助于我们认识文学性话语的力量和惯例。结合利用古代技术制作出复制品的实验，人们对生产时期有了重大的了解，为更好地了解古代操作链以及纺织品固有的经济价值和地位价值提供帮助。对古代服装的完整再现与复原也让人们看到了在着装实践以及对服装的文化解读方面，过去和现在之间的本质差异。

本书涉及的研究是古代服装和时尚研究工作的一部分，该研究工作在 21世纪早期出现爆发式增长，正慢慢地将这一研究主题从小众话题引至主流之位。在 20 世纪，希腊—罗马时期的服饰史研究结果已逐渐从一系列古怪服饰的历史故事发展成了一波又一波的出版物，涵盖纺织品生产的各个方面，艺术和文学中对穿衣和人类裸体的研究，考古中关于纺织品年代测定和染料分析的专业研究，服装作为文化指示物以及性别、民族和身份识别码的作用的研究，服装作为叙事工具和隐喻的文学用途的研究。在本书末尾列出的大量参考书目佐证了当前的研究范围。

这里不是去全面回顾古代服饰研究历史的场合，但是为了将本书置于当前的研究语境中，需要将一些学科的发展因素考虑进来。在过去，对希腊和罗马世界中的服饰的研究仅限于肖像学层面的讨论。瓶画、浮雕、雕塑、壁画、马赛克拼贴画和其他造型艺术中的图像提供了主要证据，它们往往比其他类型的信息更优先被考虑。精心筛选的文学和文献证据偶尔会涉及留存下来的纺织品，也对研究资料做了补充，而这类证据是预留给专业考古学家的。毫不奇怪，出版物遵循了传统学术研究的方法：古典主义者们和古典考古学家们倾向于优先采用图像学和文学证据；考古学家则会从纺织品和纺织工具的残骸入手；而博物馆管理员要考虑文物的保护、构成、修复和展示。同样地，这并不罕见：我们都倾向于发挥自己的长处和满足本学科的诉求。在 20 世纪早期，此类规则出现了一些例外，其中一个事例是莉莲·威尔逊（Lillian Wilson）当时从事的工作 [1924 年完成的《罗马托加袍》(*The Roman Toga*) 和 1938 年的《古代罗马人的服饰》(*The Clothing of the Ancient Romans*)]，她在工作中采用了多学科综合研究法。她的这种开创性的研究方法影响至今。在 20 世纪末与 21 世纪初，研究在几个方向上发生了变化。一个变化方向是认识到跨学科和交叉学科的研究方法在着装研究中是必不可少的。如果我们希望把视觉图像和文学想象中的服装落实到日常穿着的服装（或尽可能接近它）上，就需要考虑到制作服装的纺织品本身，以及可能创造出"垂褶"的生产机制，这些"垂褶"才是古代服装的关键要素。同样，如果我们要解读关于地位、性别、年龄、民族、等级、宗教信仰和其他识别码等的微妙信息，我们就需要理解术语、文学典故所在层次以及视觉象征体系——我们需要运用文学批评、文化研究以及社会科学的方法论来辅助研究[34]。例如，丝绸是一种带有财富、异国情调和情色内涵的面料，它同时也具有反光和透明等物理性质。这些都能传达出积极和消极的信息。了解在某个考古背景之中已发现的丝绸的各种衍生物，把握丝绸在实际服装中运用的事实情况，解读文学资料中围绕丝绸的修辞，这些对于我们理解古代服装以及古代社会态度是必不可少的。

另一个同样重要的变化方向就是这种关于古代服饰研究的问题的新认知与"新服饰史"的出现是一致的，而"新服饰史"本身就得益于采用了交叉学科和多学科的研究方法，即把时尚、服饰、艺术史、文化研究、人类学和其他学科的史学家们与基于文物收藏的博物馆馆长们的观点整合到一起。[35] 同时，过去和现在的学者们都开始批判性地认识到并自觉反思在研究着装的过程中用到的方法论。新的学术期刊——例如，*Fashion Theory : Journal of Dress, Body and Culture*（自 1997 年起）和 *Textile : Journal of Cloth and Culture*（自 2003 年起）——登载且质疑这类学科配合的方法，并且许多出版物强调他们的作者使用了一系列的方法论且主要涵盖现代和近代早期。历史学家积极且爽快地接纳了跨学科的研究方法，并采用了新的思维方式——服装和装饰的研究已成为分析古代社会和社会态度的有力工具。专注于服装各个方面的研究项目越来越频繁地得到资助。[36] 有关古代服饰的早期描述性作品孕育出了相关定义、命名以及描述了服装的直观名录。然而，在对公民和非公民、富人和穷人、奴隶以及不同民族群体所穿衣物的归类方面，只是含蓄地将这些服装作为一种社会规范进行了分析。这种传统方法现在已经让位于分析性更明显的研究方法了。在最近的论著中，随着学者们将服饰作为方法论工具箱中的一件工具，把握描述和分析之间的平衡变得更加重要。[37]

为了创造出古代服装和时尚的整体形象，研究人员需要交流和分享知识及方法。本书作者的学术背景涵盖纺织考古学、艺术史、古代文学、宗教研究、古代经济学、古代史和古典文学。他们的这次合作反映了当前服饰研究的跨学科性及国际性。这些研究是这部新的古代服饰史的一部分。他们为本书所做的工作见证了各学科内部发生的根本性变化，以及这种变化所带来的丰富见解。

目　录

第一章　纺织品

伊娃·安德森·斯特兰德，乌拉·曼奈林

引　言

广义来说，"纺织品"这个术语不仅包括机织织物，还可以表示如网状、编织以及毡制结构等任何纤维结构。一件纺织品是资源、技术和社会之间复杂互动的结果。纺织品的生产过程，从纤维到最终成品，包含了几个不同的阶段。值得注意的是，即使在不同时期和地区生产的不同类型的纺织品，其"操作链"也涉及相同的生产阶段，比如纤维的采购、纤维的初加工、纺纱、织造以及整理，每个阶段又都涉及几个子流程。因此，纺织品的生产是资源、技术和社会环境以及大众的需求、愿望和选择共同作用的结果，而大众的诉求又将反过来影响资源的开发。此外，资源的可用性制约着个人和社会的选择。[1]

纺织品及其保存

在古代，纺织品是由以动植物为来源的天然纤维制成的。跟其他易腐的有机材料一样，这些纤维制品会在考古研究过程中快速分解，因此需要在特殊的条件下保存它们，以免其受到微生物破坏。对动植物纤维材料有积极影响的环境条件是酸性条件，它有利于天然蛋白质纤维的保存。这种基础环境同样也有利于保存植物纤维。由于大多数物质的降解需要空气，因此许多纺织品遗存是在厌氧或浸水条件下发现的。不过在其他条件下——例如极端干旱、长期冰冻或存在盐分的环境，或者接触火源导致样品碳化、与金属盐接触导致样品矿物化——也保留下来许多纺织品的样本。在欧洲，已发现的大多数纺织品遗存都与墓葬有关，如服装，遗骸和陪葬品的包裹物，墓饰以及一些其他用途的纺织品。由于墓葬中的有机材料快速且严重降解，因此从这样的环境中发掘出的纺织品通常是一些残片。在北欧的沼泽和湿地沉积物中，则保存了许多完整的羊毛纺织品和皮毛制品。[2] 另外可能会出现纺织品或与之相关的物品的重要环境是祭祀场所，居民区，废弃物堆放处、填埋处等，当然还有一些来源是书面材料和肖像作品。根据考古环境、地理和年代，从南到北、从西到东，不同数量和质量的纺织品都留存了下来。[3] 在南欧，保存条件有所不同，所以保留下来的纺织品质量较差，且发现的也比较少。[4] 相比之下，在干燥的埃及则发现大量留存下来的纺织品，其中有成衣形式的，但更多的是服装残片。

在本书所研究的这一时期，在欧洲各地，尽管纺织品的设计差异非常大，但是纺织技术和纺织工具的变化很小。总而言之，在公元前500—公元500年这将近1 000年的大部分时间内，欧洲各地的人们都使用相同的纺织原材料，纤维加工方式、加工工具以及纺织技术，但是使用强度和目的各有不同。

用于生产纺织品的纤维

植物纤维及其加工方式

亚麻是亚麻科一年生草本植物，其中亚麻（也称胡麻，*Linum usitatissimum*）、大麻（*Cannabis sativa*）和荨麻（*Urtica dioica*）在欧洲、北非和近东的古代社会是用来生产纺织纤维的植物[5]。

亚麻（图 1.1）作为一种人工栽培植物，一直被看作古代纺织品生产中最重要的纤维植物之一。[6] 通过比较德国和瑞士保存的亚麻籽的大小，学者们认为，在新石器时代晚期（公元前 3400 年）就已经存在几种不同的亚麻品种，这已被 DNA 分析证实。[7] 如今，最优质的亚麻纤维的直径约为 20 微米（0.002

图 1.1 亚麻。Courtesy of Margarita Gleba.

厘米），质地强韧且纤维长度为 45~100 厘米。有人认为史前亚麻纤维较短，长度为 21~30 厘米。[8] 亚麻纤维具有丝绸般的光泽，颜色从乳白色到驼色不等。亚麻纺织品穿着凉爽，这是因为亚麻纤维的导热性非常好。此外，它还具有良好的吸湿性。在亚麻吸收湿气的同时，水分会在其中迅速蒸发。在使用过程中，亚麻纺织品可以变得几乎跟丝绸一样柔软且有光泽，但是亚麻纤维通常缺乏弹性。[9]

亚麻的最佳种植条件之一是肥沃且排水良好的土壤。根据地区和气候的不同，亚麻在一年中的不同时节播种。由于亚麻根系主要分布在地表附近，并且很脆弱，所以需要精心准备的土壤。亚麻会消耗土壤中的养分，因此种植亚麻需要进行轮耕，两次播种间需要留有较长的时间，否则亚麻会减产且更容易受到病害，例如真菌侵害。种植期间，亚麻需要定期灌溉。因此在古代社会，亚麻的耕种很有可能是精心计划过的，尤其是在大规模出产亚麻的地方。[10]

当亚麻成熟后，将其从根部拔起，除去种子部分，然后对亚麻作浸渍处理。亚麻茎可以浸泡在水中，也可以铺展在地上。潮湿环境有助于溶解亚麻茎的果胶。将亚麻浸入水中后，由于细菌的作用，它将变得奇臭无比，因此浸渍池通常在远离居民区的地方。浸渍完成之后，就需要进行打麻。在这个过程中，人们会用木槌或者其他专用工具（称作打麻器），将亚麻的茎（连同表皮）打碎，让内部纤维和其他物质分离开来（图 1.2）。之后将纤维打散，并将茎的其余残留物刮掉，这一步可以用木刀来完成（图 1.3）。最后，将得到的纤维放在梳麻台上梳理，使它们进一步相互分开并保持平行；也可以用刷的方式来进行这一步（图 1.4）。[11]

大麻和荨麻（图 1.5）纤维的制备方法与亚麻相似。直到铁器时代，欧洲

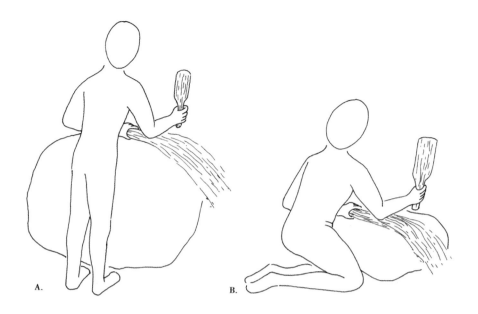

图1.2 用来打烂亚麻茎的木槌。©Annika Jeppsson and CTR.

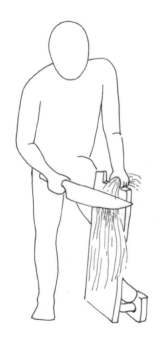

图1.3 用来打散亚麻纤维的木刀。©Annika Jeppsson and CTR.

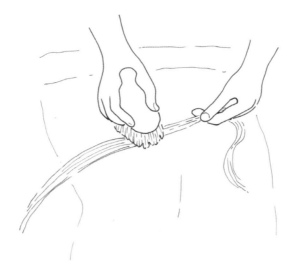

图 1.4　用来梳理亚麻纤维的刷子。©Annika Jeppsson and CTR.

才开始使用大麻。[12] 大麻的植株比亚麻高，但是它的纤维通常更粗糙。大麻纤维似乎更常用于生产船帆、股绳和渔网。

图 1.5　荨麻，异株荨麻，在欧洲地区的野外很常见。它能长到 2 米高，富含精细的白色纤维。©Ulla Mannering and CTR.

虽然在考古发掘中由荨麻纤维制成的纺织品极为罕见，但一些发现表明，荨麻在北欧和地中海地区均作为纺织纤维使用。荨麻纤维一般比亚麻和大麻纤维更短更细，但是非常适用于生产衣用纺织品、绳子和其他纺织产品。由于在没有专业知识和设备的情况下很难区分大麻、亚麻和荨麻纤维，所以西方考古中发现的植物纤维经常被记录为亚麻纤维——这其中也可能有大麻或荨麻纤维。对物种重新鉴别的研究，在将来有望为欧洲范围内各种植物纤维的使用状况提供新的结论。[13]

古罗马的文献资料中提到了棉花，但是古代种植和使用棉花的证据还很罕见。有人认为，在青铜器时代中期的阿拉伯半岛上，棉花种植业的发展与高度专业化的棕榈园农业灌溉系统有一定联系。[14] 棉纺织品在罗马东部和西部各行省以及埃及被发现，但仍不清楚它们是在当地生产的还是从印度进口的。[15] 其他植物纤维材料如芦苇和树的内皮，被用于制作各种纺织产品。这些产品主要用于生产实用工具，例如篮子、垫子、股绳、编织绳和网。

动物纤维及其加工方式

在纺织生产中，人们已经用上了从不同类型的动物身上获取的纤维。羊毛纤维主要来自绵羊，但不同品种的山羊也出产适合制作纺织品的纤维。羊毛纤维柔韧且有弹性，同时还有卷曲结构，每个卷曲之间都有无数小气袋，因此羊毛具有优良的绝缘性。[16] 羊毛不易燃，这让它有了出色的抗高温能力。

大约在公元前 9000 年，绵羊在中东被驯化。然而第一只家养绵羊只提供了用于做衣服的皮和食用的肉，它的毛发并没有用于纺织品生产。[17] 一只绵羊可以产出的羊毛数量取决于它的品种，还取决于它是羔羊、成年母羊、成年公

图 1.6　克里特岛上的绵羊。©CTR.

羊还是阉羊。羊毛产量的差异还在于绵羊的食物和当地气候。（图 1.6）

　　在整个古代，羊毛都是通过拔或剪来获取的。在公元前 500—公元 500 年这段时间，欧洲南部和中部主要采用剪毛的方式，而在北欧，至少到公元伊始前，拔毛仍是获取羊毛的主要方式。一只羊一年可以剪两次毛，但拔毛的话一年只能拔一次。在春末初夏之时，原始绵羊会脱下当年的旧毛。[18] 这种情况下，拔毛是有好处的，去年的旧毛能完全被去除，新的、干净的羊毛会在拔掉旧毛的地方重新长出来。但如果拔毛开始得太早，羊毛可能难以拔下来；如果拔毛开始得太晚，则新长出的毛会与旧毛混合在一起，导致羊毛品质下降。手工拔毛并不会让羊感受到痛苦。如今，在羊换毛期，一个人能在 50 分钟左右的时间里拔完一只绵羊的毛。如果一天工作 10 小时，一个人可以拔光 10~12 只绵羊。如果养殖场规模很大，短期内可能许多人都要参与这项工作。[19]

古代纺织纤维分析是一种可以识别纤维材料，并通过测量纤维直径来区分羊毛细度和类型的方法。[20] 目前有一项关于将羊毛纤维直径与绵羊品种进行关联的讨论，这可以为"毛用绵羊"的发展提供信息。[21] 此外，从绵羊不同部位获取的羊毛，其纤维粗糙度也有很大的差异。例如，绵羊大腿处的羊毛就比侧面和肩部的羊毛更长更粗糙。绵羊毛主要有三种不同的纤维：死毛（kemp）、粗毛（hair）和内层绒毛（under wool）。粗毛纤维的直径范围为 50~100 微米。内层绒毛纤维更细，直径通常在 10~30 微米，并且一般比粗毛纤维更短。部分或全部由内层绒毛纤维纺成的纱线很柔软，是纺织生产的首选材料。死毛纤维的直径一般在 100~250 微米，其特点是硬、脆且易断。因死毛纤维会使织物表面变得硬且有刺感，在纺织品领域不太受欢迎，于是在纺织品生产、加工和使用的过程中，死毛纤维慢慢消失了。[22] 一般来说，山羊毛会比绵羊毛粗，但其实山羊毛也有品质优良的。[23]

羊毛纤维的分选和加工，对最后的纱线成品有很大的影响。[24] 在拔毛或剪毛后，可根据需要对羊毛纤维进行分类。羊毛纤维分类的标准可以是羊毛的颜色、精细度、卷曲度、长度、强度以及结构。[25] 如果羊毛在纺纱前清洗过，那么需要在其中少量添加油脂物，因为羊毛脂（天然羊毛自带的油脂）被清洗掉了。在纺纱过程中，羊毛脂有助于将纤维黏合在一起。如果羊毛需要染色，就需在纺纱前先进行清洗，否则染料无法渗透进羊毛里。剪下或拔下羊毛后，可以直接进入纺纱工序，但一般会先用手或长齿梳对羊毛进行一番梳理（图 1.7）。遗憾的是，研究中极少发现能确定是用于梳理羊毛的梳子。

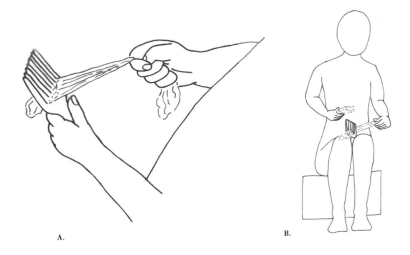

A.   B.

图 1.7　羊毛精梳。©Annika Jeppsson and CTR.

　　在精梳过程中，长粗毛与内层绒毛会分开。对于短羊毛纤维——内层绒毛——也可以在起毛机的帮助下进行梳理。手梳或者机器精梳都能将羊毛中的污垢和打结去除，从而使纺纱过程更轻松，生产出的纱线更加均匀。[26] 另一种处理羊毛的方法是用鞭子抽打羊毛纤维。可以在整片羊毛上进行抽打，但一定注意要让所有的纤维混合均匀。在这些不同的加工过程中，大量羊毛会被浪费掉，但这些边角料可以用于其他目的的生产，如制作毛毡、填充物或隔热材料。制作不同类型的织物和纺织用品需要不同品质的羊毛，这也解释了为什么羊毛在文献中经常被标记和划分为不同的类别。在纺织品生产中，纤维材料的选择将决定成品的品质和用途。

　　所有的羊毛加工工作都有一个风险，那就是感染炭疽，炭疽也被称为"羊毛分拣工病"，这是一种对动物包括人都致命的疾病。有关炭疽的最早记载出现在圣经的《出埃及记》（Exodus）里。古罗马作家维吉尔（Virgil）后来也详细地描述过这种疾病。[27]

河流、干涸的河岸以及缓缓的山丘都回荡着羊群的咩咩声和连绵不断的牛叫声。

而现在，她在一批又一批屠杀它们，众多摊位上堆积着大量尸体，直到人们意识到要用泥土将其掩盖。在把它们埋进坑里之后，相互纠缠在一起、腐烂发臭的尸体才得以安息。

兽皮、用水洗净或用火烧制后的肉也都不可再用。他们甚至无法剪下被脓疮和污物吞噬的羊毛，也不能去触碰腐烂的毛网。

不，只要有人穿上这令人作呕的衣服，他那散发着腐臭味的四肢上就会冒出发烧的水疱并流出肮脏的汗水，过不了多久，诅咒的烈焰就会吞噬他那伤痕累累的四肢。

——维吉尔的《农事诗》（*Georgics*）第三卷，554~566 行

已知炭疽与潮湿的土壤、河流、山谷、沼泽地和湖泊地区有关。[28] 这种疾病会对一个以羊毛和纺织品为经济基础的社会造成破坏性影响。据计算，在 18 世纪中期，欧洲有一半的绵羊死于炭疽。有感染炭疽风险的职业包括羊毛分拣工、精梳工、梳毛工、纺纱工和织布工。[29]

丝是另一种动物纤维。直到公元 500 年以后，它才在北欧被用于纺织品生产。然而，从罗马时代起，地中海地区居民就知道了丝绸纺织品的存在。[30] 古典作家们将丝绸视作一种奢侈的物质，这一态度连同古代许多"禁丝令"却揭示出丝绸的用途比那些纺织品考古发现所能证明的还要广泛。[31]

纺　纱

在纺织品生产中，纱线的制造是最重要的过程之一，其在本质上决定了纺织品的质地和精细度。纱线可以采取几种不同的方式生产，古代就已经普及了不同的纺纱方法。在纺纱过程中，纤维可以从两个方向进行加捻：如果按顺时针加捻，则纱线被称为"z字捻"（按照字母的方向加捻）；如果按逆时针加捻，则纱线被称为"s字捻"。（图1.8）

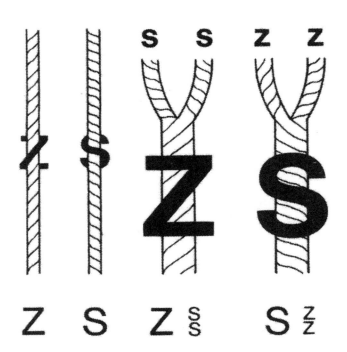

图1.8　纱线加捻（"z字捻"和"s字捻"）以及加股（"Z字股"和"S字股"）方向。
Drawing by Annika Jeppsson，based on work by Bender Jørgensen，1992.

纤维的旋转方向的选择主要遵循传统，但也会受纺纱工是左撇子或右撇子的影响（大约 90% 的人是右撇子）。纱线加捻可以采用紧致或松散两种方式，这由纺纱中纤维的加捻角度（以度为单位）决定（图 1.9），而线的粗细则可以被称为纱的直径（以毫米为单位）。

因此，纱线的特性将影响纺织品成品的外观，纺纱工在制作纱线时选择的方法取决于纱线所针对的纺织品类型、纤维材料以及可使用的工具。例如，某些类型的纱线适用于制作质地粗糙的纺织品，比如船帆，而其他类型的纱线更适用于制作质地精细的高品质纺织品。

在古代，有多种纺纱方式为人熟知并投入使用，但它们都基于手工纺纱。其中最简单的方式不需要工具，只是简单地将纤维抽出，然后用手或者在大腿上搓（也称大腿纺纱）来进行加捻并制作成线。采用这种技术的工作效率

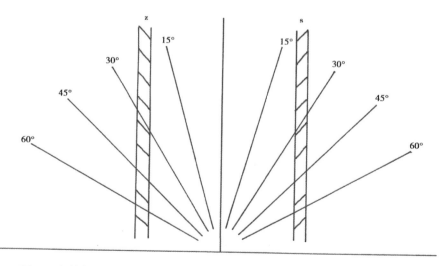

图 1.9　加捻角度可用量角器进行测量。大多数古代纱线都是以 25°~45° 进行加捻。
©Irene Skals and CTR.

是最低的，因此，毋庸置疑，人类会发明一些纺纱工具来帮助或者加快纺纱。在大腿纺纱的过程中，普遍采用的是锤杆顶部带屈钩的纺锤（图 1.10C）。屈钩在这里的作用是控制捻度；对于大腿纺纱这种水平加捻形式，纱线是靠手部的力量，而不是靠纺纱工具的重量和运动来控制的。最常见的纺纱工具是手持式纺锤（图 1.10A、B）。[32]

一般来说，纺锤主要由锤杆（绝大多数是用木头制成的）和纺轮组成。当然，纺锤也可以全用木头做成。纺轮部分可以用不同的材料制成，但是大多数保存完好的纺轮是用烧制过的黏土、石头或者骨头制成的（图 1.11）。纺轮的形状和重量也随着环境和时间的不同而有非常大的变化（图 1.12）。[33]

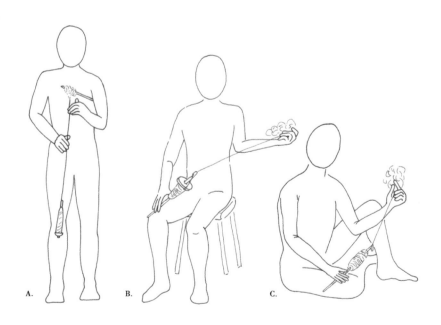

图 1.10　不同种类的纺锤和纺纱技术。A. 低位纺轮纺锤 / 悬垂式纺纱；B. 高位纺轮纺锤 / 支撑式纺纱；C. 带屈钩的纺锤 / 大腿纺纱。©Annika Jeppsson and CTR.

图 1.11　丹麦克罗夫托夫特发现的纺轮，由页岩制成并标有日期：约公元前 600 年。
©National Museum of Denmark.

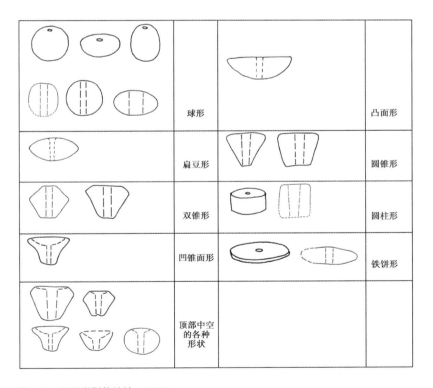

	球形	凸面形
	扁豆形	圆锥形
	双锥形	圆柱形
	凹锥面形	铁饼形
	顶部中空的各种形状	

图 1.12　不同类型的纺轮。©CTR.

由于仅有很少的锤杆被保留下来，所以大多数关于古代纺纱的了解都来源于发掘的纺轮。但是要强调的是，即使没有发现纺纱工具，也不能说纺纱技术是不存在的。（此外，还可能同时有不同的纺纱技术和工具投入使用。）在地中海地区，墓碑铭文中就刻有关于纺纱的图像。[34]

尽管纺纱工具和技术的选择在很大程度上取决于工艺传统，但其也会受到所使用的纤维类型的影响。将纤维整理好后，可以用手将其先捻成能固定在锤杆上的短线或者纤维束。当用支撑式或悬垂式纺纱时，纺织原材料通常被绕在一根卷线棒上，以便已整理好的纤维不会再次缠绕在一起。此外，卷线棒还可以缠绕更多的纤维并且方便拿在手中（图1.13）。对于较长的纤维，使用长版卷线棒（可以夹在腋下或者插在腰带里），反之则使用较短的手持卷线棒。[35] 卷线棒被当作已婚妇女的特点和标志，也象征着较高的地位。[36]

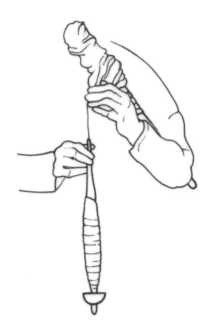

图1.13 用卷线棒来纺纱。Drawing by Christina Borstam，[†]©Eva Andersson Strand.

纺纱过程中，纺纱工在抽出纤维的同时旋转锤杆，纤维围绕锤杆的轴转动从而被捻成纱线。在这个过程中，纺锤可以被随意地悬挂起来（也称作悬垂式纺纱），或者用锤杆将其支撑在地面上或碗中（也称作支撑式纺纱）。悬垂式纺纱的纺轮可以放置在锤杆的顶部（称为高位纺轮）、底部（称为低位纺轮）或者中部（称为中位纺轮）。使用支撑式纺纱（图 1.10B）时，纺轮通常位于锤杆的顶部。当纺纱工捻出一定长度的纱线时——这取决于纺纱工是站姿还是坐姿，会将纺出的纱线缠绕在锤杆上，以便继续纺纱。重复此过程，直到纱线缠满锤杆，之后将这些纱线缠成线圈、线筒或者线球。

实验证明，用不同的纺轮进行纺纱，纺出的纱所含纤维的数量是不同的。[37] 因此，纺轮越轻，每米纱所用到的纤维就越少，纺出的纱就越细。相反，越重的纺轮将纺出越粗的纱，每米纱用到的纤维就越多。细纱和粗纱可以用纱的重量或直径来表示。轻（细）的纱线的直径通常较小，而较重（粗）的纱线的直径通常较大，因为其中所含纤维更多。值得注意的是，如果将许多纤维使劲捻，也能将它们捻成细纱。

对纺纱工具的选择，不会主导或影响纺纱工纺出"s 字捻"或"z 字捻"的纱线。当用高位纺轮纺锤纺纱时，惯用右手的纺纱工通常将锤杆放在大腿上并向下搓动，在这种情况下，纺出的线会自动成为"s 字捻"。用低位纺轮纺锤纺纱时，纺纱工用手转动纺锤，惯用右手的纺纱工会将纺锤向右转动，于是自然得到了"z 字捻"。[38] 纱线纺成后，可以将一根或多根纱线捻合在一起，制成合股纱线。合股纱线也可以有"S 字股"和"Z 字股"两种方向的（图 1.8）。通常情况下，合股纱线或多股粗线[1] 的不同部位有不同的捻向，从而保证纱线不会散开。

---

[1] 多股粗线由多根合股线再度捻合而成。——译注

纺　织

织　机

织机是一种为控制纺织品中两个方向的纱线而设计的专用工具。在古代有几种织机，而每种织机在生产纱线方面都有优缺点。重锤织机是古代最常见的织机类型之一（图1.14）[39]。从新石器时代到今天，这种类型的织机一直都在使用，它可能起源于新月沃地[2]北部。[40] 重锤织机很容易通过考古发掘的织机配重来识别，这些配重用于让经线保持垂直。织机配重可以用各种材料制成，但保存较为良好的织机配重都是黏土、陶瓷或者石头制成的。[41] 重锤织机的木质部分则很少在考古发掘中发现。

因为没有使用织机配重，所以双轴织机（图1.15）在考古发掘中不容易识别，它可以水平或者垂直放置。挂毯织机和巨型伊朗兹鲁（Zilu）地毯织机是双轴织机的不同形式。[42] 双轴织机可能起源于叙利亚或巴勒斯坦。在埃及发现了公元前2000年底关于水平型双轴地织机的最早描述。在埃及法老时期，水平型地织机主要用于亚麻纺织品的制作，因其特有的结构，它成为使用柔韧性较低的植物纤维进行编织的理想选择。[43] 迄今为止，除了图像学方面，地织机的存在尚未在欧洲范围内的其他领域得到证明。[44] 背架式织机是文献记录较少的一种织机，其构造简单、灵活，主要是利用人身体的张力来工作，在考古记录中几乎没有留下痕迹。[45] 猜想这种类型的织机是用于生产较小的纺织品和各种带子。

----

[2]　新月沃地：Fertile Crescent，以两河（幼发拉底河和底格里斯河）为中心向两边延伸所构成的一条弯月形狭长地带，土地肥沃。——译注

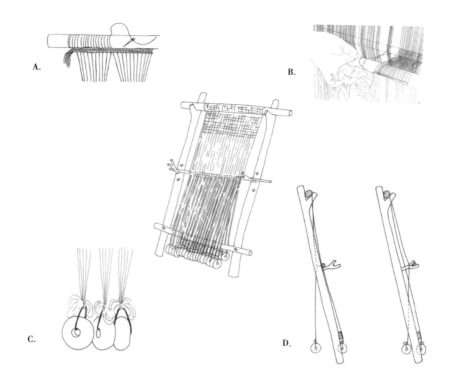

图 1.14 采用平纹设置的重锤织机（及其全部细节）：A. 系紧开始的一边；B. 加入综线；C. 系上织机配重；D. 改变梭口。©Annika Jeppsson and CTR.

由于不同种类的织机的构造不同，因此其在编织时的操作方式也不同。在重锤织机上编织时，织布工采用站立姿势，并让纬纱从上而下穿过经线，然后向上靠紧（图1.14）；而在双轴织机（无论是水平型还是垂直型织机）上编织时，织布工通常是坐着把纬纱向下靠紧（图1.15）。在图像学中，不同的工作姿势通常被用来判定不同种类的织机，也可以用它们来预估参与织造的人数。此外，众所周知，在双轴织机上编织的纺织品比在重锤织机上编织的纺织品宽，因为织机的配重数量有上限，所以配重可以悬挂在织机上并仍然能够抬起梭杆。在奥地利发现的铁器时代的织机配重可以证明，重锤织机的宽度超过 3 米。[46]

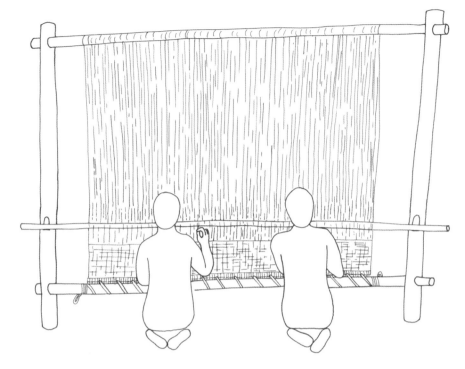

图 1.15　双轴织机。©Annika Jeppsson and CTR.

织　造

　　织造是通过织机将两个（或多个）线程系统编织在一起，从而制成织物。其中一个线程系统是经纱，平行于织机的侧面，在编织过程中固定并绷直。而另一个线程系统则是纬纱，它呈直角穿过经纱，并根据不同的图案样式来选择从经纱上方或下方穿过（图 1.16）。

　　平纹编织是在织机上进行的最简单的编织。在平织过程中，经纱被分为两层，纬纱交替从一根经线的上方、下方通过（图 1.16A）。半篮式和篮式编织是在一个或两个方向上使用双经线的平纹花样编织的变体（图 1.16B）。斜纹编织是一种较复杂的编织方式，具有许多变化，并且需要在织机中设置使用两

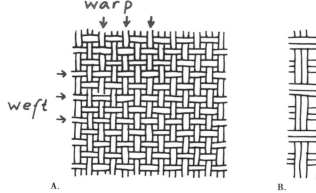

图 1.16　A. 平纹编织的经纬方向，如箭头所示；B. 篮式编织。Drawing by Annika Jeppsson，based on work by Stærmose Nielsen，1999.

层以上的经纱。在斜纹编织中，纬纱在多条经纱的上方和下方通过。最常见的斜纹编织是"2/2"斜纹编织，纬纱在两根经纱之间上下交替穿行，每一排的纬纱都向外侧移动一步。这形成了一种典型的对角线效果，可以用来创造许多不同的图案（图 1.17A）。而进行"2/1"或"1/2"的斜纹编织时，纬纱交替地从一根经纱下方以及两根经纱上方通过(图 1.17B)。斜纹可以有多种变化形式，例如菱形斜纹、缎纹或萨米特 [3] 纹。

　　纺织品可以打开，可以每厘米放几根纱线，也可以将这些纱线紧密地捆在一起。斜纹编织非常适合制作密度高的纺织品，因为纱线的流动使其更容易紧密交织在一起。因此，斜纹编织特别适合用于制作不平衡织物。平衡织物的定义是每厘米具有相同数量的经纱和纬纱的纺织品；而不平衡织物是其中一个方向每厘米具有的纱线比另一个方向的多。例如，如果一种织物每厘米具有的

---

[3]　萨米特：samite，中世纪一种锦绣的名称。——译注

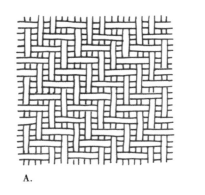
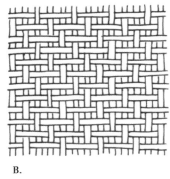

A.   B.

图 1.17 不同的斜纹编织物：A.2/2 斜纹；B.2/1 斜纹。Drawing by Annika Jeppsson，based on work by Stærmose Nielsen，1999.

纬纱比经纱多，或者纬纱更粗，占据织物表面，那么这种织物就叫作纬面织物；同样地，经面织物则是每厘米具有的经纱比纬纱多。

纺织品中的经纬密度是指每厘米记录的经纱和纬纱的数量，是描述考古纺织品的主要参数。有时甚至纱线直径的肉眼不可见的微小差异，也会影响最终成品的外观。在纺织品中，单纱和合股纱都可制成经纱和纬纱。记录的捻向是描述一件考古纺织品的另一个主要参数，它可以作为一个年代参数。在北欧，斜纹编织是铁器时代织造技术的同义词，是这一时期的主要编织方式[47]。各种编织方式加上重锤织机的使用，为开发更薄但经纱密度更高的羊毛纺织品提供了可能。在南欧，在纺织设计方面采用了更多的变化，但是一般来说，束腰外衣是用平纹编织的，而像斗篷这种较重的纺织品和室内装饰用的纺织品则是用不同的斜纹变体制成的，这些都与所用纤维的种类无关[48]。

另一种主要用于制作装饰类纺织品的辅助技术是挂毯织造技术。挂毯织物是在双轴织机上织成的，但织造过程不受轴的控制。相反，不同颜色和结构的纬纱是自由插入的，而不是连续插入的。这种技术在古罗马的纺织品和服装生产中逐渐广泛应用，但在中世纪之前并没有被引入欧洲的北方地区[49]。在古代，毛圈绒头织物主要用于满足实用性需求。

网眼编织法是编织相邻的平行的纱线，从而织成一种柔韧的、网状的织物（图 1.18）。网眼纺织品可以在一个简单的机架或双轴织机上编织。在古代，网眼纺织品常用于制作头套，但也用于制作带袖子的全套服装或裤子[50]。

平板编织是一种当时流行的制作带子和装饰边的技术。平板编织技术也被用来在重锤织机上创建和固定经纱，从而形成一个起始边。在平板编织中，经纱的编织和移动是由平板控制的（图 1.19）。最常见的平板是方形的，四个角落都有一个孔，因此每个平板控制四根经纱。当平板向前或向后旋转时，经纱就会形成不同的梭口。通过以不同的方向旋转平板或使用不同颜色的纱线，可以制作出具有不同图案和质地的纺织品。[51] 这些平板通常由木头、骨头或坚硬的皮革制成，所以在考古中很少发现（图 1.20）。一种特殊的用黏土制成的线轴最近被确定为在平板编织中使用的配重（图 1.19）[52]。这些线轴并未在北欧发现。

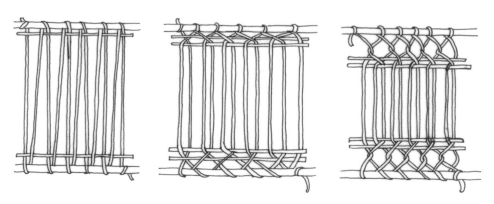

图 1.18 网眼编织的步骤。Drawing by Christina Borstam，†©Eva Andersson Strand.

图 1.19　使用线轴的平板编织。Drawing by Lise Ræder-Knudsen，©Lise Ræder-Knudsen.

图 1.20　代比约（Dejbjerg）马车上的木制平板，丹麦，可追溯到公元 100—300 年。©National Museum of Denmark.

还有一种用于生产纺织品的技术是无结网技术，也称为针织法。这是一种古老的技术，在古代被用于制作袜子和手套[53]。

图案、着色和整理处理

在古代，纺织品可以通过不同方式来形成图案和装饰，例如使用纱线和织造结构（纹理），使用天然纤维颜料或应用天然来源的颜料来染色或绘画，或在纺织品上应用一些装饰如织锦、缝纫和刺绣。古代的南欧和北欧都记录过织造纹样（spin-patterned）纺织品的生产，这是一种精致但微妙且不常见的纺织品（图1.21）。罗马埃及保存下来的纺织品展示了多种其他织造方法的应用，如在纺织品上捻制出可丽饼似的表面和采用不同的编织法以获得不同的表面纹理质感[54]。Taqueté, 即纬面复合平纹（图1.22），和格子斜纹锦缎（图1.23）

图1.21　Hjørring Præstegårds Mark 的单色织造纹样纺织品，丹麦，纺织品尺寸为8 厘米 ×8 厘米。它采用"2/2"斜纹编织布制成，每个方向都有四股"s 字捻"和"z 字捻"的纱线。其发现可追溯到公元 3 世纪（Hald 1980, 86-88）。©National Museum of Denmark.

图 1.22 用白色、绿色和红色羊毛纱线织成的 "Taqueté" 纺织品。发现于古罗马堡垒和埃及的克劳狄亚努斯山采石场。该纺织品可追溯到公元 2 世纪。©Lise Bender Jørgensen.

图 1.23 用绿色羊毛纱线织成的格子锦缎。发现于古罗马堡垒和埃及的克劳狄亚努斯山采石场。该织品可追溯到公元 2 世纪。©Lise Bender Jørgensen.

都主要来自罗马埃及，这说明这些纺织品是在这个地区生产的。[55] "Taqueté"通常用来制作床上用品和墙上的挂饰，而格子斜纹锦缎则被用来做衣服。[56]

一般来说，植物纤维都是从灰色到白色的，可以通过各种方法漂白，最终得到白色织物。羊毛有红色、棕色和灰色等各种自然色调，一簇羊毛可能包含好几种颜色。深浅不同的羊毛可以分门别类并用于纺织，以便在织造中利用其色差优势。出产全白羊毛的绵羊品种是选择性育种的结果。纵观整个古代欧洲，在北欧的纺织品生产中，运用天然色素染色始终是纺织设计的重要组成部分，而在偏南的地区，白色羊毛结合植物染色技术在纺织生产中占主导地位。[57]

在古代，染料受到高度欢迎并实现了远距离交易，它可能来自植物、昆虫和海洋软体动物。在古罗马世界，颜色被用作地位的象征，一些颜色在某些时候被精英们控制着，如所谓的皇家紫或提利亚紫（Tyrian purple，来自各种海洋骨螺）。总的来说，罗马纺织品的色彩，比当时通过修复原色尽失的古典雕塑得出的色彩要丰富得多。保存完好的纺织品在埃及东部沙漠的各种罗马堡垒和商队驿站中被找到，显示了当时纺织品的丰富多彩，这与现代博物馆中展示的白色罗马理想形成了强烈的对比。在北欧，大约公元前 500 年，植物染料被引入纺织品生产，在此之前，只有天然色素被用来创作带颜色的图案。[58]

根据所使用的染色物质的不同，纺织品染色的方法分为几种。直接染色法需要将某些植物放在水中浸泡或煮沸，然后将纤维、纱线或纺织品浸入其中。从植物和动物中提取的大多数染料，除非引入媒染剂，否则其不会与织物中的纤维发生化学反应。[59] 在古代，各种金属盐如铝盐、铁盐或铜盐，或者树皮和虫瘿中的单宁酸被用作媒染剂。[60] 每一种媒染剂都会以自己的方式改变或加深颜色。另一种染色方法是瓮染，采用靛蓝和骨螺染料进行染色。由于这些染色物质一般是不溶于水的，因此必须使它们溶于水，从而渗透织物中的纤维。这种方法需要在碱性条件下进行还原反应。当纤维吸收还原态的可溶性染料时，它们几乎不会着色。而当纤维从瓮中取出，暴露在空气里的氧气中时，靛蓝和骨螺染料开始沉淀，并分别在纤维上逐渐呈现出蓝色或紫色。[61] 已知有许多植物在古代用于染色，例如蓝色可以从菘蓝（*Isatis tinctoria* L.）中获得，红色可以从茜草（*Rubia tinctorum* L.）中获得，黄色来自染料草黄木樨草（*Reseda luteola* L.）和藏红花（*Crocus sativus* L.）。只有极少数植物染料能呈现出鲜艳的红色和蓝色，黄色、棕色和绿色可以从许多不同的植物和地衣中获得。颜色还可以通过将织物纤维上的色彩与天然色素混合来改变。例如，如果把灰色的纱线放在盛黄色染料的染缸里，纱线就会变成绿色；如果把蓝色的纱线放在盛红色染料的染缸里，纱线就会变成紫色。这些染色组合在丹麦前罗马铁器时代的纺织品中和古罗马世界都有发现。[62] 由于保存过程中纺织品上有关染色的证据会流失，所以寻找其他考古学来源的间接染色工艺迹象非常重要。例如，水装置、研磨器、杵和臼等工具，以及骨螺壳的碎片和染料植物的花粉，都可能表明此地曾有过染色工艺。

织物从织机上取下后，可以进行缩绒整理或轧光整理，以改善或改变其表面结构。缩绒整理能让纺织品更紧密和防水，制作外套或羊毛帆会采用这项工艺。织物被润湿，且最好是在温暖的条件下被揉搓、踩踏和捶打，直到其表面被打磨到所需的程度。[63] 轧光整理是为了给织物，特别是亚麻布，一个平整光洁的外观。这个过程可利用石头或玻璃制成的一种圆且光滑的简易工具来完成。缝纫是用金属、骨头或木头制成的针来完成的。在意大利的古罗马庞贝古城遗址，人们发现了几个缩绒工坊。[64] 还有许多用铅做成的标签，其被称为"tesserae plumbeae",这证明此处存在过一个专业且广泛的纺织品整理工业。[65]

结　语

得益于幸存下来的文学和图像资源,有关古希腊和古罗马世界的纺织品知识是多方面的且广为流传。然而,与欧洲其他地区相比,南欧保存下来的考古纺织品相对较少。[66]保存完好的古罗马纺织品主要在埃及的各个地方被发现,不那么引人注目,但具有丰富信息的纺织品残片在南欧许多博物馆里仍没有被识别和录入。这一时期的古罗马纺织品生产相当先进,适合进行大规模生产以及原料和成品的专业化制作和流通。在文献资料中,研究人员对纺织品生产的许多方面进行了解释,对贸易、价格和纺织品价值的学问也进行了大量讨论。[67]

在此期间,北欧的大多数纺织品都是用以"2/2"斜纹编织的羊毛制成的。[68]铁器时代的技术催生出斜纹编织,而在之前的青铜器时代,纺织品生产更倾向于使用平纹编织。在北欧,大量织机配重的发现表明,重锤织机是织造的首选工具,而在斯堪的纳维亚半岛,直到公元500年以后,重锤织机才在纺织品生产中占据主导地位。

古代的欧洲,各种动植物来源的不同类型的纤维被用于生产纺织品。在北欧,使用羊毛纤维的传统悠久,而关于生产和使用植物纤维的文献则很少。[69]在南欧,有证据表明在纺织品生产中使用了许多不同的纤维材料,例如羊毛和亚麻,还有蚕丝、足丝[4]和棉花。[70]

---

[4]　足丝:制作海洋丝绸的原料。——译注

古代的文献资料和图像表明，服装和纺织品对一个人的一生（从出生到死亡）很重要。在大多数古代社会中，人们都需要各种各样的纺织品：服装——从实用的日常服装到精英阶级的服装，用于宗教仪式的礼物，贸易品，家居装饰品，以及诸如风帆和渔网等实用物品。合理推测，在任何古代社会中，都有很大一部分人口至少在日常生活中会参与纺织品的某些生产过程。然而，在进行纺织品生产之前，为了得到最好的结果，人们必须做出一些决定。这些决定不仅受到纤维和使用工具的影响，还受到手工艺传统以及个人需求和欲望的影响。因此，重要的是要了解纺织品和其他纺织制品的特点、生产和使用方式，以便了解纺织品生产更广泛的文化意义乃至方方面面。

第二章　生产和分销

凯斯廷·德罗斯 - 克鲁佩

　　纺织品在任何社区的社会和经济结构中都扮演着重要的角色。每个人都需要用于服装、防护的纺织品，作为家用物品的包括功能性（如袋子、窗帘、床上用品、帐篷）和装饰性的纺织品。这些不同的需要转化为对不同质量的纺织品的需求，从原材料到成品，涉及各种地位和阶级的人。在古代世界，纺织经济对保障许多人的生计尤为重要，是仅次于农业的重要活动领域。通过研究纺织品生产和分销过程，我们可以进一步了解古代社会的结构和组织。

　　在古代，纺织品生产机构包括个体家庭作坊、小型和大型作坊、集合型作坊，有时纺织品生产甚至类似"工厂型"生产。这些不同的生产机构既不是相互排斥的，也不是遵循进化规律依次发展的。它们是同时存在的，而鉴于原始资料的残缺性，我们通常很难确定看到的遗存是什么。本章将以时间顺序研究现有资料，从《荷马史诗》描述的年代开始，着重关注纺织品生产领域。其次，再次从荷马时代开始，探讨古代纺织品贸易与流通。接下来，重点要记住的是，在古代，纺织品和服装的语义领域是重叠的。正如前言所介绍的和第三章将进一步讨论的，服装主要是在织机上直接成型的，而不是在纺织后裁剪、缝制而成。因此，服装和纺织品的制造过程是一样的，在其使用寿命内，单一长度的布料可能围绕人体及家庭有许多种用途。

从荷马时代到古罗马时期的纺织品生产

不幸的是，我们关于古希腊世界纺织品生产机构的知识相当缺乏。而有趣的是，文学和图像学记录的规范指南与文献资料和考古记录中的社会现实之间，存在着重大差距。公元前 500 年—公元 500 年，从大西洋沿岸到古代近东地区，证据上的这种不一致是整个古代世界的特征。从《荷马史诗》开始，文学资料强调妇女在为家庭购买纺织品和布料方面的作用：当荷马（Homer）介绍海伦——斯巴达女王，一个传说中的美丽女人时，他选择了特洛伊的普里阿摩斯宫殿作为家庭背景[1]：海伦织了一件双层褶皱的紫色衣服，上面描绘了战斗中"驯服马匹的特洛伊人"和"穿着铜衣的亚该亚人"。类似的描述也出现在奥德修斯的妻子珀涅罗珀[1]身上：她为已故的公公织就了一件衣服，作为她公公的裹尸布。[2] 在《荷马史诗》中，纺织品生产只与贞洁的（地位高贵的和神话中的）妇女有关，妇女们生产服装时由她们的奴隶提供支持，没有提到

---

[1] 珀涅罗珀：《奥德赛》（*Odyssey*，《荷马史诗》的其中一部）中的女性人物，英雄奥德修斯之妻。——译注

其他可能的纺织品获取方式。因此，这些妇女的纺织工作不一定反映了现实，但她们的行为是其他体面的妇女们仿效的典范。

在古代的文字记录中，有大量内容是与性别有关的任务划分。[3] 这一时期，战争和农业、畜牧业、贸易被认为是男性的任务，而女性的主要任务是操持整个家庭。在整个古代，能够生产高质量的纺织品始终被认为是一种理想的女性美德。喜剧作家阿里斯托芬（Aristophanes）在《鸟》（Birds）（第二章，829~831页）中描述了柔弱的克利斯提尼。阿里斯托芬嘲笑克里斯提尼只会织布而不会携带武器，这个情节强化了织布是高贵女人的天职而并不属于高贵男人这一当时上流社会的观点。在农民和较贫穷的城市家庭中，织布工作被用于承担家庭责任，人们出售剩余的布料维持生计。[4] 色诺芬（Xenophon）的《经济论》（Oeconomicus，写于公元前4世纪）为那个时期雅典家庭的运作提供了一些见解。不过，这部作品应该被理解为对理想家庭的描述，而不是对日常生活实际的描述，它的目标受众是其他富有的雅典公民。[5] 书中代言人，伊斯霍玛霍斯（Ischomachus），确立了他妻子和奴隶的职责。他提到，他妻子在结婚前只知道"如何获取羊毛并制作斗篷，以及如何将纺纱任务分配给奴隶"。[6] 现在，婚后她的任务已经扩大到监督她的奴隶从事（纺织）工作并指导他们。[7] 书中还含蓄地提到了其他奴隶的任务：奴隶还负责制备羊毛，特别要完成纺纱任务。[8] 古希腊悲剧作家欧里庇德斯（Euripides）也描述过类似的任务：波利希娜（特洛伊的普里阿摩斯国王的女儿）想象的她未来的奴隶生活——研磨、烘焙、清洁和编织。[9] 然而，色诺芬所描述的生活和工作条件可能并不代表整个古典时代的希腊特别是雅典的真实情况。[10] 这就是历史学家在处理文学记录和社会现实证据之间的分歧时所面临的问题的一个例子。

古希腊世界的男性作者描绘了一个希腊古风时代和古典时代的场景，富有的妇女（据说）花费数小时甚至数天来生产珍贵而华丽的服装。[11] 这些服装在当时的社会结构中发挥了重要作用，因为它们显然不仅是为妇女自己和她们的家人们制作的，还能作为珍贵的礼物赠送给其他军阀和家中贵宾。[12] 在当时，能够赠送自家生产的纺织品是权力和财富的体现，这使得纺织品具有了社会和经济价值。珍贵的纺织品作为礼物流通，在战争时期也是被人们垂涎、洗劫和掠夺的物品。[13] 在公元前 4 世纪，德摩斯梯尼（Demosthenes）甚至提到，偷窃纺织品者会被处以死刑。[14] 纺织品在经济上的重要性也在"阿提卡碑文（Attic Stelai，一组记录了公元前 415 年出售没收的个人物品的铭文）"中有清晰的体现。[15] 还有许多其他物品，这里列出几件服装，例如"ampechonon"（一种斗篷或披肩）、"exomis"（一种工人穿的束腰外衣）、希玛纯（himation，一种用作斗篷或毯子的长方形布）。纺织品作为具有巨大价值的物品和社交标志的重要性也可以从整个古代世界的女人们的嫁妆记录中看到。[16]

有趣的是，在所有这些由男性撰写的古希腊文学资料中，女性负责的织布工艺（和艺术）被特别关注，而生产链的其他步骤或多或少被忽视了——纤维的制备和整理几乎没有提及，甚至纺纱也很少涉及。[17] 相反的是，在希腊古风时代和古典时代的图像资料中，女性使用纺锤的形象是瓶画和浮雕上最常见的主题之一。[18]

文学和图像资料所描绘的贤惠的家庭主妇在奴隶的帮助下生产服装的画面，与文献资料如铭文中提到的专业纺织工匠在纺织作坊劳作的场景，在一定程度上存在矛盾。不过，从古风时代到希腊化时代的希腊铭文展示了几个专业的纺织工匠，让人们再次将目光聚焦于雅典卫城。[19] 在这些几乎全是男性的手艺人中，有羊毛纺织工、漂洗工、羊毛工（可能指纺纱工），以及一个纺纱工和一个织布工。[20] 因此，在古希腊世界，纺织品显然是由女性与男性分别在家庭中和专业纺织作坊里一同生产出来的。但不幸的是，我们不知道具体工作流程的组织形式，也不知道一般的作坊规模。

考古记录证实，从古典时代开始，希腊个体家庭生产纺织品是很普遍的，但同样地，考古记录也提供了存在更大规模的纺织品生产的证据，这个规模必然超过了个人的需求。例如，公元前432年，在马其顿的珀迪卡斯二世（Perdiccas Ⅱ）的倡议下，几个附近的定居点搬到了加尔西迪斯半岛的奥林特斯，[21] 这使得定居面积扩大，并导致在公元前5世纪的最后30余年建造了一个新街区。发掘情况表明，这里几乎所有的房屋都有织机配重（通常每栋建筑有10~40块织机配重，足够1~2台织机使用），[22] 这表明当时这里的家庭纺织业非常活跃。与此同时，考古发现也表明在个体家庭作坊之外，还有一个专业化的纺织业存在：在被称作"织机配重房"的地方（如图2.1所示的房

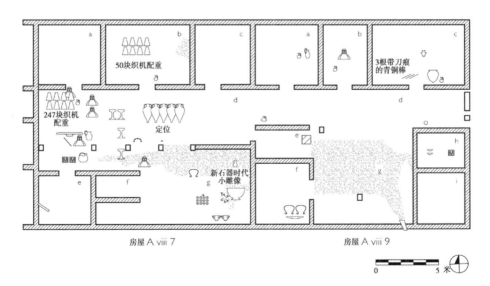

图2.1　奥林特斯的房屋 A viii 7—A viii9 的平面图，图中展示了织机配重的布局情况。
©Nick Cahill.

屋 A viii 7），发现了总计 297 块织机配重，其中在西边门廊处有 247 块织机配重紧密排列在一起。[23] 这些配重足以供 5~12 台重锤织机使用，[24] 这在很大程度上表明商业性纺织作坊是存在的。（图 2.1）

在古希腊的其他地方也有类似的发现：在公元前 4 世纪的最后 25 年，在萨罗尼克湾附近的伊斯米亚城的拉奇尼建立了一个定居点。这个定居点及其房屋并不符合标准的希腊式城市规划，它很可能由一系列以楼梯连接的工业综合体构成。在许多房屋中都发现了纺织工具，其中主要是一些织机配重，此外还有一些大缸和大桶，所以这里暂时被认为是一个专业染色或漂洗（布）的场所。[25] 这些考古发现表明这里或多或少存在一个纺织生产工业综合体——家庭作坊以外的一种规模相当可观的纺织工业。[26]

在希腊化时代，大庄园纺织品最主要的来源是希腊化的埃及。留存下来的埃及首席财务官阿波洛尼乌斯（Apollonius）的产业管理人科诺斯的泽农（Zenon）所记录的文件，对公元前 3 世纪中叶的孟斐斯城（Memphis）的羊毛纺织品生产情况进行了有趣的阐释。泽农的账簿记录了支付的制衣原料（羊毛和染料）货款和纺织工人的工资，但很难确定这些工人是自由工作者还是长期雇佣工。[27] 我们发现，在这一时期有专业纺织工人协会出现的迹象。[28] 早期纺织企业最突出的例子来自塞浦路斯的"Kafizin"铭文，它显示了公元前 3 世纪亚麻在当地的广泛种植以及可能出现的商业化趋势。[29]

综上所述，在古希腊，从荷马时代到希腊化时代，服装并非如标准的原始材料所暗示的那样只由女性家庭成员在家里制作。这一时期的纺织品生产既有家庭形式的，又有商业形式的[30]。这些资料中提到了生产链上各个阶段的专业纺织工匠，但并没有说明实际的工作流程。似乎每个生产阶段都有相应的独立作坊，而非一个整合过的工作流程。

在古罗马世界里，纺织生产艺术在女性美德体系中有着重要的地位，尤其是对于上流社会的女孩和妇女。[31] 纺纱，尤其是羊毛的制备工作（lanam fecit），[32] 被称赞为女性的杰出美德，记载在文献资料和罗马帝国各地的墓志铭上——这再次确立了一种规范性话语。同时，许多证据也表明，当时的专业纺织品生产甚至可能达到了原始工业水平。专业纺织工人在一些文献中被提及，也在铭文和纸莎草纸上出现过。[33] 事实上，我们所知的第一部罗马经济法，即罗马共和国时期颁布的《关于洗染店的梅特流斯法》（lex Metilia fullonibus dicta），是关于纺织行业的，具体来说是关于罗马漂布工的供水问题的[34]。用于葬礼的铭文和悼词中出现了从事漂洗、染色、梳毛和其他相关职业的人（大部分是男性，但不全是），但有一点值得注意，那就是纺织工很少出现。[35] 镌刻铭文是一件昂贵的事，所以可能只有较为富有的纺织工才会选择镌刻铭文。这意味着铭文记录再次聚焦到一个选择性的社会和经济群体之上。

有一些关于古罗马纺织工人协会的信息被保存了下来。虽然这些职业协会的实际性质是模糊的，[36] 但它们清楚地表明了一种职业认同感的存在，并可能成为当地次级精英构成"象征资本"[37]、加强其多元网络以及让商人和手工业者建立共同价值体系的一种方式。[38] 通过成立职业协会，商业上的同行可能能够合并服务、资源和物品供应，以加强他们的经济地位。独特的制度，例如这些职业协会的规定，试图规范成员之间的互动，并将价值观转化为行为，从而增强协会成员和他们的商业伙伴的可信度，并减少不确定性。[39] 据说被认为由传奇的伊特鲁里亚国王努马（King Numa）创办的手工业者行会（collegia opificum）是包括纺织工、漂布工和染色工的行会。[40] 有记载，一群漂布工，可能是行会成员，为庞贝[41]的某个欧马契人（Eumachia）献上一份悼词，此类工匠也出现在罗马帝国各地区的其他碑文上。[42]百年学院（collegium centonariorum）是一个纺织商协会，从奥古斯都时代一直到5世纪初，在西罗马帝国广泛存在。[43]在卡里亚的阿弗罗狄西亚，塞维兰时期存在一种亚麻纺织工协会。[44]这个小镇似乎是亚麻布生产的中心，就像吕底亚的Saittai 城一样。[45]同样的情况也发生在高卢南部的羊毛和毛织品生产中，著名的伊格勒柱（Igel column）——德国伊格勒附近"Secundinii"家族的墓葬纪念碑（约公元250年）——描绘了一个纺织商做生意的场景。[46]（图2.2）在弗里吉亚的耶拉波利斯帝国（Imperial Hierapolis），纺织工人包括羊毛洗涤工、染色工以及他们的协会拥有非常强大的经济地位，以至于在当地的碑文记录中他们无处不在。[47]在任何情况下，我们关注的都是专业人士而不是私家

图2.2　伊格勒柱（纪念碑）的复制品。©Rheinisches Landesmuseum Trier. Photo: Thomas Zühmer.

的盈余。[48] 参与这些协会的人生产并销售他们的产品以获取利润。[49] 在罗马帝国的其他地区，以庄园为基础的纺织品生产占主导地位，例如在意大利南部或高卢的贝尔加。

对于古罗马世界来说，利用纸莎草纸、陶片（刻有文字的陶片）和石板来拓宽文学史料和铭文研究的视野是可能的。这些信息揭示了普遍的社会阶层特别是中下层阶级的态度和行为，这些古代作家让我们对大多数人一无所知。特别是纸莎草纸和陶片的发现，使个体逐渐变得清晰起来，让研究人员能够探索"个人的微观历史"，这有助于将行政交易记录带入生活中。这一证据为研究所有社会阶层的真实生活环境提供了一种未经过滤的观点，从而能够对古罗马纺织品生产的经济程序进行更详细的分析。它也支持将来自埃及的有效资料与来自其他地区的材料进行比较，例如，来自温多兰达或温多尼萨的书写板，来自诺里库姆的铅制入场券，或者来自庞贝或以弗所的涂鸦。从纸莎草纸上可以读取有关商业关系、价格、假设的市场、采购方式以及生产者、分销商和消费者之间的网络等直接信息。[50]

对来自罗马埃及的几百份文献的分析，揭示了当时存在的广泛且多样的专业，这与古罗马世界的铭文记录一致。[51] 目前已经发现了 27 种纺织相关职业。它们包括染色工、织布工、漂布工和针线工，这反映了生产链的基点，但纺纱工种是一个明显的例外。所有这些工匠似乎都是在个别的中小型作坊里独立工作。纸莎草纸上还列出了关于服装生产的材料和类型的各种专业。[52] 专业人员可以利用规模经济的优势——劳动分工和专业化生产——使产能和产量显著提高。[53] 古罗马政府的征税表明这些人是专业的工匠，以做生意为生。大量的税收收入显示，古罗马有密集的纺织工匠网络，也有严密的组织和监控系统。[54]

在生产链的主要阶段，大多数都有男女手艺人出现，但唯一的例外是染色工艺环节。[55] 即使是女性，她们从事手艺工作也需要交税。至少在罗马埃及（如上述铭文记录所示，也可能在罗马帝国统治的更多地方），纺织品生产在很大程度上发生在个人家庭以外的专业工艺作坊。因为生产不是针对个人需求的，而是针对第三方需求的，目的是销售适销对路的商品并从中赚到钱。[56]

古罗马关于纺织工人的培养制度在提高劳动效率和绩效方面具有指导意义。师傅（主要是男性）[57] 和学徒的家庭签订合同，以确保培训顺利进行。在埃及帝国的纺织品生产方面，考古证实有 32 份学徒合同。有证据表明，14 岁以下的儿童可以担任纺织工、羊毛梳理工、剪羊毛工和针线工等工种的学徒。有趣的是，不管是男孩还是女孩，自由身还是奴隶，都能参加培训。受过纺织工艺教育的奴隶对主人来说，其价值显著上升，主人既可以让奴隶为自己生产衣服，也可以把他（她）租借给作坊，来赚取额外的收入。学徒培训的经济支出——例如食物、衣服、贸易税、人头税或工资等——基本由儿童（学徒）的家庭和他们拜师学艺的工匠平均分摊，这为双方创造了一个双赢的局面。学徒期从 12 个月到 60 个月不等。[58]

一个家庭中的学徒和额外的劳工对于纺织生产链上的所有组成部分都是非常重要的。相比之下，有报酬的工作在埃及被认为是无关紧要的 [59]，而且与罗马帝国的其他地区相比，占有奴隶的情况在埃及似乎也不常见。[60] 然而，必须承认的是，整个罗马帝国的纺织工匠很少单独工作。实验考古学的结果清楚表明，如果一个工作组由两名及以上织布工组成，那么他们更能驾驭传统型的织机，而且织机产量更高。[61] 而纸莎草纸考古学的资料表明，当时每一个工

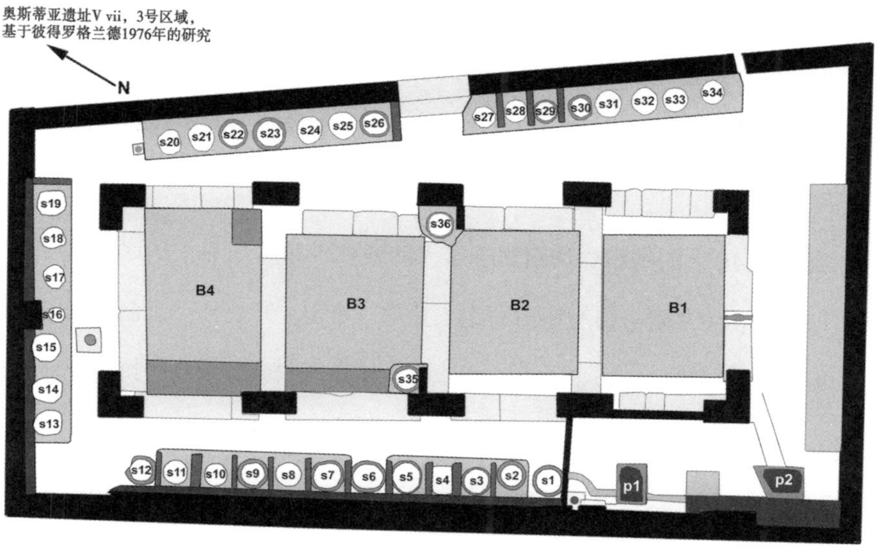

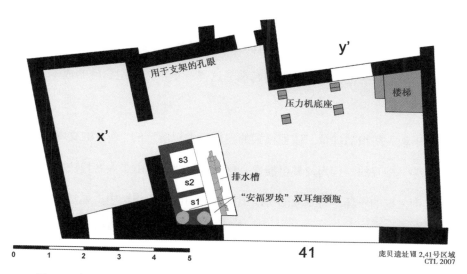

图 2.3　奥斯蒂亚遗址 V vii, 3 号区域漂布工坊平面图。©Miko Flohr.

图 2.4　庞贝遗址VII 2, 41 号区域漂布工坊平面图。©Miko Flohr.

作组都是由 2 名到 4 名织布工组成的。[62] 类似的商业模式也可用于纺织生产的其他阶段。结合纸莎草纸和其他考古发现可知，在罗马埃及、廷加德、罗马、奥斯蒂亚、庞贝和佛罗伦萨，均存在由 2 名到 18 名纺织工匠组成的作坊。[63]（图2.3）

庞贝有 40% 的纺织作坊附属于富人的列柱中庭式住宅，从这一点可以看出当地精英和中产阶级参与城市纺织工业这一事实。[64] 此外，之前提到的耶拉波利斯帝国的纺织工匠也是当地精英，会担任政治职务。罗马的纺织业显然是一个有经济效益的经济部门。（图 2.4）

相比之下，评估古典世界里纪录最完整的纺织工人的经济地位和生存能力是一项充满困难的工作。研究人员针对创建罗马埃及的一个织布工的成本、利润的资产负债表进行了一项实验，出现了一些有趣的结果。[65] 虽然一些证据的性质存在明显的缺陷，但研究结果依然表明，即使在城市里，专业织布工的生活也并不是很富裕。这些手艺人的收入仍然难以养活他们的家庭，这表明他们需要额外的收入来维持生计。织布工的这种相对贫穷可能也是他们在铭文记录中缺席的原因——他们根本负担不起镌刻这样一块永久性纪念碑的成本。（表2.1、表 2.2）

对于私人纺织品订单，流程模式的发展是难以解读的：现存的文本资料揭示了各种（相互的）行为及其可能性。这一过程似乎是由个人客户决定的，他们是其中关键的一环，将专业的纺织工匠链接到他们的作坊中。显然，专业工匠通常根据特定的合同（而不是为了一个不确定的市场）去制造纺织品和服装，遵循零库存原则。在纸莎草纸资料中只发现了明确定义的合同。这些纸莎草纸上经常显示，经纱、纬纱、染料和其他材料都是由不同的人提供的，但这些

表 2.1 基于纸莎草纸研究记录整理出的一名男织布工带一位学徒的年费用　　单位：(希腊) 德拉克马

	Soknopaiou Nesos			Tebtynis			Oxyrbyncbos		
	1 世纪	2 世纪	3 世纪	1 世纪	2 世纪	3 世纪	1 世纪	2 世纪	3 世纪
税金 (♂)	122,67	122,67	122,67	85,00	85,00	85,00	58,67	58,67	58,67
额外劳工 (学徒)	48,00	113,40	617,16	42,00	93,60	617,16	41,80	168,00	617,16
生活成本 (♂)	110,64	161,52	247,44	110,64	161,52	247,44	110,64	161,52	247,44
总成本 (♂ + 额外劳工)	281,31	397,59	977,27	237,64	340,12	949,60	211,11	388,19	923,27
每件衣服的平均酬劳	6,86	13,67	?	6,86	13,67	?	6,86	13,67	?
为支付总成本所需生产的衣服数量	41	29	?	35	25	?	31	28	?

表 2.2 基于纸莎草纸研究记录整理出的包含一男一女的团队的年费用　　单位：(希腊) 德拉克马

	Soknopaiou Nesos			Tebtynis			Oxyrbyncbos		
	1 世纪	2 世纪	3 世纪	1 世纪	2 世纪	3 世纪	1 世纪	2 世纪	3 世纪
税金 (♂ + ♀)	122,67 + 76,00	122,67 + 38,00	122,67 + 38,00	85,00 + 38,33	85,00 + 38,33	85,00 + 38,33	58,67 + 36,00	58,67 + 36,00	58,67 + 36,00
生活成本 (♂ + ♀)	110,64 + 86,28	161,62 + 140,04	247,44 + 201,12	110,64 + 86,28	161,62 + 140,04	247,44 + 201,12	110,64 + 86,28	161,62 + 140,04	247,44 + 201,12
总成本 (♂ + ♀)	395,59	462,33	609,23	320,25	424,99	571,89	291,59	396,33	543,23
每件衣服的平均酬劳	6,86	13,67	?	6,86	13,67	?	6,86	13,67	?
为支付总成本所需生产的衣服数量	58	34	?	47	31	?	43	29	?

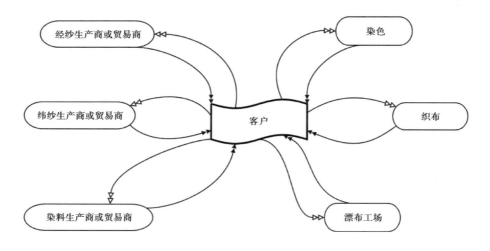

图 2.5　古罗马时期服装生产的潜在关系范围。©Kerstin Droß-Krüpe.

材料能运送多远还不清楚。显然，原材料和染料并不是由纺织工匠去采购的，而是由客户提供——资源由客户负责，而织布工、染色工、漂布工等则提供劳动力。值得一提的是，工匠们都由客户链接在一起，而不是由工匠自主将纺织材料（或服装）相互传递并进行进一步处理。目前没有证据表明罗马帝国的任何地区有大型作坊链接了之后的工作程序如织布和漂洗。对于公共订单如军事服装订单，有证据表明存在某种形式的预付款，这可能是让工匠用于采购必要的原材料的。（图 2.5）

　　纺织品制造和供应的一个直观例子，是埃及为罗马军队供应纺织品：[66] 国家订购或大或小批量的纺织品供给士兵。流程可能是中央政府收到命令，然后将订单分发到各地区，再到村庄。专业协会的任务可能是在村子里把订单分发给单个织布工。这种分配方法也适用于已证实的作坊规模——不需要有大型的原工业作坊和政府全权雇用的工匠。值得注意的是，政府为订购的物品支付了费用，因为生产并不是协会或织布工必须履行的义务。但由于缺少证据和缺乏参考价值，因此无法推断（政府）是否是按当时的市场价格进行支付。[67]可以肯定的是，这些织布工从与政府的合同中获得了收益，因为这是一笔可保证收入的买卖，不会受到市场的不确定性的影响。然而，有两份纸莎草纸资料表明，政府订单并不一定享有优先权，因为资料显示完成只有五件衣服订量的政府订单，也需要几个月的时间。[68]传统上认为，部队通常从其驻扎的地区获得补给，奉行生产者和消费者之间尽可能为最短路线的原则。[69]而纸莎草纸的证据却表明事实并非如此：在埃及生产的服装，会供给卡帕多西亚行省或尤迪亚行省的士兵。[70]无法证明这些订单仅提供当地没有的服装。因此，使用交易成本理论来解释这一现象似乎是合理的，该理论认为有效和合理的经济过程总是与成本最小化相联系，并与交易的发起和执行有关。[71]因此，可以假定，采取这种纺织供应组织架构比直接在部队驻扎地附近生产纺织品更便宜。优良的航线网络和繁忙的航运路线表明，相对廉价和快速的纺织品运输是可能实现的。

在古代晚期，生产情况发生了变化：一种被称作"闺房作坊（gynaecea）"的、由国家控制的纺织作坊建立了起来，[72]目前尚不清楚它们的确切的工作方式。此时的重点显然是大规模的、几乎工业化的纺织生产，由国家组织和控制。除了这些古代晚期的国家垄断模式，在大多数地区，纺织生产仍然通过私人商业来组织。[73]此外，军队的纺织品采购出现了一种新收费形式——vestis militaris，即一种用实物来支付的服装税。引入它的目的是确保为士兵提供经济高效的纺织品。[74]

从荷马时代到古罗马时期的纺织品贸易和分销

尚不清楚古代纺织品贸易和分销的确切运作机制。区分相关术语特别重要，因此，给出一些从现代经济学派生出的定义似乎是最有帮助的。[75]

贸易：从一个（或多个）生产商或供应商处购买货物，并运输、储存和销售这些货物给客户，且不修改或加工它们。贸易商（或贸易公司）的行为通常是为了获利。

分销：使产品或服务可供消费者或用户消费或者使用的任何过程。

这些定义清楚地表明，研究西方古代世界的历史学家们往往过于草率地使用"贸易"这一术语，实际上并非所有的交换过程都符合这个定义。其他分销渠道，如礼物、补贴、贡品或战利品通道，也不应被忽视，尽管通常很难辨别它们的细微差别。然而，重要的是要记住，有关他国纺织品的每一个事例都并没有被直接解释为贸易关系或贸易网络的标志。对于纺织品贸易来说，最能说明问题的是提到了实际参与该行业的人的那些信息。

贸易人员最早出现在《荷马史诗》中（尽管贸易在这里有负面含义，并且只与腓尼基人有关，与希腊人无关）。[76] 在古代世界，海盗、战利品和抢劫似乎是最常见的转移物资的方式。[77] 社会精英如荷马时代的军阀贵族之间交换珍贵的礼物，也是对采购这一行为的一种补充。

公元前 5 世纪晚期，阿里斯托芬（Aristophanes）在戏剧中提到过古希腊的职业贸易者。[78] 在这里，我们得到的印象是雅典集市是古希腊一切贸易业务的最重要的终端，[79] 辅之以海港地区的贸易港口。描述的这些贸易者中有羊毛贸易商，他们也出现在雅典的铭文记录中。[80] 文学资料中也明确提到从地中海其他地区进口到希腊的羊毛：来自弗里吉亚或者米莱托斯，以及游牧民族西米里族（据说族人居住在高加索和黑海北部）。[81] 在古希腊喜剧和铭文中都提到了专门经营亚麻生意的商人。[82] 据说古希腊的亚麻布是从黑海地区的科尔基斯、迦太基和埃及进口的。[83] 对专业的服装销售商也有记录。[84] 这些都再次表明，存在的纺织经济规模超过了纯粹的个体家庭的个人所需，从而在某种程度上形成了以市场为导向的布料和服装的专业贸易。

到目前为止，罗马帝国的纺织品分销网络在很大程度上还没有被充分研究。[85] 考虑到纺织品作为贸易商品的证据范围之广，这一情况是令人惊讶的。《厄立特利亚海航行记》（*Periplus Maris Erythraei*，可追溯到公元 1 世纪）中展示了纺织品作为贸易商品的重要性，贸易从罗马帝国一直延伸到阿拉伯半岛和印度，然后返回罗马帝国。[86] 这本书是一份对贸易路线的独特描述，对于那些扎根埃及并与东方进行贸易的商人来说，这是一本手册和航海指南。它列出了每个贸易港口的具体贸易条件。在从埃及港口出口的货物中，不同种类和质量的服装被列出了 25 次，而进口到埃及的服装也被提到 14 次，表明纺织品作为贸易商品的重要性。

帕尔米拉颁布的税法（公元 137 年）[87] 为原材料进出口提供了证据，例如，税法中出现的紫羊毛（每件征收 8 阿斯 [2] 的税），[88] 还有职业服装贸易者。[89] 帕尔米拉地处连接美索不达米亚和阿拉伯的商队路线上，[90] 这为它作为货物集

---

[2] 阿斯：as，一种古罗马货币。——译注

散地提供了有利的地理条件。货物从帕尔米拉被转运到叙利亚的港口，并最终进入罗马帝国，反之亦然。帕尔米拉尤其作为亚洲珍贵丝绸纺织品贸易港口而闻名。

铭文记录为古罗马世界私人组织的商品交换活动和专业的纺织品贸易提供了充足的证明，涵盖短、中、远距离贸易。[91] 铭文中除了记录有纺织贸易者（vestiarii），还有其他职业者，例如羊毛贸易者（negotiator lanarius）或某种形式的斗篷贸易者（mercator sagarius）。[92] 许多铭文记录了自由民 [3]（以及妇女）从事与纺织品相关的贸易职业，以此谋生。例如，自由民奥卢斯·科尼利乌斯·普里（Aulus Cornelius Pricus）是一个羊毛斗篷（sagarius）贸易商，在靠近罗马河港口的加尔巴的仓库里做生意。[93] 他的生意显然很兴隆，因为他的墓志铭不仅写得很好，而且列出了几个葬在那里的人，其中包括他自己的自由民。德西米乌斯·维图里乌斯（Decimius Veturius）的两个自由民是紫色染料贸易者（purpurarii），[94] 其中一个还充当了同样从事这一领域工作的妇女的赞助人。[95] 虽然男性纺织贸易者似乎处于主导地位，但女性也能以专业水准从事这项业务，[96] 例如，据说 Avilla Philusia 从事的职业就是 "vestiarius（服饰及布料贸易）"。[97]

所有这些纺织品和原材料专业贸易的证据及其来源，表明了当时私人交易的显著水平。[98] 尤其是纸莎草纸的记录对此有所揭示。私人信件提供了关于埃及全行省货物转移的信息，因为它们记录了各种商品的订单，其中包括纺织品。[99] 例如，可追溯到公元 2 世纪初的 *P.Mich.* 8/467，它是克劳狄乌斯·特伦蒂安努斯（Claudius Terentianus）给他父亲（？）克劳狄乌斯·提比里亚

---

[3] 自由民：freedman，解除了奴隶身份的人。——译注

努斯（Claudius Tiberianus）的一封信。他确认收到了某些物品，并要求提供军事装备和衣物：[100]"我请求您，父亲，除了诸神和您以外，我再也没有亲人了，请您借瓦勒留斯（Valerius）之手送把战剑给我，……一把鹤嘴锄，一把多爪锚，两支最好的长矛……斗篷、一件收腰的束腰外衣，再加上我的裤子，这样我就可以穿了，因为我在服役前就穿破了我的束腰外衣，而我的裤子则崭新地放着。"

结　语

在古代西方，制造纺织品被认为是（高贵的）女性的美德。除了由女主人（在奴隶的支持下，如果有的话）在个体家庭中从事服装生产以外，很早就发现了在作坊中工作的专业纺织工匠的身影。文献资料和考古记录表明，专业的纺织工匠主要是在由 2 名至 18 名工匠组成的个体作坊里，按照特定的合同生产产品，但他们几乎难以靠此谋生。在古代晚期，通过引入国家控制的大型作坊，扩大了家庭生产和专业的中小型纺织机构的生产规模。

从公元前 5 世纪开始，西方就有了专业的贸易和分销网络，商品包括珍贵而简单的服装以及原材料。特别是在罗马帝国时期，这些网络不仅覆盖中、短程贸易，而且覆盖了长距离贸易，涉及男人和女人，自由人 [4]、自由民和奴隶，他们有时在这个行业中取得了相当大的成就。在各个时期，民间纺织品交易都扮演了重要的角色。

---

[4]　自由人：freeborn，生而自由的人。——译注

第三章 身 体

格伦斯·戴维斯，劳埃德·卢埃林 - 琼斯

古希腊、古罗马服饰并非没有交集。对于服饰的穿着者、观察者和描绘者来说，这是一个纷繁复杂的关于社会、文化、审美以及物质的现象。[1] 服饰不仅是一种物质，它还需要被人穿上，这是一个逐渐发展的过程，就像其他的人工制品一样。古代艺术和文学作品常常提供这方面的"快照（snapshot）"线索，以此来展示服饰的使用情况，但要获得关于古代服装文化本质的更隐晦的信息，例如古代服装与它所覆盖、隐藏、展示或改变的身体有什么联系，则需要进行更多的系统工作。我们将会看到，尽管存在古典艺术理想，但裸体在古希腊和古罗马作品中并不普遍。在古典世界，人的身体需要穿上衣服是一个根深蒂固的观念，这可以追溯到荷马时代，很明显，社会道德准则要求人遮盖住身体。根据《荷马史诗》的描述，裸体是不被允许的。[2] 事实上，在整个希腊—

罗马时期，给身体穿上衣服是一件顺应文化发展的事情。

　　在希腊—罗马时期，大部分古典时代的人的身体都覆盖着带垂褶的服装，只有胳膊、脖子、脸、脚以及有时（主要是男性）大腿会露出来。毫不意外，希腊—罗马时期的人体美，尤其是女性的身体美，主要集中体现在她们有光泽的白皙皮肤上："有一双白皙的手臂"和"一双白皙的脚"是美丽女性身上常见的标签（正因如此，珀涅罗珀的皮肤被描述为"比象牙更白"，《奥德赛》18.195-196）。³光泽对于展示美丽的形象也很重要：头发和皮肤必须闪亮发光，才能让真正的自然美被人察觉。而服装则增强了人体各个方面的美。传说中由神制作出来惩罚人类，佩戴着珠宝、穿着华服，被视作最终的"kalon kakon"[1] 即"美丽恶魔"的少女潘多拉，就像最初的俄罗斯套娃一样，她的堕落和可恨的性格被外表的美丽掩盖，而外表的美丽又被她漂亮的服饰增强：一件精致的长袍和一条银色的面纱，辅以奢华的珠宝（图3.1）。尽管如此，古希腊和古罗马的女性似乎还是已经参考了美人手册，以便最好地实现时尚改造。奥维德（Ovid）的《论容饰》（*Medicamina Faciei Femineae*）是探讨什么是最受欢迎的造型的一个罕见例子（或戏仿）。男性的美貌也同样受到重视。希腊古典时代的社会赞颂男性健硕的肌肉、古铜色的皮肤和精心梳理过的头发（或假发）。男性选美比赛也在古希腊世界中得到证实：斯巴达城邦在竞赛中展示了他们男性的美，而在雅典举行的男性气概比赛则秉承发现人体力量和美的最佳状态这一主旨。⁴

　　在古希腊和古罗马的历史中，时髦外观的本质始终保持不变，但其在细

---

[1]　古希腊诗人赫西俄德（Hesiod）将创作的第一个女性角色描述为"kalon kakon"，意为美丽、邪恶的事物。——译注

图 3.1 阿提卡的花萼－克雷特瓶，顶层装饰带的中部绘有由众神精心打扮过的潘多拉。
画师尼奥彼得（Niobid）绘制。©Trustees of the British Museum.

节上的明显变化表明，在整个希腊古典时代，"时尚"的概念是在逐步发展的，
尽管时髦外观发展和变化的速度比今天要缓慢。到古代末期，包括皇帝在内的
罗马人甚至开始穿着长裤。长裤曾被视为野蛮的象征，是一种从根本上改变了
古典时代人体轮廓的服装。

着装的身体经验

古希腊的服装是松散的。它缺乏裁剪、塑形和缝纫，只是暂时性地用各种大小的、简单的长方形布料组装而成，用大头针、胸针和腰带固定在身上。没有"成品"服装这回事，因为组成服装的各种元素可以很容易地分解开并重复使用。显然，由于当时织物的类型、重量和体积的特性，古希腊和古罗马的服装并不紧贴身体，也不一定强调覆盖其下的身材，但艺术惯例中有时会展示一些紧身服装诱人地贴在身体上的场景：这是一种艺术构想，而不是现实（图3.2）。超长的布料可以随意用于其他各种用途，所以在发现一个人的长袍被另一个人当床单用时不要感到惊讶。阿波罗尼乌斯（Apollonius）的《阿尔戈诺提卡》（*Argonautica*）中有一段生动的文字清楚地说明了这一点：我们听说一

图 3.2　紧身服装的艺术构想图，它以雕刻出的人物来凸显臀部、大腿和小腿。脱胎于一件约公元前 500 年生产的红绘瓶上的图案。Drawing by Lloyd Llewellyn-Jones.

件华丽的长袍佩普洛斯是由美惠三女神为狄俄尼索斯做的[2]。它成为托阿斯家族的珍贵传家宝，并最终成为伊阿宋的所有物，伊阿宋自豪地穿着它。但是，即使是这个无价的物品，其也具有另一个更世俗的功能——当狄俄尼索斯爱上阿里阿德涅时，它被狄俄尼索斯拿来当床罩。5

古希腊使用最广泛的织物就是"希玛纯"（该词也可作为"礼服"或"衣服"的总称）。这是一种宽大的长方形织物，斜披在人的身体上并包裹着身体，依靠身体一侧的肩膀和胳膊支托——这与后来古罗马的托加袍（见下文）的简化版没什么区别。希玛纯主要穿在束腰外衣的外面，不过古希腊男人经常单独穿着它，露出胸部、肩膀和一侧胳膊的一部分。而女人们则总是搭配长希顿来穿希玛纯。根据图像学研究结果，第一件男式希玛纯被证实最早出现在公元前650年，但第一件女式希玛纯出现的时间要晚得多，大约出现在公元前520年。在古风时代就出现了用厚重的羊毛制成且编织有精致的彩色图案的希玛纯；在古典时代，流行的是纯白色或未漂白的希玛纯（丧礼期间用黑色的）。它的长方形的形状清晰地将它与托加袍和其他类型的古罗马斗篷区分开来［它后来发展为古罗马服装帕留姆（pallium）或帕拉（palla)]。在古罗马时期，它依然与古希腊世界联系在一起，尤其是在智力活动领域。

希顿是由两块大的长方形轻亚麻布制成的，左右两侧缝上，并用小胸针固定在肩膀和胳膊上，再用腰带固定在腰部。希顿是古希腊男女服装的主要类型。6据说这种时髦的衣服是从小亚细亚的卡里亚传入古希腊的。一般来说，女式希顿长及地面，但可以通过拉起多余的布料将其缩短至膝盖处。短版希

---

[2] 美惠三女神，希腊神话中分别代表妩媚、优雅和美丽这三种品质的三位女神；狄俄尼索斯，希腊神话中的酒神。——译注

顿，被称为"chitōniskos"（或称"小希顿"），女性一般在运动时和宗教仪式上穿着，例如，崇拜阿尔忒弥斯·布劳洛尼亚 [3] 的女孩们，会穿着黄红色的"chitōniskos"参加活动。在瓶画上，女式希顿常被绘成透明或半透明的，以此来表现它的轻盈，这可能也反映出当时的人们想要的时尚"造型"（图 3.3）。一种价格昂贵且能作为身份象征的精美、透明的亚麻布，通常从埃及或阿莫戈斯进口到希腊大陆。然而，在日常生活中，尤其是在户外活动时，女性被要求用额外的衣服来包裹自己，例如将一件额外的希玛纯或法洛斯（pharos，披肩）拉到头上作面纱。

图 3.3　根据马克龙（Makron）制作的红绘瓶（约公元前 480 年）绘制的透明希顿图，该瓶现存于大英博物馆。Drawing by Lloyd Llewellyn-Jones.

---

[3]　阿尔忒弥斯·布劳洛尼亚：希腊神话中司掌狩猎、自然、生育等的女神。——译注

佩普洛斯，是另一种女性服装。它是由一张巨大的未经裁剪、缝合的羊毛布料制成的长方形服装，它被折叠到身体的腰部上方，从而让一块布料（也称为"apoptygma"）悬垂在胸前，再用大头针或别针将布料固定在两肩上，并露出穿戴者"白色的手臂"。[7] 在《荷马史诗》中，最高品质的佩普洛斯以巨大的尺寸闻名——这是最直观的财富的象征。[8] 荷马时代的贵族女人炫耀她的"安逸"的生活方式，就是通过她穿着的佩普洛斯的尺寸来体现的，毕竟这件厚重的衣服将使她无法从事除了羊毛加工和纺织这类比较文雅的工作以外的其他任何需要剧烈活动的工作。佩普洛斯是一种被固定的"毯裙（blanket-dress）"，这个词本身被用来描述床、沙发、椅子和战车上的遮罩物以及壁毯。（图3.4）与亚麻质地的希顿的区别在于，佩普洛斯使用了更厚重的织物来制作且无须缝合，直接折叠、覆盖在身体上，再用别针固定。

图 3.4　被认为是画师阿马西斯制作的黑绘瓶（*lekythos*），约公元前 550—公元前 530 年，瓶上描绘了穿着佩普洛斯的女性正在纺纱和打理服装。©The Metropolitan Museum of Art，Fletcher Fund，1931.

佩普洛斯通常指《荷马史诗》中的日常服装，但在公元前 5 世纪的艺术表现中，这种服装类型仍然很常见。

和古希腊服饰一样，古罗马服饰既不合身也不修身；相反，它的目的是宽松、舒适地遮盖住身体，穿着时最多用别针或胸针将其固定在身体的适当位置。带褶皱的布料的用途仅仅是遮盖身体，这与当时提倡的谦逊的思想相符合，但并不妨碍人们使用轻薄、透明的布料或者那些能紧贴身体但不会给人以遐想的布料，真丝绡（coan silk）特别符合这一特性。在古希腊或古罗马，人们通常不穿内衣（兜裆布或三角裤这种形式的衣服），但那时的女性可能已经戴了胸带作为内衣。[9] 不论男女老少，古罗马人的标准服装是直筒且相当宽松的束腰外衣，无袖或带有短而宽松的袖子。通常男性穿着的束腰外衣大约长及膝，并在腰部系上系带（男式束腰外衣可长可短，有时也可以不系腰带），而对于女性来说，束腰外衣长及踝，系带在胸部下方而非腰部。由于各种原因，人们可能同时穿着多件束腰外衣。[10] 在罗马共和国晚期和帝国时期，罗马公民的传统托加袍是穿在束腰外衣外面的，然而根据古罗马传统，早期在托加袍下面不会套穿束腰外衣，但可能会穿一条兜裆布。罗马共和国时期的托加袍 [如伊特鲁里亚人的服装泰本纳（tebenna）] 相对容易穿着，是一种灵活的服装：它由一块单层布料组成，宽大的布料可以斜披在身上，从左肩绕过并从右腋下穿过，其在不同的活动中也可以有其他穿着方式（图 3.5）。在奥古斯都时期（大概是因为他将托加袍复兴为古罗马的民族服装），托加袍变成了一种更大且笨重的衣服，折叠使它的厚度翻倍，并采用了更复杂的方式来披挂（图 3.6）。[11] 没有任何固定装置来固定它：要正确地将它披挂在身上需要奴隶的协助，也需勤加练习，要让布料的褶子保持在适当的位置。由于托加袍是羊毛

图 3.5 被认作 "Arringatore（演说家）"
的青铜雕塑，约公元前 100—公元前
80 年，展示了简易版托加袍。Florence
Archaeological Museum. Photo：
Deutsches Archäologisches Institut
Rom.63.602.

制成的，所以夏天穿会很热，而且不方便长期穿着。所以毫不奇怪，罗马公

民对于在某些场合（例如每天早上，受保护人拜访主保人[4]的时候）必须穿托

加袍的这种社会期望表示不满，所以只要有可能，他们就不会穿它。[12]古罗马

已婚女性（matronae）会在束腰外衣外穿着另一种特殊样式的束腰外衣［即

斯托拉袍（stola）］：这种外衣很长，能盖住她们的脚。[13]在户外，她们会穿戴

上大披肩（帕拉），这种大披肩可能用来披在头上（图 3.7）。它跟托加袍差不

[4] 古罗马的保护关系始于王政时代，在共和时代晚期和帝国时代充分发展，对当时社会
的政治、经济、军事、文化等方面有着广泛而深刻的影响。其构成包括受保护人和主保人，
二者相互依存，各自承担相应职责与义务。——译注

图 3.6 朱里亚·克劳狄王朝皇室
成员［可能是小德鲁索斯（Drusus
Minor）］的大理石雕像，穿着罗
马帝国早期风格的托加袍。From
Velleia, in the Museo Nazionale
de Antichità, Parma. Photo:
Deutsches Archäologisches
Institut Rom. Neg. 67.1601.

图 3.7 "小号的赫库兰尼姆女性"
风格的女性大理石雕像，该女性头
戴宽大的帕拉作为面纱。Palazzo
Braschi, Rome. Photo:
Deutsches Archäologisches
Institut Rom. Neg. no. 70.1553R.

多，但不是用别针来固定的，而是用手，所以穿戴后需要不断调整、时时留心。男式斗篷有各种款式和尺寸，大多是用胸针或其他系扣固定住的，从而让人们的双手可以自由活动。[14]

由于古希腊和古罗马服装主要是垂褶式的，而不是贴身的，所以那些褶子对于着装的外观和穿衣体验来说是必不可少的。许多外套被定义为精心披挂式而非系扣式的服装，古希腊和古罗马的基本装束（希玛纯和托加袍）将社会意义、象征意义与服装褶子在身上呈现出的排列和维持的样式联系在一起。古代艺术很好地证明了复合披挂式服装的美学效果，而特别精致的褶子似乎具有必不可少的社会意义，因为创作和维持这种褶子需要技巧、控制力和相对从容的动作。他们需要使用大量的布料（有时所采用的布料面积是满足身体简单覆盖需求的两倍或更多），来彰显身份和财富。男性可能会穿长且复杂的服装来表达闲适、庄重的意味和社会地位（这与青春、活力相反）。因此，托加袍是给悠闲的、都市化的古罗马公民穿的，这与给士兵和下层阶级穿的束腰外衣相反。

服装、行动与身体

在当代西方，人们不习惯像古人那样"控制"自己的衣服。现代服装通常是量身定制，并用纽扣、拉链或其他系扣来固定的。早上，人们穿上衬衫、牛仔裤或者上衣和裙子，抑或紧身连衣裙。基本上，直到晚上人们才会脱掉这些服装，装着过程中只需很少或根本不需要对它们进行再次整理或维护。但在世界的有些地方，人们与服装的日常互动要频繁得多。有些服装需要人们持续关注和不停整理。例如，在印度，穿着纱丽（sari）的女性必须操控好这种未经裁剪、未经缝合、难以驾驭的美丽布料上错综复杂的褶皱。因此，当她使用纱丽的一部分作为面纱时，她的手总是专注于调整布料在她肩上或头上的垂挂方式。纱丽要求穿着者保持警觉，对女性穿着者来说，随着衣服布料流畅地在她们身上滑动，她们在端庄和暴露之间起舞。

希腊—罗马服装的操控方式与此类似，不管是男式或女式希玛纯、托加长袍，还是女性穿着的佩普洛斯和希顿，甚至古罗马的斯托拉袍和帕拉袍，都是用超长的、不加缝制的布料制成的，所以需要穿着者保持警觉：布料滑动是司空见惯的事。比如要穿上一件由未裁剪的厚重布料制成的希玛纯，显然很困难。一个受过良好教育的古希腊人以其穿着的风格和才华闻名，当他在同僚身边时，有时会假装疏忽，故意让衣服从肩膀滑到腰间。[15] 在帕特农神庙的东侧腰线（图 3.8）上，可以看到太阳神阿波罗的宽大希玛纯从肩膀上滑落下来，

图 3.8　帕特农神庙东面饰带 6 号石板上雕刻的阿波罗和阿尔忒弥斯。©Acropolis Museum. Photo: Socratis Mavrommatis.

他试图通过将拇指放在衣服的褶子处来固定它，并尝试优雅地将其送回正确的位置。他的妹妹阿尔忒弥斯也出现了类似的"服装失灵问题"：别着的希顿"袖子"从锁骨上滑下来，滑过她的肩膀。她用手指优雅地捻了一下，若无其事且巧妙地阻止了它继续下落。

在古希腊文化中，理想的女性气质（即使是女神）最好的表现方式是低着头，眼睛盯着地板。女性应采取封闭的身体姿势，尽可能少地占用空间。女性的动作应该是优美而高雅的（图 3.9）。此外，古希腊女性还经常戴着面纱。面纱在这里是指一种未经缝合的服装，就像斗篷和披风，可以拉到头上，如果需要，还可以拉到下颌处，就像现代伊朗的卡多尔（chador，一种全身罩袍）。在古希腊社会，这是穿着"未经裁剪的服装"的常见形式，几个世纪的泛希腊

图 3.9 战士离家，他的妻子正在做拉起面纱的动作。画师克里奥芬（Kleophon）创作的阿提卡红绘酒坛 A 面，公元前 440—公元前 430 年。来自武尔奇遗迹。Staatliche Antikensammlungen und Glyptothek München. Photo: Renate Kühling.

文学和物质证据有力地支持这一见解，即用面纱遮盖头部或下颌对许多类型的女性而言是司空见惯的。[16] 佩戴面纱意味着女性必须小心翼翼，防止面纱滑动、打结或脱落。就像现代纱丽的穿着者一样，一个穿戴着希玛纯面纱的古希腊女性必定一直处于运动状态。[17]

在古罗马也是如此。罗马帝国的托加长袍、斯托拉袍和帕拉袍确保精英男女在公共场合举止得体，行为庄重：女性的斯托拉袍很长（盖住了她的脚），使她走不快，同时厚重的帕拉袍确保她的手保持在合适的位置上，且不能做不相称的手势或从事任何与工作相关的活动（图3.7）。[18] 另一方面，托加袍通常是披在身上的，但不至于盖到脚上，所以穿着者能以一定的步调行走，但是不能进行更为剧烈的活动，而托加袍的披挂方式也使右臂可以自由活动（左臂作为托加袍的主要支撑，只能做有限的动作）。（图3.5、图3.6、图8.11）对于穿着托加袍的人来说，最重要的活动之一是演说，而关于早期罗马帝国演讲实践的最完整的手册〔昆体良（Quintilian）的《雄辩术原理》(Institutio Oratoria)〕涉及很多关于演说家应如何着装的内容，以及在穿着托加袍进行演说时能做的、应该做的和不应该做的动作。[19] 演说姿势中提及最多的应该是关于右手和手臂的，它们不能举得太高或伸展得太宽。[20] 由于需要保持托加袍的位置，所以人体能做的动作受到了限制，但随着演说愈加慷慨激昂，在快结束时解开托加袍也是可以被大家接受的。尽管早期款式的托加袍（更简单、更小的款式）被认为是一种实用的服装，人们可以在农场劳动时穿着，甚至可以在战斗中穿着，但皇家托加袍会阻碍许多活动（进行），因此皇族参加这些活动需要穿其他的衣服。晚餐中斜躺时也可能穿着托加袍，但在其他时候，穿着一些不同的衣服会更舒适和方便（详见后文）。骑兵和步兵还可能在其束腰外衣下穿着及膝马裤（feminalia/braccae），而从事体力劳动的人，例如农业劳动者和各种工匠，则单穿束腰外衣或搭配兜裆布穿着。职业女性也倾向于不穿帕拉袍而直接穿衣长及踝或及小腿的束腰外衣。

体形的改变

一般来说，西方古典服装被看作为了掩盖身形，而不是展示、修饰或突出身形（而制作）的服装。不过，还是有一些用服装重塑身形的例子：文字证据表明，在古希腊，"pornai"（一般指妓女）很容易被认出来，因为她们穿着带有花朵图案的半透明裙子，图案覆盖在有衬垫的胸部和臀部上，目的是吸引潜在客户的眼球。奥维德在给女性的建议中［《爱的艺术》（*Ars Amatoria*），第三册］，提出可以通过选择适合自己肤色和体型的衣服及发型来实现自身身体资产最大化，还提出改善太瘦、太矮和过于骨感等体型缺陷的方式。[21] 胸带的用途之一是改善胸形及调整胸部大小，尽管根据尚存的文献，尚不清楚它是否主要用于增大或减小胸围，或者使胸部坚挺。奥维德建议胸部小的女性使用胸带。[22] 他还建议矮个子女性应该穿厚底鞋或凉鞋，这能让她们看起来更高。甚至苏埃托尼乌斯（Suetonius）也在《奥古斯都》（*Augustus*, 78）一书中说奥古斯都也穿高底鞋，让自己看起来更高。男性的任何试图改变外貌的行为都是不受欢迎的（尤其是去除体毛），但许多著名的古罗马男人都对脱发和秃顶很敏感：据说尤利乌斯·恺撒（Julius Caesar）曾戴过一顶桂冠来掩饰他的头发稀少，而奥托（Otho）皇帝的画像也清楚地显示他戴着假发。多米提安（Domitian）皇帝非常忧心他的早期秃顶，以至于发表了一篇《关于头发护理》

（*On the Care of Hair*）的专著。古希腊人不常戴假发，尽管假发可能已经被编成自然的发辫。罗马共和国晚期和帝国时期的古罗马精英女性的发型越来越精致，往往需要使用假发套和假发片（由从俘虏的头上取下来的头发制作而成），这为头发商人和假发制造商创造了丰厚的利润。

有一种模仿躯干肌肉的盔甲风格（即肌肉胸甲），这样的设计肯定是用来暗示穿着者有良好的身材。它在古希腊英雄和装甲步兵以及古罗马皇帝和将军的雕塑上很常见，这说明它可能是一种阅兵用盔甲，而不是战场上所穿的盔甲。但总的来说，古希腊人和古罗马人都对可能被视为"体形的改变"（的事情）表示厌恶：从他们对"蛮族"服饰的态度可以看出这一点，尤其是他们对波斯人、凯尔特人和其他外族人的异形服装（带袖的束腰外衣和大衣，裤子和其他形式的腿套）的态度。例如，波斯人的服装是由一条裤子、一条皮革或麂皮质套裤（anaxyrides）和一件带袖上衣（ependytēs）组成的，其长度适于用皮带将其固定在腰部。要穿着套装的话，可以增加一件长悬袖大衣（kandys），它通常像斗篷一样披在肩膀上，有时会用系带固定在胸前。古希腊人对这种套装着迷，称其为"最美丽的服装"，[23] 但同时也感到困惑和排斥。因为根据古希腊人和古罗马人的理解，这样一种贴合腰部和腿部的腿套，是"蛮族"的一个独特标志。公元 5 世纪早期的古希腊人想象亚马逊人是穿裤子的战士。毫无疑问，亚马逊人模仿了他们的波斯敌人（图 3.10），因为波斯人在本质上是老练的欧亚草原游牧民族，其骑兵装的特点之一是有宽松的裤子。同样，古罗马人提到"bracae"和"bracati"[5] 时，通常也会暗示对穿裤子的

---

[5] bracae: 古代一种长裤; bracati: 古罗马人针对"bracae"起的有贬低意味的绰号。

——译注

图 3.10 扮成波斯人的亚马逊女战士正在为战斗而武装一名战士。由欧西米德斯（Euthymides）创作的阿提卡红绘双耳瓶（约公元前 480 年）。Staatliche Antikensammlungen und Glyptothek München. Photo：Renate Kühling.

人缺乏文明（这一点）的蔑视。用引人注目的、有形状的服饰来遮盖住身体，被古希腊人、古罗马人视作对古典理想的亵渎。

健康与卫生

在古典世界中，在着装方面，人们显然没有将健康作为考虑因素。有些资料提到，身体较差的人可以适当穿着额外的服装。苏埃托尼乌斯说，奥古斯都的体质较弱，因此他在冬天需要穿额外的衣服（《奥古斯都》，82）——除了穿着托加袍外，奥古斯都还穿了一件羊毛汗衫、四件束腰外衣，腿上缠着布条

"fasciae"——昆体良指出，演说家只有在生病的时候才会穿上"fasciae"（《雄辩术原理》，11.3.144）。奥古斯都还戴着一顶宽边帽以避免晒到太阳。[24] 但通常，古希腊人和古罗马人依靠护身符来抵御身体疾病和超自然疾病。

古希腊人认为身体的卫生和形体美是文明社会的标志，因此，希波克拉底（Hippocrates）推行了以鼠尾草或莳萝为基础的疗法，如熏蒸、按摩和沐浴，以保持身体的健康状态。在运动场和体育馆里，运动员们在身上涂油，然后用"strigil"[6] 将油刮除。但是人们对清洁的这种热爱与衣服有多大的关系呢？值得强调的是，在现代社会的许多地方，除了穷困的人以外，人们有很多的服装和日常清洁工具可使用，但在古代，服装极少是"廉价的"，只有很少一部分人能负担得起服装的多次更换。大多数服装，无论多么普通，都代表了时间或资源上的大量投入，需要对它们悉心护理。人们可以手洗较轻的服装；可以用刷洗、晾干以及轻微漂白来处理较重的服装，以此来清洁服装并恢复其光洁度。如需进行更大的改进，则可以将服装交给专业人士，他们将使用更强的漂白剂、染料和其他化学品（来进行处理）。许多羊毛外衣会用刷、梳和浸泡天然化学品等方式来"干洗"。白色服装需要进行特殊处理以恢复其颜色的纯度，但是由于当时没有能特别有效去污的肥皂，此类服装通常会在阳光下漂白，并用漂白土 [7] 进行处理。[25]

洗衣场景是古希腊文学中的一个传统主题，经常强调和浪漫化年轻女性的工作（最著名的是《荷马史诗》中的人物瑙西卡）。[26] 类似的场景都围绕着河

---

[6] strigil：一种古希腊或古罗马人用的刮身板。——译注
[7] 漂白土：一种黏土，吸附能力强，在早期纺织业中主要用于纺织品清洗和增白。
——译注

流展开，但实际上水的供应往往是有限的，清洁的水太宝贵了，因此不能用来洗衣服，在城市中，用于烹饪和清洗身体之后的水可能会被用来洗涤纺织品。古罗马人的衣服可能不经常清洗，而且卫生似乎不是主要问题。较轻的亚麻或羊毛衬里束腰外衣（under-tunics）要比较厚的羊毛或丝绸外套容易清洗。[27] 在古罗马世界，男性和女性通常不穿内裤（多为短裤、三角裤或兜裆布形式的服装），虽然此类服装可以单独穿着或穿在短束腰外衣里面，但是人们这样做通常是出于谦虚而非卫生考虑。[28] 目前还不清楚当时女性是如何应对月经的，她们可能在每月的这个时候穿着类似内衣的衣服。没有证据表明有人在睡觉时穿了特殊的衣服。

内衣与外衣的区别

对于古希腊和古罗马的服饰来说，区分内衣与外衣似乎并不是什么大问题。古希腊人和古罗马人很少穿"内衣"，束腰外衣、希玛纯、托加袍和斯托拉袍是在室内外都能穿的外衣，如果外面寒冷或潮湿，还可以加穿一件大衣或斗篷。像兜裆布和束腰外衣这样的服装，它们通常是穿在希玛纯或托加袍里面的，男性也可以在不同的情况（见后文）下单独穿；女性也可以穿三角裤或"比基尼"来进行锻炼或将其作为演职人员服装。后来的罗马帝国（公元 3 世纪末—4 世纪）出现了一种时尚：可以同时穿着两件束腰外衣，内层的一件较长且袖子长，而外层的一件较短、宽且配有短且宽的袖子，所以在外层束腰外衣的下摆、袖口和衣领处都可以看见内层的束腰外衣。男人和女人都穿这种时装。

服装、身体、气候和活动

地中海地区少有极端气候，而古希腊和古罗马式服装的设计也不是特别适合应付极寒、炎热或潮湿的天气。小普林尼（Pliny the Younger）[《信件》（Letters），3.5] 说他的叔叔在冬天穿长袖束腰外衣。另一种应对寒冷天气的办法是穿多件束腰外衣和包裹住腿（与身体的其他部分）。斗篷（如"lacerna""laena"）可以穿在托加袍的外面，其可以发挥一些防雨和防寒的功能。女性通常不穿斗篷和披肩（旅行时除外）。在正常情况下，她们穿的是笨重的帕拉袍，这对于应付恶劣天气来说没有多大效果。平民穿的斗篷往往比士兵穿的要轻便：古罗马基础军用斗篷"sagum"和"paenula"（一种带兜帽的斗篷，前面有系扣）就是为应对恶劣天气而设计的。军官（包括皇帝）所穿的"paludamentum"是一种将布料用胸针固定在右肩上的斗篷。这是一种令人印象深刻的服装，但用来抵御恶劣天气可能不那么有效。旅行者可能会穿戴斗篷，而农业劳动者可能会穿戴带兜帽的披肩（图 3.11）——它们由厚羊毛（保留羊毛脂用于额外的防雨或将羊毛毡化）或皮革制成。

不足为奇的是，许多记录在册的此类服装的名称（例如"cucullus""caracallus"和"birrus"）似乎都来自罗马的西北地区行省（特别是高卢）。这些地区的古罗马人使用这类特制的服装来抵御极端天气，并持续在各行省制作和出口这类服装。同样，"kausia"（意为保暖器）是一种马其顿宽边毡帽，也用来抵御恶劣天气。驻扎在罗马帝国边境地区的古罗马地区居民和士兵的服装通常与当地的气候相适应：在 Les Martres-de-Veyre（卢格敦高卢）的一个墓地中发现了一双羊毛袜；在温德兰达遗址的石板上则提到了袜子的供应，

图 3.11　青铜小雕塑，刻画了农业工作者（一位农夫）穿着一件连帽斗篷（可能是皮制的）。©Rheinischen Landesmuseums Trier.

这表明驻扎在哈德良长墙沿线的士兵和他们的家人已经穿上了这些袜子。[29]

　　服装的确影响了古希腊人和古罗马人的活动（无论是现实的还是象征性的）。在古代世界，用服装来辅助肢体表情达意在非语言交流中至关重要，且可能引起许多"解读"。穿上或脱掉衣服的一部分，显露或隐藏在衣服后面的是各种情绪。例如，古希腊的年轻男性应该把手放在衣服里面，来表示一种谦虚的态度，突出其缺乏经验，因为手被认为是动作器官，只有成熟男性在公开辩论、运动、狩猎或战争中才会用到手。在公共场合，古希腊女性也不应该有一双活跃的手。艺术上经常会强调这一点，女性的手要么放在衣服下紧贴身体，要么在蒙上面或遮住嘴后再去做重要的工作。

　　通过揭开或放下面纱，一个古希腊女性可以表达一系列广泛的情感，包括羞耻、端庄、活泼以及腼腆；表明地位或在性方面的态度。脱去衣服对女性来说意味着痛苦或悲伤；相反，男性会盖住他们的头来表达悲伤、羞耻（在古罗马，这一动作表示虔诚）。不管男性或女性，扯开或撕裂衣服都表明其很焦虑。

托加袍是一种最适合古罗马公民履行公共职责的服装，尤其是对于那些元老院的精英阶级。一名祭司在主持宗教仪式时被要求穿着"capite velato"托加袍（头上有带褶子的折叠），一些更传统的祭司（如 flamines）会穿特殊款式的服装（图 4.1）。尽管最早的托加袍可以用于各种更有活力的活动（例如，将托加袍固定在腰部的穿戴方式——这种款式的服装被称作"cinctus Gabinus"，就可以穿着它进行战斗），但罗马共和国晚期和帝国初期的托加袍不适合用于激烈的活动，其也被认为不适合用于各种休闲活动。也有其他更适合用于就餐（synthesis，束腰外衣和斗篷的组合）和追求知识（带帕留姆的束腰外衣搭配罗马鞋而非满帮鞋）的服装：帕留姆和其他一些包裹身体的披肩是哲学家和其他知识分子的装束。古罗马女性所穿的传统服饰种类较少，这反映出她们的活动种类较少。

此外，古希腊、古罗马的男性在从事更激烈的体力活动时会穿其他服饰和套装。他们在骑马和狩猎时穿的衣服通常由一件束腰外衣和斗篷组成：标准的古希腊男性狩猎服装是一件短束腰外衣、一件"chlamys"（一种斗篷）加一顶"petasos"（一种宽边帽）。此外，古罗马骑兵可能会穿及膝马裤，而猎人则会在束腰外衣下穿上兜裆布。古罗马士兵的束腰外衣也比百姓的短：他们都戴着精致的腰带，腰带上挂着他们的宝剑和短刀，并用扣带扣着（不像百姓的腰带是靠打结来固定）。这些通常装饰华丽的腰带被认为是军队的特征。士兵们的服装也被描绘成在束腰外衣下穿着及膝马裤（例如图拉真记功柱上的记录）。但随着时间的推移，军用鞋发生了变化，其特点是开始使用鞋钉。

古希腊社会允许男性在特定场合裸体，但在日常生活中不允许女性裸体。在古希腊艺术中，男性裸体是一个象征性概念，展现了男性气质中永恒存在的英雄气概的一面。因此，男性裸体也可以被看作一种"英雄装束"。[30] 男性裸体是体育型社会所接受的一个方面，毫无疑问，其也是雅典议会上对年轻的成年男性身体进行公开检查的重要部分。在可控的环境下，比如体育馆和运动场，男性裸体是可以被接受的。尽管如此，表示性器官的希腊术语"aidoia"（类似拉丁语中的"pudenda"）还是与表示"羞耻"的词有紧密的联系，这表明裸体并不是"de rigueur（社交礼节需要的）"。人们可能对研讨会上敞开的长袍或漫不经心地包裹身体的希玛纯视而不见，却很难相信在帕特农神庙里的腰线雕塑上描绘的图景——在"伟大的泛雅典（Great Panatheneia）"时期，裸体的雅典男性和女性一起游行（图3.12）。这是一种艺术构想，旨在突出雅典的英雄形象和城邦的荣耀。

图 3.12 在帕特农神庙的北面饰带［泛雅典娜节（Panathenaic）[8] 游行的一部分，参见图4.2］上雕刻的"英雄般的裸体"图案。©Trustees of the British Museum.

---

[8] 古希腊宗教节日。——译注

古希腊人的裸体与体育活动有关，而古罗马人对此没有采取同样的尺度：在浴室进行锻炼时，可能穿着轻薄的束腰外衣，或者穿着某种覆盖腰部的三角裤（在古希腊世界称之为"perizoma"，而古罗马人可能称之为"campestre"）。[31]现有证据中也描述了古希腊、古罗马的年轻男性在进行锻炼时会戴着帽子，[32]此外还提到了专用于运动后保暖的厚斗篷。女性也可能穿着三角裤（穿或不穿胸带）在浴场锻炼：位于阿尔梅里纳广场的别墅浴场遗址（可追溯至公元4世纪）里绘着著名的马赛克图案，其展示了一群穿着类似"比基尼"的服装、从事体育活动的年轻女性（图3.13）。像现代"比基尼"下装那样的皮制服装遗存在伦敦也有发现，虽然这些可能是艺人（如杂耍艺人、舞蹈演员）而非普通女性在锻炼时穿的。古希腊、古罗马的角斗士们会穿专门的套装：花哨的兜裆布和金属腰带是标配，除此之外，盔甲、服装和其他装备则根据角斗士的类型而有所不同。战车车夫们也会穿专门设计来为其提供保护的服装，这些服装随着时间的推移而不断发展演变，以满足这类人群的需求。其中包括一条围绕在躯干和两件束腰外衣之外的系带、缠绕在他们腿上的提供保护的"fasciae"，

图3.13 被称作"比基尼女孩"的马赛克拼贴画，来自意大利西西里岛阿尔梅里纳广场的卡萨尔别墅。公元4世纪早期。Photo: Werner Forman/Universal Images Group/Getty Images.

再搭配上一顶小帽子形状的头盔。

在古希腊，除了显而易见的在购买、制作或拥有服装的经济能力上的区别外，在服装形式的选择上，似乎没有任何针对外国人或奴隶的限制。而在古罗马，工作的中下层阶级，无论是自由人、自由民还是奴隶，都不会穿托加袍。古罗马那些拥有高级职位的人和走在街上的普通人都会穿一件长及小腿的束腰外衣，并会在需要时披上一件斗篷。这些束腰外衣通常没有腰带，遗存的绘画和马赛克图案显示它们通常是深色的。从事体力劳动的人（如铁匠、农场劳动者）可能会穿一件有腰带系在腰部的短束腰外衣（这样就能将衣服的长度限制在膝盖以上），或者可能会将右臂从袖子里抽出来的衣服。从事非常艰苦的体力劳动，在或炎热或潮湿的环境里工作的人（例如渔民、面包房的工人），可能会只穿一条兜裆布。冬天在户外工作的人可能也会穿防护斗篷和兜帽。乡村工人和骑兵也会在腿上缠上布料以增添保护措施。古罗马人不常戴帽子，但是旅行者、渔夫和水手可能因为会在阳光下待很长时间，所以戴上帽子。艺术作品显示，职业女性（如在酒吧工作或在市场上卖水果、蔬菜的女售货员）会穿着简单的长及脚踝的束腰外衣，而不是上流社会的长礼服和厚重的斗篷。

服装与成熟的身体：从童年到老年

古希腊和古罗马的婴儿通常都是用襁褓包裹的，医学作家索兰努斯（Soranus）给出了最好的技术指导，并建议婴儿在出生后的前 40~60 天应该继续待在襁褓中。[33] 之后，孩子们开始穿成人服装的缩小版，最常见的服装是束腰外衣（已发现的一些实例表明，这些衣服被设计成可折叠的，并随着孩子的成长而展开）。孩子似乎是不穿尿布的，在古希腊瓶画上，孩子通常是赤身裸体的，但会佩戴一条带链子的护身符；和平祭坛（Ara Pacis）的北侧腰线雕塑带上，描绘了一个蹒跚学步的孩子正伸手走向他的父母，随着短束腰外衣向上缩，他的臀部随之裸露出来。至少在帝国早期，古罗马精英阶层家庭的男孩会穿戴一种特殊的、带紫色镶边的托加长袍（toga praetexta）和一个护身吊坠"bulla"[9]——一种由金属或皮革制成的、独特的圆形护身符，带紫色镶边的白色托加长袍和"bulla"都被认为能在孩子童年时给予其保护。[34]在和平祭坛上还描绘了特别小的男孩穿着托加长袍，实际上托加长袍对小孩子来说几乎不可能是一件实用的衣服（图 3.14）。当一个男孩到了适当的年龄（通常是 15 岁或 16 岁），他的衣着开始表明他新获得的地位。在古希腊，"chlamys（长方形斗篷）"和"petasos（宽边帽）"是标示"ephebes（青春期性成熟的男孩）"特殊身份的物品；在古罗马，一个男孩要参加一场成年仪式，他必须脱下他的带紫边的白色托加长袍和"bulla"，取而代之的是成年罗马公民所穿的纯白色托加长袍（toga virilis）。[35]

关于古希腊女孩着装的记录很少，尽管她们似乎穿着根据成年女性服饰仿制的迷你服装，但对于特别年幼的孩子来说，裸体似乎更常见。几乎没有证据表明青春期前的女孩蒙着面纱，但资料的缺失并不能排除这种可能性。有迹象表明，已经到青春期并经历了初潮的女孩被强制要求蒙上了面纱（甚至可以说她们敏锐地预料到自己会佩戴面纱）。我们知道，这种人生仪礼的特征是至少增添一件"象征长大成人的"衣服。古籍资料表明，"zōnē"或腰部饰带是女

---

[9] bulla：戴在颈上的垂饰。——译注

图 3.14　和平祭坛南面饰带上刻画的孩子（两个男孩和一个女孩，男孩也佩戴 "bulla"）。Photo：Glenys Davies.

孩在青春期来临后第一次穿的，是专门用来献给阿尔忒弥斯的，作为将来婚姻过程里的一部分。新婚之夜，新郎解开新娘的 "zōnē"；在分娩时，接生的女性怜悯地解开产妇的腰部饰带。古希腊的新娘穿着独特的礼服，新娘的礼服也充满了色彩和象征意义。在古典时代的雅典，新娘会在婚礼庆典开始的第一个早晨，仪式性地穿着精心制作的礼服，佩戴珠宝——带有石榴图案等象征性设计元素，然后被冠以女式头冠（stephanē）或花冠（图 3.15）。在这一切之上，有一条特殊的克罗科斯色（krokos，橘黄色）面纱覆盖。在 "anakalypteria" 仪式期间，面纱会被暂时拉起，并在婚礼庆典高潮时由新郎揭开。

　　虽然古罗马女孩通常被描绘成穿着一件带有长腰带的束腰外衣，但也有一些资料和图像里描绘的女孩像男孩一样穿着托加袍（但不佩戴 "bulla"）。对于女孩来说，服装的重大变化伴随着婚礼的到来。新娘会穿着一套特殊的服

图 3.15 红绘双耳长颈高瓶，上面绘有婚礼游行的场景，新娘戴着面纱，面纱上装饰着星星——这可能表现了面纱那原本鲜艳的色彩：橙红色。约公元前 450—公元前 425 年。©2016 Boston Museum of Fine Arts.

装：一件腰带上系着特殊的结（nodus Herculaneus）的 "tunica recta"，搭配特别的发型（seni crines）和火焰色面纱（flammeum）、火焰色鞋子。[36] 结婚后，这位古罗马妇人会在束腰外衣之外再穿上一件斯托拉袍和一件帕拉袍。[37] 尽管寡妇可能会穿戴特殊形式的小披风作为头饰（ricinium），但实际上并没有与老年时期相关的特殊形式的服装。昆体良暗示鲜艳的色彩不适合老年人。《罗马帝王纪》（Historia Augusta）里的一段话提到皇帝颁布法令，允许城中老年人在寒冷的天气里穿着 "paenula"，这表明，对那些年事已高的人来说，放宽一些常规着装规范是能被社会接受的。[38]

古典世界里，一个人的死亡通常以哀悼者穿上特定的衣服为标志，尽管很难知道是否存在相关规定，但在任何人逝世之后都有很长的哀悼期。在古罗马，人们会穿着黑色、深蓝色或灰色的衣服来表示悲伤、哀痛，脏衣服也与哀悼有关（如"atratus"[10] "sordidatus"[11]）。男性可穿"toga pulla"长袍，这是一种在面对其他灾难或不幸的时候也可以穿的服装，以表示穿着者不关心自己的外表。

裸体主义与健康的赤身裸体

古希腊人允许甚至是迷恋特定环境下的裸体。体育馆是展示男性身体健康之美的地方，因此，这是一个常与性张力和求爱活动联系在一起的地方。古希腊人将经常光顾体育馆的年轻人形容为"kaloi k'agathoi"——帅气且品德高尚（可对照法语中的"jeunesse dorée"）——暗示肉体上的完美与男人的品格有某种直接关系。古希腊人认为，如果一个人的外表好看，那么他的内心必然也向善。对古希腊人来说，在体育馆或运动场里展露健康的身体是一个人全方位品德优良的表现。因此，古希腊人觉得波斯人公然遮盖身体这一习惯是有问题的。

对古罗马人来说，裸体有益健康的观点更为陌生。在艺术表现中，男性（少部分为女性）完全或近乎赤裸暗示了两种看似矛盾的特性之一：蛮族（未开化

---

[10] atratus：黑色衣服，也可指葬礼。——译注

[11] sordidatus：脏衣服。——译注

所以不穿衣服）和神灵（或英雄）。这种处理方式以后者之名为名：英雄般的裸体，因为裸体暗示了所描绘的人身上具有的神或英雄般的气质。[39] 他们的身体呈现出理想的形态，他们的裸体被描述为一种"服装"。[40] 在现实生活中，古罗马人对裸体更加谨慎。在意大利的传统中，人们从来没有像古希腊人那样接受在体育竞赛或锻炼等活动中裸体。[41] 尽管裸体在罗马共和国早期至中期不是惯例，但似乎古罗马人在公共浴池里洗澡时还是赤身裸体的，而衣服似乎是在浴场锻炼时穿的。对女性来说，这方面的证据就不那么明显了，不过可能除了过分拘谨的女性，其他女性都是裸体沐浴的。此外，还是建议人们洗澡时都穿上凉鞋，以保护他们的脚不受地暖伤害。

结　语

古希腊和古罗马服装的基本形式的应变性很强，可以根据情况以各种方式来穿戴同样的服装，但这并不妨碍（尤其是古罗马）各种专业服装或服装在特殊时期的穿着方式的发展，例如恶劣天气下在户外工作或从事特定活动时。除了遮盖身体以让人感觉舒适以外，衣服还发挥了许多其他功能，包括表达性别认同和性兴趣：这些也涉及衣服和它所覆盖的身体（或它没能覆盖的那部分身体）之间的关系。这方面的问题将在第五章作进一步讨论。

第四章 信 仰

卡莉·丹尼尔-休斯

本章将探讨从希腊古典时代到古代晚期基督教的宗教服装的重建及其功能。这项考察始于对几个世纪里古希腊、古罗马和"外国"宗教及神话仪式服饰的研究,尽管并非很详尽,还是能发现时尚的转变与基督教内部制度的发展是一致的。在我们对古地中海世界的研究中,"信仰"无法完美地描述与穿衣有关的宗教态度。这里的"宗教"是指古代的一种神灵的概念,包括古人参与维系与神灵关系的仪式以及他们建立的用以供奉神灵的制度。古代宗教信仰,尤其是古希腊和古罗马的秘教,强调仪式性的表演,没有教条,并以多样性和各具地方特色著称。我们将看到,在这些仪式性的表演中,服装扮演了各种各样且通常来说不可或缺的角色。本章的后面部分将研究一些早期基督教资料,其中信仰的范畴将变得更加显著。基督徒赋予服装道德和神学上的意义。[1] 在古代晚期，服饰成为所有信徒身份的主要标志，是建立和赋权于新的社会角色（修道士、修女、神父）与机构（修道院和教堂）的必要条件。

古希腊和古罗马宗教崇拜中的仪式服装

公元前 1 世纪，在伯罗奔尼撒半岛的安达尼亚，有一段铭文记载了崇拜德墨忒尔 [1] 和科瑞 [2] 的秘教的神圣法则，为我们提供了关于古代秘教生活的仪式服装方面最丰富和最详细的资料。² 它将引导我们接下来的讨论方向。神圣法则中有将近 16 行内容涉及教徒和秘教神官的着装。在安达尼亚秘教中，所有的教徒都被告知要穿着白色亚麻束腰外衣和斗篷，而不是那些用羊毛或透明材料制成的外衣和斗篷，之后赤脚进入神圣区域。³ 在宗教仪式中，统一的服饰——通常是白色的（或未染色的）亚麻长袍——表明秘教参与者通过共同的仪式体验而将彼此联系在一起。同时也为秘教神官准备了更精致的服饰，加强了主持庆典的人的"象征资本"。⁴ 安达尼亚的法律规定，女性的着装应根据仪式和经济地位来区分。女性的服装及装饰的费用因她们的阶层不同而有所不同：自由的成年女性，女孩，奴隶，还有主持仪式的"神圣女性"。自由的成年女性的斗篷上可能有更大的条纹和边饰，比女孩或奴隶的斗篷昂贵。⁵ "神圣女性"以穿着无装饰且带有流苏的卡拉西里斯（kalasiris，一种类似束腰外衣的服装）——一种灵感来自埃及穿衣风格的服装而闻名。⁶

亚麻布是用植物纤维而非动物纤维制成的，在仪式上通常将它视为纯洁

---

[1]　德墨忒尔：希腊神话中司掌农业的女神。——译注
[2]　科瑞：女神德墨忒尔之女。——译注

的，它因简朴又实用吸引了各式各样的群体。[7] 它与埃及的联系意味着亚麻布在伊希斯[3] 崇拜的教徒的宗教装扮中占有一席之地。[8] 说到伊希斯教祭司的麻布衣服和剃光头的传统，普鲁塔克（Plutarch，公元 2 世纪初）解释说，他们要避免有头发（不管是羊毛制成的假发还是自己本身的头发）。头发在仪式上被视作一种玷污，因为它被看作身体的某种排泄物（如同粪便）。[9] 亚麻布是毕达哥拉斯学派（一个以素食和禁欲苦修闻名的哲学教派[10]）精心挑选出来的面料，它也被用于耶路撒冷神庙的礼拜仪式中，之后成为基督徒的选择。[11]

对仪式的纯洁性的重视，可能同样也解释了安达尼亚为何禁止在游行中穿鞋，以及为何法律规定在仪式中禁止穿鞋（除了那些用毛毡或祭祀用的皮革制成的鞋）。[12] 为了不把"不神圣的土地带到神圣和世俗的边界之所"，赤脚走在神圣区域在当时可能是很常见的事。[13]

在古代，"白色"通常被指定用于宗教场合。诸如希腊语"leukos"或拉丁语"candidus""albus"之类的术语，可能表示未经染色的优质羊毛，在阳光下漂白过的衣服或添加了染料以获得外观更洁白的衣物。[14] "白色"可能表示一类色相，而不仅仅是指纯白色，并且具有明度和亮度——一种与神相关的品质。[15] 秘教神官和信徒一样，都长期穿着这类衣服。[16] 科斯的一项神圣律法显示，赫拉克勒斯[4] 的祭司卡利尼科斯（Kallinikos）身着白色服装。[17] 帕加马和普里埃内的法律就像安达尼亚的法律一样，要求进入神圣区域的人必须穿上白色的衣服。[18] 在治疗之神阿斯克勒庇俄斯的圣所里，信徒们穿着白

---

[3]　伊希斯：埃及神话中的生命、魔法、婚姻和生育女神，在西方世界的广大地区备受尊崇。——译注

[4]　赫拉克勒斯：希腊神话中的大力神。——译注

色长袍。[19] 白色与纯洁的联系使其成为年轻女性和主妇教徒们的首选服装颜色。在帕萨尼亚斯（Pausanias）的记录里，奥林匹亚的索西波利斯（一个女性崇拜）教的年老女祭司用白色亚麻面纱来裹住自己的头部。[20] 迦太基的特土良（Tertullian）指出，白色是与生育、多产相关的女神克瑞斯[5]的信徒们的首选颜色。[21] 奥维德描述，这种颜色很适合她的四月盛会——谷物节（Ludi Cereales）。[22]

白色服装与神秘崇拜的特殊联系，也解释了它在安达尼亚的存在。同样，阿普列乌斯的小说《金驴记》也记录了女神伊希斯的神圣游行，她的所有信徒都穿着"闪亮的长袍"。[23] 神秘崇拜强调入教仪式，认为信徒们就此获得一个新的仪式地位，在某些情况下还意味着获得了来世更好的命运，白色可能表明这种转变。在古代晚期，这个象征被保留在基督教的洗礼中，新受洗的人被授予白袍，以表明他们是基督教团体的一员，以及他们的精神地位得到了改善。[24]

白色适用于入教和崇拜活动，而黑色、灰色则用于哀悼和葬礼。[25] 公元前3世纪的一篇来自小亚细亚的铭文强调女性吊唁者应穿灰色。[26] 在古罗马背景下，男性公民应该在哀悼期间穿上一种黑色的托加袍（toga pulla）。[27] 规定古罗马妇女在哀悼期间（持续的时间更长）要穿深色或黑色的斗篷和束腰外衣，并除去徽记（如珠宝）。[28] 已证实，在哀悼期间犹太人群体也要穿着黑色衣服。[29]

对于加入神秘崇拜的新人来说，花环也是他们服装的重要组成部分，通常

----

[5] 克瑞斯：罗马神话中的农业和丰收女神，对应希腊神话中的德墨忒尔。——译注

用于仪式和庆典场合。[30] 各种各样的花环可以在节日期间装饰门柱，可以让新娘佩戴，可以让士兵在军事胜利时佩戴 [31] 以及秘教神官和庆典人员佩戴。古希腊女祭司戴着王冠，模仿她们所侍奉的女神。[32] 古罗马妇女也经常戴着王冠、花环和 "infula" [6] 发带，以表明她们作为祭典女祭司的角色，如克瑞斯和福尔图娜 [7]。[33] 男性神官长期佩戴花环，这是他们神圣职责的一部分。奥古斯都大祭坛——和平祭坛——的祭祀队伍中，祭司学院的各类成员和皇室成员都戴着月桂花冠出现（图 4.1、图 4.2）。[34]

图 4.1 和平祭坛北面的皇宫及家庭游行队伍。Photo: DEA/G. DAGLI ORTI/De Agostini/Getty Images.

---

[6] infula: 古罗马人佩戴的一种红白相间的羊毛织物，带有宗教色彩。——译注
[7] 福尔图娜：罗马神话中的命运女神。——译注

图 4.2　帕特农神庙东面饰带。©The Trustees of the British Museum.

在神秘崇拜中，获得王冠是入教仪式的重点。在安达尼亚，所有首次入教者（neophtyes）都把他们的头饰换成了花环。[35] 每年在雅典城外的厄琉息斯举行的纪念德墨忒尔和科瑞的秘教大仪式中，首次入教者都戴着用桃金娘制作的花冠。在狄俄尼索斯的祭礼中，教会会在入教仪式上授予信徒金冠（lamellae）。基地里发现的桂冠上通常镌刻着信息，并排列成叶形图案。雕刻的指示信息显示，它们被认为可以用来帮助入教者通往来世。[36]

为了提高特定宗教仪式的转化效果，入教者可能会处理或改变他们的服装。在重要时刻，布质面纱会用来遮住入教者的眼睛，表明他或她进入了神圣的秘仪。[37] 婚前的成人礼证明了服装上的戏剧性变化。例如，在布劳伦的阿尔忒弥斯圣所举行的阿尔克泰亚（Arkteia）[8] 仪式上，雅典城的女孩们穿着一种特殊的衣服——藏红花色的 "krokotos" [9]。她们脱掉这件衣服，以此作为从童

---

[8]　Arkteia：一种女性成人礼，在希腊文化中，女孩只有参加了这个仪式才能成为一名成年女子。——译注

[9]　krokotos：一种女性穿的长袍。——译注

年过渡到少女时期的象征。[38] 同样，在奥林匹亚的赫拉亚竞赛中，女孩们身着一般是男士兵穿的露胸希顿。[39] 在克里特岛的伊克度西亚（Ekdusia）庆典上，年轻男子会穿着女性的服装，以此作为他们成人礼的一部分。[40] 这种暂时的"交换穿衣"标志着告别了性别模糊阶段，对于女孩来说，她们将担任妻子和母亲的角色；而对于男孩来说，他们将成为士兵和成年公民。[41] 在古罗马背景下，着装同样也推动了男孩向男人过渡。在正式的仪式上，年轻男子公民会放弃他们的镶边托加袍和护身吊坠"bulla"，穿上象征男性公民身份的白色长袍"toga virilis"。[42]

作为祭品的服装

信徒们定期向神灵们献上衣服作为礼物，这一做法在女神雅典娜·波利亚斯和阿尔忒弥斯的女性信徒中尤为明显。最突出的例子发生在泛雅典娜节的庆典上，人们给女神雅典娜献上一件神圣的佩普洛斯，以感谢她对城市和农作季的保护。[43] 佩普洛斯作为希腊的一种传统古代服装，与女性气质、贞洁和家务劳动有关，适合纺织业庇护女神雅典娜。这件衣服由一位特殊阶层的雅典女孩（ergasitinai）编织而成，装饰着描述神话场景的图案。其颜色为藏红花的橘黄色，这种色调象征着女性气质，经常在仪式中使用（如上文提到的发生在布劳伦的仪式）。[44] 在帕特农神庙的东部和中部的横饰带上，我们看到了一幅展示将佩普洛斯献给雅典娜的场景的图案。它描绘了由雅典女孩和女神雅典娜的女祭司领导的游行队伍。在女祭司后面站着司祭执政官和一个小孩, 这个小孩可能是"arrephoroi"[10]中的一个。两人代表女神接受了这件衣服, 女神的雕像将用这件衣服来装饰 (图 4.2)。[45]

个人会出于虔诚的信仰或为纪念一项仪式活动而给圣殿宝库捐赠衣服。例如, 在厄琉息斯秘仪的入教仪式完成后, 入教者可以将他或她的衣服献给德墨忒尔, 以纪念得到的一种新的仪式地位。[46]在布劳伦的阿尔忒弥斯神庙, 女人们献上各种各样的服饰道具: 镜子、束腰外衣、腰带以及希玛纯。这些可能是为女神特别制作的, 也有可能是这些女性从她们拥有的心爱之物中选出来的。[47]衣服是私人物品, 贡献衣服被认为是对这位掌管分娩和初潮的女神表达感激之情的最恰当的方式。考虑到古代的服装昂贵, 这种形式的虔诚供奉可能仅限于精英阶层。[48]不过, 贡献衣服并不总是有意为之, 例如, 如果一位信徒违反了禁奢令, 她就可能被强制要求将衣服献给神明。公元前 6 世纪, 阿卡迪亚的德墨忒尔神庙的铜牌铭文写道, 身着色彩鲜艳的长袍参加庆典的女性必须将自己的衣服献给女神。[49]类似的, 在安达尼亚, 女性的衣服如果不符合当地的着装要求, 就会被销毁或者交给神明。[50]

仪式服装和女性

在仪式服装的有关规定中, 对女性的要求往往比对男性的更严格。例如, 在安达尼亚秘教, 禁止女性信徒在仪式活动上穿透明的衣服以及使用金色、红色和白色的化妆品和鞋子 (除非是用毛毡或祭祀用的皮革制成)。她们的头发不能编成辫子, 也不能系丝带。[51]禁止她们捆绑头发和给皮鞋系带, 因为该秘

---

[10] arrephoroi: 在古希腊, 每年被选来侍奉雅典娜的四个女孩。——译注

教认为捆绑和打结与魔法咒语有关。[52] 女性在仪式活动中松散的头发也将平日的发型与仪式活动期间的发型区分开来。[53] 对女性奢华服饰的禁令同样也遏制了可能被解读为诱惑的炫富行为。[54] 对女性着装的限制通常是针对神圣游行的，因为这类大型公共活动为参与其中的女性提供了一个独有的展示自己的机会。

基于这个理由，我们发现女性在葬礼上的装扮也有类似的限制，因为葬礼也包含了一段送葬游行。[55] 这些限制反映了古代男性对女性的看法，他们认为女性是不理性的，具有潜在的破坏性，尤其是在公共场合。他们认为服装能够限制女性的行为，因此主张对女性着装进行限制。男性是如此担忧，以至于古希腊城市中设立了"gynaiokonomos"（指针对女性的管理者）办公室，以确保女性行为被有序安排并遵守着装要求。[56] 神圣法律限制人们进行浮华的展示，而文学和艺术中的描述却在建议女性在神圣游行中展现自己的魅力，以显示她们有结婚的能力。在关于"kanephorus"（提圣篮的年轻女子，常走在游行队伍的最前面）的古希腊文学作品中，经常强调在安达尼亚法律中，女孩的美貌以及白色的妆容是非常不受欢迎的。[57]

仪式服装和秘教神官

在古希腊和古罗马世界的大部分地区，秘教神官们的常规祭司服装与信徒的服装并没有明显不同。[58] 相反，就像安达尼亚秘教中的女性阶层一样，神官是靠细微的服饰差异来"脱颖而出"的。我们将看到，针对古罗马主祭司和一些外国秘教祭司，有一些例外。在图像学中，古希腊的秘教祭司可以通过他们的长款希顿来识别（如帕特农神庙腰线装饰上的司祭执政官的图像[59]），但一般还是通过其携带的工具例如祭祀刀来识别，而女祭司则是通过庙宇的钥匙来区分的。[60] 紫色披风、黄金首饰和王冠、花环、发带是女祭司服装的常规特征元素。[61] 而在古罗马世界，女祭司可能会佩戴羊毛发带——infula。王冠、黄金首饰和紫色，都属于整个地中海世界的王室和神，因此这些彰显了秘教神官的威望，表明他们在侍奉神灵或监督入教仪式方面与神圣有着联系。[62]

秘教神官经常身着紫色（一般与白色服饰搭配）服装。[63] 在古罗马语境中，紫色有另一种含义——用来表示公民的等级和职位——公民祭司也是其中的一部分。[64] 颜色成为一种精妙的服装密码，将公民与非公民区分开来，并以此划分古罗马及其领土内的精英公民的级别。古罗马主要教派的男祭司（flamine）都会穿一种边缘有紫色条纹的托加袍"toga praetexta"，地方行政官员也穿着与他们一样的衣服。[65] 在进行祭祀时，主持祭祀的祭司会把他的长托加袍拉到头上（capite velato），就像和平祭坛上的马尔库斯·安格里帕（Marcus Agrippa）那样（图4.1）。[66] 这种姿势是帝王塑像中最受欢迎的一种，可以让帝王们展示出他们的宗教地位以及他们的虔诚。[67] 最古老的古罗马祭司还有其他着装要求。占兆官——从事通过各种占卜手段来解释神的旨意的工作的人——拿着一根弯曲的手杖（lituus），并穿着一种短圆形披肩（trabea）。[68] 朱庇特[11]的男祭司会在有镶边的托加长袍外再穿一件厚羊毛斗篷"laena"［据说是他妻子，一名女祭司（flaminica）织的］。[69] 他头上会佩戴一顶"albogalerus"，一种用献祭的动物皮做成的白色圆锥形帽子，顶部竖有一枝橄榄木——apex。[70] 最高级别的祭司成员也会佩戴带有"apex"的肩盾（galerus），如和平祭坛南侧饰带所示（图4.3）。[71]

---

[11] 朱庇特：罗马神话里的众神之王，对应希腊神话里的宙斯。——译注

图4.3　和平祭坛的浮雕，描绘了游行队伍中的奥古斯都与戴着特殊头饰、穿着"laena"的祭司们。Photo: DEA/G. DAGLI ORTI/De Agostini/Getty Images.

　　对朱庇特的男祭司还有额外的限制：他的衣服上不能有结或系带，且在不戴肩盾和穿着束腰外衣的情况下，他不能在公共场合露面。这些禁令与其他一些禁令同时生效，以此确保他与罗马的联系以及他的仪式的纯洁：他的床柱涂满了泥土，这样他就永远不会失去与罗马土地之间的联系；他无法监管军队，也永远不能进入墓地；他如果离婚了，就必须辞去职务。[72]

　　据说，朱庇特的女祭司也可以通过她的穿着来辨认。她的头发会梳成"titulus"——一种高高的发髻，并与紫色的羊毛细条（vittae）编在一起，上面覆盖着一个花环和藏红花色的头纱。[73]她穿着斯托拉袍，这标志着她已为人妇。维斯塔贞女[12]的服装受到其古风时代装束的启发。[74]她们的标志性发型是"seni crines"（或称"sex crines"），包括6条包裹头部的辫子，并用"infula"发带进行装饰。[75]伊莱恩·凡瑟姆（Elaine Fantham）认为，那些红色和白色的羊毛线包裹着她们的头部，上面还系着被称为"vittae"的羊毛细条装饰。[76]像花环一样，羊毛细条也经常用于古罗马的礼仪场合，装饰祭坛和祭祀的牺牲品，且男祭司和女祭司也要佩戴，以此彰显仪式的独有性和纯洁性。[77]祭祀时，女祭司要戴上一种叫作"siffibulum"的白色短面纱。[78]在一尊公元2世纪的半身画像上，一位维斯塔贞女在"infula"发带的上面就佩戴了能包裹住她的额头且在头部两侧形成环状的"siffibulum"（图4.4）。

图4.4　罗马雕像，维斯塔贞女。National Museum，Rome. Photo by CM Dixon/Print Collector/Getty Images.

---

[12]　维斯塔贞女：Vestal Virgins，古罗马侍奉掌管圣火的维斯塔女神的女祭司。

——译注

朱庇特的女祭司和维斯塔贞女的服饰象征纯洁，而她们的发型、在性方面的贞洁——则揭示了一种逻辑，即宗教代理人代表着他或她所侍奉的神灵。就像朱庇特的男祭司被认为是朱庇特的凡间形象，[79] 奥维德提到维斯塔贞女是纯净、纯洁的，因为她们所侍奉的女神是"既不给予也不获取种子的处女"。[80] 这种逻辑也适用于外在。秘教神官和信徒们可能会模仿他们所侍奉的神灵的服饰，尤其是在游行的时候。[81] 一本叫作《以弗所的故事》（*An Ephesian Tale*，公元 2 世纪）的书记录了一位叫安西娅的 14 岁少女带领一支游行队伍前往阿尔忒弥斯神庙，她的穿着打扮模仿女神——身穿紫色束腰外衣，装饰着鹿皮，带着箭袋和弓，在观者看来，她就像女神显灵一般。[82] 仿制的服装能增添宗教背景的戏剧的现实性，当然也包括那些神圣戏剧演出，例如在厄琉息斯秘仪中或 "Themosphoria" 节 [13] 里，人们重新演绎了德墨忒尔寻找她女儿珀尔塞福涅 [14] 的漫长旅程。[83]

他国宗教崇拜的服装

他国宗教的祭司和信徒们，比如安纳托利亚的大母神崇拜、埃及的伊希斯崇拜或者耶路撒冷圣殿的祭司，都穿着与众不同的甚至算是异国情调的服装。大母神的宦官祭司被称作"加利（galli）"，他们因尖锐的歌声、音乐以及华丽的服饰而闻名（但也因此受到嘲弄）。[84] 这些长头发的加利绘着彩妆，穿着藏红花色或多色长袍，长袍上有小提花装饰。[85] 他们精心打扮的装束还包括戒指及其他珠宝、头巾（mitra）和花哨的王冠。[86] 这种独特的服装在这座修建于

---

[13]　古希腊的感恩节，由女性主办的纪念德墨忒尔的节日。——译注
[14]　珀尔塞福涅：即科瑞。——译注

图 4.5　大理石浮雕，一名库柏勒祭司，公元 2 世纪。Capitoline Museum,
Rome.

公元 2 世纪，位于古罗马城外的大母神库柏勒的祭司的墓地雕像上很醒目（图
4.5）。

　　伊希斯教的信徒采用了一种独特的服饰风格，以此象征他们仪式的纯洁，
以及他们宗教对埃及文化的传承。男祭司穿着亚麻束腰外衣，剃光头发；而教
里的女信徒和女祭司则披着边缘有打结流苏的亚麻斗篷，[87] 斗篷交叉裹在束腰
外衣外，并将两端在胸前打一个活结。[88] 一块公元 2 世纪的阿提卡墓葬石碑是

图 4.6 伊希斯教新入教者的墓葬人像。来自罗马阿提卡地区，公元 160—170 年。希腊铭文写的是 " 'Kephissia' 的 'Euboios' 的（女儿）'Sosibia' "。©2016 Museum of Fine Arts, Boston.

纪念一位伊萨克秘教女信徒的。石碑上，这位叫"Sosibia"的女性穿着带活结的埃及束腰外衣，手持一个摇铃（sistrum）和一个小瓶（situla），这些都是与宗教相关的仪式器具（图 4.6）。[89]

虽然古代犹太人有一些与圣经禁令有关的独特的服饰习惯，但他们在视觉上未必与古罗马世界里的其他群体不同。[90]尽管如此，我们还是可以在耶路撒冷圣殿的祭司身上找到独特的装扮。据悉，祭司们会在裤子外面套上亚麻束腰外衣，戴上头饰和腰饰带。[91]大祭司会穿戴这些服饰，并戴上发冠、以弗得（ephod）、护胸甲——装饰华丽的金色、蓝色和紫色衣服，并镶有大量宝石——和一件衬有许多铃铛和石榴形织物的外袍。[92]在赎罪日当天，他会脱下这套精致的服饰，换上简单的亚麻束腰外衣、内衬衣和头巾。[93]从圣经时期(The biblical period)到古罗马时期，耶路撒冷圣殿祭司的服饰似乎不太可能保持相同的外观和穿着方式。[94]

重现古希腊和古罗马时期的祭司服装是复杂的，因为我们缺少可以追溯到圣殿时期的视觉资料。[95]在公元3世纪叙利亚的杜拉欧罗普斯犹太教会堂的壁画上，有一幅展现了亚伦[15]穿着他华丽的大祭司服装的画像（图4.7）。目前尚不清楚这幅画究竟是对犹太教祭司服装的真实刻画，还是对圣经中虚构的那些段落的臆想呈现。[96]它让人回想起在公元70年耶路撒冷圣殿被摧毁后，一些犹太人不懈地在发展和丰富祭司服装符号学方面的内容，对这种服装做出其他改进。一些人认为圣经中的经文和其中概述的（现已不再采用的）祭祀制度反映了大祭司的服装代表的是宇宙的镜像，并有着神圣的起源。[97]

图4.7　会幕献祭以及主持祭典的祭司（WB2 Plate LX），来自杜拉·欧罗普斯。Yale University Art Gallery.

[15]　亚伦：圣经中记载的人物。——译注

古代基督教团体的着装

像罗马帝国的其他人一样，基督徒穿着不同类型的束腰外衣和披肩。随着潮流的变迁，到了古代晚期，基督徒着装中出现了带兜帽的斗篷和各种各样的裤子。[98] 祭司圣衣是由这些普通的服饰发展而来的（详见下文）。现存最早的关于基督教服装的文字记载——《福音书》，强调耶稣及其门徒的服装十分朴素。他们更喜欢未经染色的亚麻衣服，其被视为他们谦卑信仰的象征，与大祭司、犹太教的法利赛人和王族的华服形成对比。[99] 然而，经过了几个世纪，祭司圣衣逐渐从简单转向精致。[100] 基督徒并没有发展出真正独特的服装，但是赋予了服装与我们聊到的其他教团相比更加强烈的象征意义。基督徒所依赖的关于身体的观念，不是来自古代的宗教崇拜，而是来自道德哲学，换句话说，就是人的外在表现出内在的性情，甚至能体现那些神圣的真理。他们把这种观点延伸到整个教团，使服装成为基督徒身份的重要标志。[101]

早期的基督徒在着装上运用圣经中的隐喻，尤其是将使徒保罗的受洗形象描述为"披戴基督（putting on Christ）"，以此作为谈论洗礼仪式具有变革性作用（包括授予和夺取）的一种方式，或作为基督徒生活的一种隐喻。[102] 他们经常把这种表达与他们对基督化身的见解联系起来，从而赋予穿着这些衣服的基督徒的身体神学意义。[103]

一些基督徒对哲学的生活方式非常痴迷，宣称其标志性的服装——古希腊的希玛纯/拉丁地区的帕留姆——是他们自己创制的。古代哲学家经常批评奢华的服装，他们提倡一种象征谦逊和自我控制的优点的外形：一件破旧的帕留姆配上蓬乱的头发和胡子。[104]

早期的基督徒，例如殉道者游斯丁（Justin Martyr，公元100—165年），穿戴帕留姆。他们这样做是为了表明他们的学识、资历和行动作为一门哲学的可信度。[105] 不过，迦太基的特士良撰写了第一部关于男性着装的早期基督教专著 *On the Pallium*，反复强调基督徒的自律和对公民政治的拒绝。特士良重点论述了基督徒服装的朴素性，并与古罗马政治家标志性的长且褶子繁多的托加袍做了对比。帕留姆代表了一种植根于隐修和沉思的生活方式。最终，帕留姆与异教哲学的联系使它在（罗马）帝国被基督教化后，不如日常服饰吸引人。[106] 但是，它依然时常出现在展示圣经人物、先知和使徒，特别是基督的视觉作品中。一件暗示获得了智慧的服饰，是这些基督教圣人用来引导信徒的信仰生活的最佳选择。[107]

男性的修道服

公元4—5世纪，苦修的作家们发展出一系列具有丰富象征主义的男性修道服，它遵循一种逻辑：既要展示出男性的美德，又要引导他们最终达到这一目标。针对教团里的男性信徒，一套标准制服逐渐发展成型，其中包括兜帽、束腰外衣（colobia）、肩带（无袖外衣）、斗篷、羊皮斗篷（melote）和手杖等元素。[108] 这种服装是在修道院内制作的，所有的修道士都穿。沙漠中的修道士们也穿着类似的衣服，不过衣服可能是用马尾衬制作的。[109] 当一位修道士用他的日常衣服换取了这种衣服，即表示他放弃了世俗世界，并在追求基督般的戒律时与在他屋里的其他人团结在一起。[110] 本都的埃瓦格里乌斯（Evagrius，公元345—399年）写道，修道院的制服彰显了基督的美德——谦卑、仁爱、纯洁，甚至他救赎性的死亡——修道士们穿上它，是为了使自己遵循这些美德。[111]

约翰·卡西安（John Cassian，公元 360—435 年）解释说，修道服让修道士重回童年的天真和单纯，而亚麻束腰外衣则像是一件丧服，表明"过着世俗生活方式的他已经死去"。他坚持认为，修道服的每个部件都是以圣经为基础的，为的是将这种新兴的社会身份（即修道士）置于这神圣庄严的谱系中。他指出，先知以利亚和他的前任以利沙都戴着羊皮斗篷。以利亚还带着一根长杖，它象征着十字架。它具有保护的力量：修道士必须调用这股力量来击退那些企图阻碍他精神提升的恶灵。[112] 不管怎样，这种认为服装具有魔力和保护作用的观点，在修道院乃至基督教教团以外的地方都得到了证实。亨利·马圭尔（Henry Maguire）已论证，穿着绣有"clavi"和小圆盘装饰图案的拜占庭束腰外衣，既能招来喜事，也能抵御恶灵。与朝圣者类似的是，古代基督徒通常也戴着护身符——写有符咒的护符——以及圣物，以获得神的庇护；一些基督徒也会将这类物品作为陪葬物。[113]

朴素的服装与基督教中的女性

对许多早期基督教作家来说，吸引他们注意力的不是男性的服装，而是女性的。基督教徒们推崇朴素的外表，汲取了古罗马道德哲学的观念，认为着装不仅展现了女性的美德，还反映出她们的家庭和圈子的美德。从使徒保罗开始，他们提出教团中的女性应从衣着上培养和展现朴素的品质。[114] 他们告诫人们，提防化妆品、珠宝、假发、编发、刺绣装饰以及染色织物、缎带和香水，也不要采用羞辱的手段去哄骗基督教女性让其服从。[115] 金口圣若望（John Chrysostom，公元 347—407 年）抱怨道，那些打扮自己的女人是在不恰当地使用财富，她们华丽的外表暴露了男人不善于以一种有德行和启发性的方式管理他们的家庭。[116]公元2世纪的教师亚历山大的克莱门特（Clement）把女性的打扮与偶像崇拜及淫乱联系在一起。特土良和迦太基的西普里安（Cyprian，公元200—258年）盛怒于女性通过打扮来传播她们的性吸引力。特土良称女性是"魔鬼的门户（Devil's Gateway）"，并将这一修辞拓展到极限，认为女人的精致服装是人类罪孽的起因。[117]

在某种程度上，这些作家担心女性通过身着精致的服装来彰显他们的个人财富，这对男性主导的家庭和教堂来说是一种威胁。然而，通常富有的基督教女性在进入这些教团时并没有放弃身着奢华的服饰。珠宝和装饰华丽的服装是古罗马妇女用来显示其社会地位和婚姻地位的一种有价值的方式，在基督教语境中，它们是地位的标志[118]。不过，追随苦修神召的女性会通过更换服装来表明自己在精神领域的新天职。[119]她们脱下装饰华丽的衣服，穿上深色、没有装饰的羊毛衣服，有些人还会剃掉象征世俗生活的头发。[120]一些女性选择了基督教教友的修道装束，包括粗糙的束腰外衣、腰带和马尾衬制成的斗篷。[121]

不过，对于某些早期的基督徒来说，对女性苦修者的服装进行紧缩是一件复杂的事情。这些女性穿着前面所述那些精致的服装，消除了社会差异，也潜在地消除了建立教会职务所依据的性别差异。昌克勒教会议会（公元325—381年）认定形式上的易装是一种虚假的苦修形式。[122]随后颁布的帝国法令甚至禁止剃头的女性进入教堂。[123]这项特殊的立法与提倡供奉神的圣女佩戴面纱的观点一致。在保罗之后，男性基督教作家经常主张在他们教团中的女性戴上面纱——这种做法最初出现在古罗马妇女身上。公元4世纪，面纱成为基督教圣女的标志。在一个公开的仪式上（称作"velatio"），主教会授予圣女面纱，表示圣女立誓终身独身并服从主教的权威。[124]

祭司的圣衣

在苦修者的衣着趋于朴素、淡化差别的同时，主教的衣着却越来越强调教团的男性公职人员比世俗人更尊贵，并对主教、祭司、执事和其他职位做了区分。华丽的服饰逐渐被认为适合代表天国景象——就像黄金和精美的纺织品时常被描绘在圣人的肖像中。[125] 公元 3 世纪，教皇西尔维斯特（Sylvester）主张执事在教堂中应该穿教服达尔马提卡（dalmatic），这是一种没有腰带的短束腰外衣，袖子又长又宽，上面可装饰宽条纹（称作"angusti clavi"）（图 4.8）。公元 4 世纪的老底嘉教会议会宣布，禁止副执事、诵经者和唱诗班人员穿"orarium"。[126] 作为披肩（stole）的前身，"orarium"这种衣服是围绕

图 4.8 来自古罗马城圣普里西拉地下墓穴的祈祷像，展示了穿着法衣、盖着头部的正在祈祷的女性形象。Photo: Scala/Art Resource, NY.

在脖子上的。[127]

　　虽然到了 13 世纪，拉丁礼教会（Latin Church）中才出现了称得上标准化的祭司圣衣，[128] 但其实早在公元 5 世纪，一些特殊的物品已常出现在主教的装束里："orarium"和达尔马提卡，"paenula"和帕留姆。[129] 这些服装借鉴了古代晚期罗马世界的世俗服装，经过几个世纪的演变和改良，充满了神学的象征意义，并一直保留到中世纪。[130] 现存最早的关于基督教主教的视觉作品，是一幅描绘了米兰的安波罗修（Ambrose of Milan，公元 340—397 年）的马赛克拼贴画，画中的他穿着带"clavi"的达尔马提卡和棕色的"paenula"，里面还有一件白色束腰外衣（tunica alba）（图 4.9）。

　　"Paenula"（或称"casula"）最初是一种带兜帽的半圆形斗篷，是一种针对严酷天气设计的实用服装。神职人员穿的一种无兜帽的"paenula"，是中

图 4.9　米兰安波罗修的马赛克拼贴画，圣安波罗修，米兰。
Photo: Scala/Art Resource, NY.

世纪服装十字褡（chasuble）的前身，用羊毛或丝制成，可染成各种颜色以适应不同的礼拜场合。[131] 而主教的帕留姆的起源则更为复杂。它是一条白色的圆形围巾，绕在脖子上并垂下来，在胸前呈现"Y"字形，上面绣有十字架，可用流苏进行点缀。在圣维塔莱教堂的一幅有关马克西米亚努斯主教（Bishop Maximianus）的马赛克拼贴画中，我们可以看到它（图 4.10）。

这种衣服似乎是从同名的希玛纯或帕留姆演变而来，并且其尺寸在几个世纪里不断缩减。到中世纪早期，它已成为拉丁礼教会主教的标志性服装。[132] 通过授予服装，教皇得以转移圣彼得使徒统辖下的教会权力和圣餐礼。

基督徒们通过将自己与圣经中先知的服饰、以色列人的祭司的服饰联系起来，赋予祭司圣衣更丰富的含义。[133] 哲罗姆（Jerome，公元 347—420 年）评论了圣经中关于至圣之所里利未记（Levitical）的祭司着装的规定，他提议基督教祭司

图 4.10　查士丁尼和他的随从，其中包括马克西米亚努斯主教，来自拉文纳的圣维塔莱教堂。

在圣坛上应穿着特殊的服装。[134] 格列高利大帝（Gregory the Great，公元540—604年）将鲜亮的帕留姆与犹太教大祭司的圣服以弗得相比较。[135] 在这样的背景下，主教的服装是以其所传达的有关道德品质和神学真理的见解来获得权威，它被用来强调主教在主持教会圣礼（特别是圣餐仪式）时作为上帝的中间人的地位。[136]

结　语

服饰是古代地中海地区居民的宗教生活比较活跃的一部分。它划出了神圣空间和节庆典礼的区别；它丰富了人们对仪式的感受，并在成人仪式和入教仪式中发挥了关键作用。它促进了身份认同；它区分开教会之间及教会内部；它表明并且维持了群体间的联系和边界；它展示了教会成员根深蒂固的价值观；它巩固了体制的结构。

然而，在古希腊和古罗马的宗教语境里，服装是相对的，而不是绝对的；仪式用的服装是临时性的，只能在特定的语境和场合里穿着；服装的意义出自所涉及的事件，它的适当性是基于对仪式纯洁性的要求，而非道德上的要求。对于早期的基督徒来说，服装开始具有道德和神学的特质。他们认为，信仰应该在信徒的身体上得到体现。但基督徒并不总是认同那些最适合他们所在教团的服饰。他们以各种方式来使用这些服装：在罗马帝国内部将其用于显示自己的身份，巩固各性别角色及其差异，逐渐让苦修者和神职人员的地位合法化，并强化了教会在基督徒生活的各个方面日益增长的体制力量。

第五章　性别和性

格伦斯·戴维斯，劳埃德·卢埃林 - 琼斯

劳伦斯·兰纳（Lawrence Langner）在其 20 世纪中期颇具启发性的研究《穿衣的重要性》（*The Importance of Wearing Clothes*）中提出了一个基本问题："为什么男人和女人的衣服会有所不同？"他在回答时指出，区分性别的必要性只是表面上正确，因为自然"一开始就规定，对于男人和女人，就应通过赋予他们的那具有独特体貌特征的身体来区分"。那么，为什么人在着装上会有性别差异呢？兰纳给出了一种解释，即"男性渴望表现出自己比女性优越，并让她为自己服务。几个世纪以来，'他'通过以特殊的衣服牵制或阻碍'她'的行动来实现这一目的"。[1] 此外，妨碍女性行动与兰纳所说的"色情冲动"紧密相关，在该表述中，女性（而不是男性）是性欲的焦点，这种欲望通过她身上的服饰得到增强，而"脱去衣服"则是这种欲望的一个延伸。

图 5.1 德摩斯梯尼披挂着希玛纯。Ny Carlsberg Glyptotek，Copenhagen. Photo：Ole Haupt.

图 5.2 年轻女人以戴面纱的手势牵起她的法洛斯。线稿出自斯巴达遗址的一块石制还愿浮雕，约公元前 520 年。Ny Carlsberg Glyptotek，Copenhagen. Drawing by Lloyd Llewellyn-Jones.

· 西方服饰与时尚文化：古代

兰纳的理论虽然存在当代阐释技巧上的缺陷，但它仍然适合用来理解古代的服装、性别和性的概念。虽然起初古希腊和古罗马的服装中出现了与"中性款"有关的基本样式，但在古典时代乃至整个古代，男女的服饰及着装方式还是容易看出不同。古罗马法律文件上甚至记载了男人和女人需穿不同类型服装这种观念：《学说汇纂》[（*Digest*）34.2.23] 谈到了专供男人、女人或儿童使用的服装（但文中也承认有些服装是男女通用的，并将奴隶的服装作为一个单独的类别）。但是，许多被认为用于特定性别的古希腊和古罗马服装，研究人员在仔细研究后证实它们其实是中性的。

例如，古希腊的希顿和古罗马的束腰外衣就分别是古希腊和古罗马男女的主要服装，但是这些服装的女款通常来说会更长更厚重（女款的束腰外衣至少长至脚踝，并可以盖住脚——有时还会拖到地板上，而男款的束腰外衣通常长及膝，或者最多到小腿肚）。虽然一件衣服的基本形状是男女相同的，有时连名称也是一样的，但布料的披挂方式可以赋予服饰性别差异。因此，在希腊—罗马世界里，尽管男性和女性所穿的衣服在设计和结构上看起来相似（例如，男女都可穿的一种顶部带有斗篷的束腰外衣），但在颜色、面料、穿着方式以及在身上产生的垂挂效果方面有着明显的不同。例如，男性穿的帕留姆和女性穿的帕拉都是用大块的长方形布料制成的，但它在男性和女性身上的披挂方式是不同的（图 5.1、图 5.4 和图 5.9）。褶子复杂的衣服往往与女性气质联系在一起。[2] 男性（他们在户外的时间更多）通常穿着较厚的羊毛和亚麻质地的服装，而细密的亚麻和丝绸面料则与女性联系得更紧密（在她们买得起的时候），如果男性穿着这些面料的服装，则会被认为缺乏男子气概。女性服装可能采用的颜色和色调非常广泛，而男性服装在这些方面的选择范围则比较有限，他们偏爱白色或深色，尤其是未经染色的羊毛的那种天然色彩。古罗马的托加长袍是纯白色的，唯一可能的衍生款是给男孩和某些官员穿的、添加了紫色镶边、被称作"toga praetexta"的服装，以及服丧时所穿的深色托加长袍。

不过，也有一些服装带有强烈的性别暗示。佩普洛斯是古希腊女性服饰中一种众所周知且容易辨别的服装款式，男性从不会穿它。但事实上，这种服装的历史是相当复杂且尚未有定论的：在古风时代，佩普洛斯并不属于日常服饰，这点在艺术作品上也得到了充分的证实。实际上，它基本成为一种仪式性服装，在艺术表现领域非常重要，因为它与古希腊传统尤其是性别观念有深刻的象征性联系。它体现了女性贞洁、多产以及负责家务劳动的美德。[3]

同样渗透性别意识形态的还有古罗马的托加长袍和斯托拉袍。尽管古罗马文物研究的传统观念认为，在早期的古罗马，男女都穿着托加长袍，而到了共和国后期至进入帝国时期，托加长袍才开始与罗马男性公民联系起来，纯白色的"toga virilis"长袍是他们在成年仪式后穿的一种服装，而他们的儿子则穿着"toga praetexta"（带有紫色镶边的托加长袍）。[4]斯托拉袍是罗马公民的妻子所穿的服装，它不仅反映了她们的性别，也显示了她们作为贞洁的已婚妇女的身份：它是一种在视觉上和设计上都与托加袍非常不同的服装。妓女和通奸的妇人也可能会穿托加袍，这些女人被认为没有权利穿斯托拉袍，她们通过穿着男性化的服装来暗示作为女性的越界行为。但奇怪的是，至少在一段时间内，托加袍也被认为是贵族家庭的年轻女孩的标配，这大概是因为在青春期之前她们还不完全算是女性。[5]对于成年女性，穿着托加袍意味着承认（通奸）罪行，而让男子身穿斯托拉袍则是一种侮辱。[6]

除了设计、垂坠感、面料和颜色方面的差异外，古代服装在穿着方式和穿戴操作上也存在着明显的性别差异。在古希腊和古罗马，可以通过将一只或两只手臂包裹在希玛纯、帕留姆或帕拉中来表示谦逊（modesty）。古希腊政客和其他平民的雕像显示出当时他们常采用这种姿势，一些早期的穿着托加长袍的古罗马人雕像也是如此，但这种相当含蓄且限制胳膊和手部动作的着装形式常出现在年轻人特别是年轻女性身上（图 3.7、图 5.9 和图 6.7）。古罗马男性的托加长袍在许多方面都与古罗马妇女们穿的户外服一样笨拙和妨碍行动，但他们通常会采用一种不用（或至少不应该）不断调整且衣料不会滑落到脚上的方式来披挂它，这让他们可以步调一致并用空出的手做手势：不管他们是怎么披挂的，男性穿的托加袍和希玛纯似乎不需要他们攥住衣料或进行调整就能保持在原来的位置。

相较之下，女性则更有可能主动去操控她们衣服上的垂褶。对古希腊和古罗马女性来说，不断去拉扯衣服是一种女性特征。[7] 这些动作通常会强调她们的优美和高雅，还会突显一部分覆盖在服装之下的身体。女性通过对她们衣服上的垂褶进行触摸、提起、攥紧或牵拉的手势，来体现精致、细腻且为女性所独有的性感（如图 5.2 所示的"面纱姿态"）。[8] 这一点在艺术表现中非常明显，莎孚（Sappho）对不懂撩起裙褶这一优雅艺术的农家女孩的批评，暗示在当时对织物的掌控是一个有教养的女孩在现实生活中应该掌握的事情。[9] 在古典艺术中，女性卷起袖子、撩起裙子或揭开一部分面纱，除了这样更赏心悦目以外，似乎没有其他更明显的原因了。

女性的服装可能会妨碍她们自由行动，尤其是穿着它们去户外的时候：女款希顿或者斯托拉袍的长度让穿着它们快速行进成为一件不可能的事情，希玛纯和帕拉的厚重也要求手必须一直攥着衣料以让它们保持在原位（尤其是用作头纱或者脸下部面纱的时候），但古希腊瓶画和墓碑上描绘的家中场景表明，妇女即使如此穿衣，手臂的活动空间还是足以让她完成诸如纺纱、织布以及照顾孩子等家务，并且她可以用手臂摆出更多迷人的姿势，造福屋内的人（她的丈夫）——当然，也造福了那些观看类似主题的瓶画的人［如图 0.2 所示，画家阿马西斯描绘的编织现场］。

珠宝也与女性有特别的关联。古希腊和古罗马的男性可能会戴戒指或用胸针来系住斗篷，只有女性会戴项链、耳环、手镯和其他类型的戒指。尽管男性抱怨女性对华丽服饰（尤其是珍珠和诸如祖母绿等宝石）的热爱是对城邦、国家或家庭经济的一种负担，并且是女性的一种天生的弱点，珠宝和其他形式的装饰还是被视为典型的女性化物品，并成为女性服装的一种预设。[10] 关于第一位女性（潘多拉）的神话讲述了她是如何被神灵用那些沉重的、由赫菲斯托斯 [1] 和雅典娜精心制作的珠宝打扮得像新娘后，送到尘世的。实际上，古希腊新娘的珠宝有很强的象征意义，用黄金和半宝石制作的石榴和石榴籽象征在生育方面多产。当然，还有珀尔塞福涅与母亲德墨忒尔分离的神话，以及她与冥王哈迪斯的婚姻，对古希腊的年轻新娘来说，这都是能引起深刻情感共鸣的故事。[11] 在阿提卡的墓碑上展示了已婚妇女在首饰盒中挑选珠宝的场景，在瓶画（尤其是意大利南部制作的花瓶）上描绘的妇女们戴着黄金和珍珠。在古罗马世界，彩绘的埃及木乃伊肖像展示了戴着各种各样、不同设计的项链和耳环的女性：无资料表明男性会佩戴此类珠宝，但男孩可能会佩戴一些护身符。[12] 尽管如此，似乎许多皇帝还是将自己划在寻常罗马男性的着装要求之外，

---

[1]　赫菲斯托斯：希腊神话中的火与工匠之神。——译注

他们对昂贵的染料和织物（尤其是对紫色、金线织成的布料、丝绸）很感兴趣，此外他们可能会佩戴珍贵的珠宝来作为他们显赫地位的标志。

女人味与异装

尽管古代在着装规范上有性别差异，甚至有针对不同性别的着装要求的法律，但在古希腊和古罗马的服饰中，性别之间的区别并不像中世纪和现代服饰那样明显。古希腊和古罗马服饰的本质预示性别差异往往是模糊的，它们的细微差别对于今天的我们来说很难理解，这也在学术上造成了一定程度的困惑。例如，在一系列古风时代晚期（安纳克里昂风格）瓶画上绘有一群留着胡须的男人，因为他们的衣服宽大又飘逸，一度被认为是异装者；但事实上，这些衣服更像是亚麻质地的爱奥尼亚式奢华服饰的早期实例，他们穿着这些衣服是为了炫耀财富和闲适（有些男人身旁绘有波斯风格的遮阳伞），而不是出于异装癖（图 5.3）。[13] 但是，在古代还是明显存在一种具有目的性的异装观念。男性穿上女装或表现出其他女性特质，就会受到批评或嘲笑：古希伯来律法谴责男人穿女装 [《申命记》（Deuteronomy）22:5]，但在古典时代的文献中，没有明显的、对正式服装限制的记录。在古典文学和艺术中，男性有时会以身着女装的形象出现：最著名的例子可能就是赫拉克勒斯和翁法勒[2]的故事，故事中他穿着她的衣服并按她的生活方式生活，而她则穿上了他的狮子皮，拿着他的橄榄木棒。男性也可能会用女装来乔装打扮，例如作为喜剧情节的一部分（阿

---

[2]　翁法勒：希腊神话中的吕底亚女王，赫拉克勒斯的情人。——译注

图 5.3　红绘双耳瓶。A 面：Komast[3] 一边端着双耳大饮杯，一边演奏着巴尔比通琴。出土于公元前 5 世纪前 25 年左右的雅典。Louvre，Paris. Photo：Herve Lewandowski©RMN-Grand-Palais/Art Resource, NY.

里斯托芬的《雅典女人在妇女节》（*Thesmophoriazusae*）中，男人若希望潜入女性宗教集会，他不仅要穿得像一个女人，还要考虑如何以一种女性的方式去操控身上的衣服）。在现实生活中的某些非常时刻,（无论是男性还是女性）也可能出现为了伪装自己而做出的变装行为，其中最臭名昭著的例子应该是发生在公元前 62 年的、普布利乌斯·克洛狄乌斯（P.Clodius）穿女装出席为玻娜女神（Bona Dea）举行的一场仅供女性参与的仪式这件事，西塞罗（Cicero）一直用此事来贬低他的政治敌人。[14] 此事与那些世人习以为常的异装行为截然不同，而有关后者的证据要少得多。在神话故事或现实生活中，某些男性神

---

[3]　Komast: 古希腊艺术中描绘的醉酒狂欢者。——译注

灵或一些男人选择穿上那些被认为更适合女性的服装，例如橘黄色（希腊语为"krokos"）的希顿。Krokos，一种用藏红花制成的染料，被认为是"出色的"、有女人味的颜色。对一个男人来说，穿上它等于将自己交给别人评头论足。例如，阿里斯托芬描述诗人阿伽颂（Agathon）一身女性的得体穿着，其中就有一件"krokos"长袍；狄俄尼索斯掉下冥府时穿着藏红花色的衣服，外面披着赫拉克勒斯的狮子皮，而赫拉克勒斯在女王翁法勒的吕底亚宫殿里穿着属于女王的"krokos"长袍。[15] 出于对这种修辞的模仿，马克·安东尼（Mark Antony）和克利奥帕特拉（Cleopatra）在亚历山大里亚狂欢的时候交换了衣服和盔甲。[16] 女扮男装的异装行为少有提及，但在神话中的女性身上很常见，比如身着男装的翁法勒和亚马逊女战士（见后文）。尽管异装行为在剧院里司空见惯，但性别差异在服装方面的相对缺乏导致各种各样的异装类型出现，从完全扮演异性（通常扮演女性）到只是简单或微妙地挪用一些与性别规范相关的物品或手势。

在古罗马，某些服装元素被认为违反了男性那应具有男子气概的着装规范，尽管如此，似乎还是有一些男性采用了它们：从共和国晚期到帝国晚期（当时的风尚发生了变化），男人穿长袖（垂至手腕）或长至脚踝的束腰外衣被认为是女人气的体现；穿戴流苏是会被人说闲言碎语的，腰带系得太松、戴珠宝、穿室内软鞋（socci）和丝制衣服也会遭到猜测。事实上，对一个男人来说，过于在意自己的外表（发型、脱毛、精心营造的服装褶皱）通常是缺乏真正的罗马式男子气概的标志。暗示某人女人气或娘娘腔在古罗马政治骂战里是一种有力武器，一个人的着装方式（连同他的动作、声音和外貌）会被当作他女性化的一种有力证明。[17] 对在着装和言谈举止上女性化的这种指责，针对的是一些非常有名且受人尊敬的男性，例如演说家狄摩西尼（Demosthenes）和奥古斯都宫廷的文化大师昆图斯·霍滕修斯（Q.Hortensius），甚至还有尤利乌斯·恺撒。据说，这些人实际上是沉醉于他们所谓的缺乏男子气概的外表的，并且有人认为，这种"女人气的"做作实际上是罗马共和国晚期"平民派（popular）"政客故意用来让自己与更为传统的贵族派（optimates）区分开来的手段。[18]

这些贵族政治家和演说家也许在衣着和外表上拓宽了性别的界限，但不能认为他们这是异装行为。据说一些皇帝［最著名的是卡利古拉（Caligula）］也穿着各种各样不合时宜的服装，其中包括一些女性服装。据悉，妇女有时会穿男装来进行伪装，但这种行为一般具有特殊的目的，例如要与她的丈夫一起逃亡。而像卡利古拉的妻子卡桑尼亚（Caesonia）这样的女性，基本没有得到过正面评价，因为她在穿着上采用了一些男性服装的元素（她在访问军队时，身上穿戴有男式斗篷、头盔和盾牌）。[19] 而将异装作为一种选择的生活方式和性别认同的表达，只在少数特殊情况下出现，如某些有着异域习俗的外国宗教，就像大母神库柏勒的宦官祭司加利，他们穿着长袖且色彩鲜艳的长款服饰，头上有精致的头饰（mitra），在胸前戴有许多珠宝（包括耳环和戒指）以及大量其他装饰品。他们还留着长发并且经常化妆。简而言之，他们的穿着和行为都像女人（图 4.5）。[20]

隐藏和显露

古希腊妇女经常戴着面纱，认识到这一点很重要。[21] 古罗马妇女戴面纱的程度会更难以查明一些，因为在艺术作品中，她们那精致的发型通常没有任何遮盖，尽管如此，还是有一些文学著作似乎暗示，在公众场合，男性仍然希望女性将帕拉袍自带的面纱盖上。[22] 作为一位受人尊敬的古罗马妇女，必定要穿着能遮盖脚踝的长裙、严丝合缝地包裹身体的外衣（帕拉），服装要能盖住大部分身体，并且各种轶事表明，妇女在公众场合不要露出太多的肌肤才是重中之重。例如，普鲁塔克讲了一个关于毕达哥拉斯（Pythagoras）的妻子西雅娜（Theano）的故事：西雅娜在给自己披上斗篷时露出了胳膊。人群中有人说她的手臂非常漂亮，西雅娜回答说，"但这可不是给大家看的"。[23] 尽管这个故事发生的年代较久远，身处罗马帝国时期的普鲁塔克在写作时还是受其影响。

社会学家查拉·查菲克（Chahla Chafiq）和法哈德·霍斯罗哈瓦（Farhad Khosrokhavar）在关于当代穆斯林妇女生活经历的启发性研究中指出，社会从根本上分为两类。其中第一类称为"开放的文明（les civilisations de l'ouvert）"，换句话说，这样的社会存在直接且常见的对身体的展示，但这种公开的身体展示不一定具有性暗示。在这类社会中，由于营销策略以及时尚理念的影响，偷窥人体癖和暴露癖受到了重视，这类社会在肢体语言层面强调对异性（或同性）的接纳。第二类则称为"遮盖的文明（les civilisations de la couverture）"。这类社会有一个明确的意愿，那就是人们要遮盖住身形（特别是女性的身体），试图规范性、两性之间的性关系，以及更为普遍意义上的社会中的关系。[24] 古希腊和古罗马的社会属于后者。尽管男性裸体在古希腊日常生活中的某些场合是被许可的，并成为一种象征性的表达，艺术作品也展现了各个阶段的裸体或者半裸的理想化的男性、女性身体，但古希腊文化的核心还是认为庄重得体才是文明社会的正确方向。[25]

在古希腊和古罗马，服装与庄重得体的观念密不可分。兰纳把庄重和衣着之间的联系理解为"在性克制方面起作用，且在公共场合允许露出和要求遮盖某些身体部位的情况下，如果在公共场合暴露那些一般需要遮住的部位，你就是下流的"。[26] 不过，着装得体的条件和相关约束是存在性别差异的。在现代西方社会，一个男人在公共场合脱下他的夹克，人们并不认为有伤风化，但如果他脱下了裤子，他就被认为是下流的。一般来说，男性比女性脱掉更多的衣服才会被认为是不得体的，在西方历史上，一方面，男性通常倾向于穿戴那些可以随意脱下的头饰和衣服。汉斯·范·威斯（Hans van Wees）展示了古希腊一些男性是如何精心地滑下希玛纯衣料并小心地维持半裸姿态，以此来表明他们是悠闲阶层（leisured class）和占主导地位的男性精英的一员（图5.4）。此时，半遮掩的身体也成为"服装"元素之一。[27]

图5.4 马克龙制作的红绘基利克斯杯 [4]。年轻的男性精英们让自己的衣服随意滑落或移动，以此刻意营造出一种并不时刻在意着装的感觉。Staatliche Antikensammlungen und Glyptothek München. Photo: by Renate Kühling.

---

[4] 基利克斯杯: kylix, 古希腊的一种双耳浅口大酒杯。——译注

另一方面，女性往往处于头饰和服装的约束之下。这些头饰和服装要么固定在某个地方，要么不容易脱下来（至少一个人是脱不下来的；我们能想到的有紧身胸衣、系带长袍、以别针固定的袖子、扑了粉的假发和有珠宝装饰的头饰）——或者即使能毫不费力地脱下（就像女款的佩普洛斯、帕拉、斯托拉袍和希顿一样），但也非常不建议她们这样做。面纱（盖头或遮脸一类的）就是这类服饰的一个好例子，要注意的是，逆向思维因素在此时发挥了作用，因为面纱容易滑落，所以女性在佩戴面纱时需要时刻保持警惕，因此面纱能让女性一直将注意力集中在调整它上。面纱也具有象征意义，因为它反映出人们对道德问题的看法。面纱不是一种用来让女性变得没有女人味的遮盖物；相反，面纱通过遮盖如污秽和性羞耻之类的女性"缺陷"，反而能强化女人味，而性羞耻也反向突出了女性在性方面的诱惑。面纱为女性提供了无限的可能，她们可以降下、调整、收紧、放松布料，充分发挥服饰作为一种女性自我表达的象征的潜力。面纱赋予了一种幻想，而不是写实，那就是一个女人是贞洁的且在道德方面非常注意。

古希腊、古罗马的服装（例如佩普洛斯、斯托拉袍和希顿）包括宽大外衣（例如古希腊的希玛纯和法洛斯或托加和帕留姆）很少去遮盖已被内衣遮住的肉体之外的更多部分。值得注意的是，佩普洛斯和希顿已遮住了身体的大部分，仅最大程度地露出手臂（穿希顿露出的身体更少）、脖子、脸以及头发。事实上，衣服和外出时才裹上的面纱除了发挥普通服饰的作用以外，在掩饰身材方面几乎不起任何作用，因此它们应被更多地看作庄重和道德的象征，而非道德的保障。实际上，女性身体应该被遮掩起来的这一事实意味着，短暂或长时间暴露身体某些部位会让女性更具吸引力。[28]

...

尽管（或者可能正是因为）存在这种用布料遮掩女性身体的思想，古希腊和古罗马的艺术作品还是展示了许多滑落的、湿透的以及透明的织物的例子，它们通常展示出比在现实生活中能看到的更多的女性形体。尤其是常见的阿佛洛狄忒[5]女神雕像，她的希顿从肩膀上滑落，有时甚至露出一边的乳房，有些古罗马的妇女雕像也复制了这一范式，以显示她们（至少对她们的丈夫）在身体上就像维纳斯一样具有吸引力。阿佛洛狄忒、涅瑞伊得斯[6]以及其他女神也被描绘成衣冠不整或者衣衫被浪花打湿紧贴在身上的形象（图 5.5）。大多数情况下，出现在古希腊瓶画上的透明服装其实是一种艺术母题，而不是对现实的记录，虽说如此，但那些为座谈会提供娱乐节目的吹笛少女和舞者们，以及某些妓女在当时可能已经开始穿透视装，甚至一些受人尊敬的已婚妇女可能在她们家里也私自穿过这种服装。在古罗马时期，某些精英阶层人士似乎已经会穿相对透明的衣服，但塞尼卡（Seneca）等道德家对此的评价是负面的。[29] 这种暴露的服装可能主要在私人活动时穿，比如在私密的晚宴上。

衣服与情欲

在大多数人类文化中，将身体的全部或部分暴露在外通常被视为一种潜在情欲，但对暴露的面积和暴露的部位的定义各不相同；不同的文化在不同时期会有不同的情欲形式。在今天，尽管存在裸体主义这种现代观念，但裸体人物依旧被视为色情的，不过正如我们在第三章中提到的，裸体对于古希腊人和古

---

[5]　阿佛洛狄忒：希腊神话里的性与爱的女神，对应罗马神话里的维纳斯。——译注
[6]　涅瑞伊得斯：希腊神话中的海洋女神。——译注

图 5.5　披挂着"全湿"服装的涅瑞伊得斯女神。约公元前 400 年。
©The Trustees of the British Museum.

罗马人的含义与当代人并不相同。古希腊社会期望或允许男性在特定场合裸露
身体，平时对此也相对包容，但女性在日常生活中裸露身体是不被接受的（如
果一个女人想保持她的好名声和家庭的体面）。在现实生活中，古罗马人甚至
不接受男性裸体（这肯定与古希腊人不同），并且古罗马人对运动员全裸的接
受和容忍程度一直是热点讨论话题。[30]古罗马人似乎对全裸运动员感到不自在，
至少在罗马共和国时期，他们认为这是一种陌生的希腊惯例。可能仅在"希腊"

游戏 [7]（古罗马于公元前 186 年引进）中才允许裸体，而在当时的其他竞赛中，参赛者仍穿着兜裆布（subligaculum）；奥古斯都禁止妻子利维亚（Livia）观看希腊运动会，因为她不能看到裸体的运动员。普鲁塔克写道，早期的古罗马人甚至拒绝和亲属一起洗澡，以避免在他们面前裸体。[31] 尽管如此，裸体在艺术中还是被广泛应用：数量惊人的雕塑展现了古罗马重要人物的裸体（尤其是与朱庇特有关的皇帝），而一些女人甚至也以裸体或半裸的维纳斯形象示人（图 5.6、图 5.7）。[32] 与古希腊艺术一样，这些作品表明裸体其实是一种英雄的装束。色情不是它的主要目的，事实上，这类雕塑在当时的观者看来可能一点也不色情。

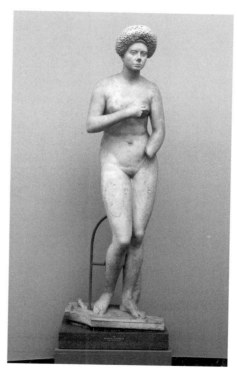

图 5.6 维纳斯姿态（卡比托利欧式）的女性［其有时被看作马尔奇娅·弗尔尼拉（Marcia Furnilla）］雕像。她梳着典型的公元 1 世纪晚期的发型。Ny Carlsberg Glyptotek, Copenhagen. Photo: Ole Haupt.

[7] 指古希腊运动会。——译注

图5.7　母神——原始维纳斯（Venus Genetrix）姿态的女性［其有时被看作维比亚·萨
比娜（Vibia Sabina）皇后］雕像，公元 2 世纪早期。她左侧乳房的一部分被衣服的
褶子遮盖：此类雕塑风格的大多数版本都是将胸部完全暴露在外。Rome，Museo di
Ostia Antica. Photo：Deutsches Archäologisches Institut Rom.Neg.68.3877.

　　古代艺术中的一些色情作品（比如古希腊瓶画或庞贝遗址的妓院壁画上明
目张胆的性爱场景）在现代人的眼中，其情欲意味是非常明显的，而另一些色
情作品则不然，但在思考西方古典文化（或许更多关注的是古希腊而非古罗马）
的情色方面时，我们对性和身体情欲的看法仍基于基督教关于身体、裸体、庄
重和性的观念。[33] 与其专注于那些明显（对我们而言）让身体和衣服色情化的
表现方式，我们或许应该从那些清晰可见的部分开始，例如古时西方人对身体

情欲的态度。现代西方文化对女性的色情化往往集中在半裸的躯体上；对内衣的描绘是现代女性情欲意味的主要标志，因为它透露、隐藏、强调并不断增强女性第二性征的色情内在。内衣在西方古代艺术或情欲观念中并没有扮演这类角色。这并不是说女性身体在西方古代艺术中没有被色情化，只是以不同的方式实现了这一意图。例如，希腊神话中的亚马逊女战士，古典艺术明显借用她们的服饰将其色情化了（图5.8）：在某种意义上，仅靠简单地给她们穿上一件不蔽体的衣服"heteromaschalos"——一种仅固定在一侧肩膀的露腿短束

图5.8 穿着"chitōniskos"的受伤的亚马逊女战士露出了她的乳房。公元1—2世纪的希腊铜像（约公元前450—公元前425年）复制品。©The Metropolitan Museum of Art，New York.

腰外衣，就达到了这一目的（在我们看来）。然而，在古希腊社会中，真正的色情意味可能正是由这种服装体现出来的性别模糊的特质赋予的，而这种对身着典型男性服饰的，适婚、健壮的女性的痴迷，暗示这是古希腊男性观者眼中两性世界的最佳状态。女性异装在艺术和神话中是一个很常见的主题，这提醒我们古希腊社会文化的复杂以及男男性爱的色情建构并非存在于真空中。

撇开亚马逊女战士不谈，古希腊艺术中的女性是通过——而不是依靠她们的衣服被色情化的。在艺术中，我们倾向于关注那些透过服装看到身体的表现形式，这似乎是透明的、精细的和紧贴身体的纺织品的惯用艺术套路。但是，鉴于在描绘和讨论裸体时相对缺少羞耻感（以及前面提到的基督教关于隐藏身体那过时的担忧），或许我们不该这么从字面上进行解读。此处的色情指控或许并非来源于一种偷窥心态，而是来源于有关女人味的复杂隐喻的具象化。通过服装勾勒出的女性身体既强调了社会建构隐藏的"正面"（节制 [8] 的个人表达，对女性封闭的社会控制），又强调了内部的私密的"另一个"世界（古希腊文化强化而非否认的无边无际的女性性欲，同时，在私人亲密关系里，在家里、在身体方面，男性的接触都受到严格限制）。这样的想法被封装在古希腊新娘礼服和"anakalypteria（摘下面纱）"的仪式中，值得注意的是，在关于新娘的古代文学和艺术作品中，强烈、狂热以及（当然还有）色情的注意力都集中在精致且奢华的服装上，它覆盖并包裹着年轻且多产的女性，暗示着在它覆盖之下的东西具有吸引力，因此其被掩藏且值得被这样掩藏。简而言之，在古希腊文化中，女性色情化进程里对被遮掩部分的关注与对遮盖物本身的关

---

[8] 此处原文为希腊语"sophrosyne"。——译注

注同样多（见后文）。[34]

　　现在，许多社会学家和服装历史学家都接受这样一种观点，即故意隐藏身体的某些部位并不一定会抑制性欲，相反，这往往会引起性刺激。艾莉森·卢里（Alison Lurie）赞同这种遮羞布被视为一种挑逗工具或具有性刺激的想法，她解释道："的确，人们常常以夸大和引人注意的方式去掩饰一些被认为具有性刺激作用的人体部位……（穿着多层衣服的）人……就像生日礼物一样吸引着我们：我们好奇、兴奋，我们想去揭掉它的包装。"[35]

　　20世纪30年代，精神病学家J.C.弗吕格尔（J.C. Flügel）发表了著名的"性刺激区域转移（shifting erogenous zone）"理论，它是指身体的某些部位（一些没有直接性吸引力的部位，如腰部、背部或颈背）暂时性地充满巨大性吸引力。他指出，身体上那些完全被覆盖的部位成为色情的焦点，而对那些通常隐藏在遮羞布后面的禁忌区域的短暂一瞥，不管是在过去还是现在，都与性紧密相关。[36] 拉冈（Lacan）借鉴了弗吕格尔的原始构想，指出"轮廓"或"剪裁"在赋予服饰或着装性意味方面的重要性，还指出在有明显中断或间隔的身体留白处出现了"性刺激区域"。[37] 古希腊、古罗马服装设计完全围绕这个"边缘"的概念展开，因为当布料包裹在身体上时，遮掩和暴露的概念随即产生，因此创造出一个被框定和强调过身材的服装轮廓。西方古典服装采用的剪裁方式、轮廓、斜线和开口，其性别化非常明显。

　　虽然对于古希腊和古罗马艺术呈现的大部分裸体人物，创作者并非有意让它们看起来是色情的，但某些展示了诱惑地贴在身体上的紧身衣或仅用垂褶遮住一小部分身体的人物可能就不属于此类了。与此相关的一个较早的例子是晚期阿提卡"*Korai*"雕像，女性背部的希顿长袍褶皱紧贴在其臀部和大腿

图 5.9 "大号的赫库兰尼姆女性"风格的女性雕像,公元 1 世纪中期。Capitoline Museums,Rome. Photo: Deutsches Archäologisches Institut Rom.Neg.no.54.1076.

上:雕像(通常从正面观看)不太显眼的部分被刻意强调了,胸部和阴部却没有。[38] 后来,古希腊艺术家们尝试通过服装来显露女性的身形,这些服装使女性看起来很瘦或湿透,衣物紧贴着乳房、腹部和大腿(图 5.5、图 5.7)。即使罩衫很厚并明显覆盖着身体,也可以通过褶皱来"描绘"女性的身形,特别是阴部(图 5.9)。

若不采取这种方式,艺术家在创制人体雕像时则会将人物身体的一部分,通常是一侧乳房,从罩衫下露出来,或用一大块布盖住身体的一部分(通常是臀部和大腿)。[39] 身体上的首饰也可以用来给裸露的身体"穿上衣服":例如庞贝遗址著名的维纳斯小雕像——她似乎穿戴着项链、臂章、手镯、凉鞋、身体链和透明的胸罩。也许除了在妓女的服装上和在古罗马的低级戏剧表演中，所有这些装饰都是一种艺术创造，而非对现实的反映。

衣服与性别

在希腊—罗马时代，衣服是用来在性方面起封闭和保护作用的，而不是对性进行表达或展示。对于古罗马孩童尤其是男孩来说，"toga praetexta"的紫色饰带是为了保护他们不受成人性侵害，[40] 而古希腊女孩则很可能在进入青春期后就戴上面纱，以隐藏起她们日益明显的第二性征。在古希腊和古罗马的婚礼上——新娘自此成为新郎的独享品，婚服上很多的象征物都指向新娘在性和生育方面的能力。古希腊婚礼庆典中有一个重要的时刻叫作"anakalypteria"，在那一刻，新娘的面纱会被揭开一部分，露出她的脸，之后，在婚礼结束时由新郎完全揭下面纱（图 5.10）。

古罗马新娘的面纱（称作"flammeum"）也起到了保护她贞洁（pudor）的作用。[41] 在古希腊和古罗马的婚礼上，新娘的腰带（希腊语中叫作"zonē"，拉丁语中则叫作"cingulum"或"zona"）是由会拿走她童贞的丈夫来解开的：古罗马新娘的腰带是用一种很难解开的、被称作"Herculean"的结系住的，以此象征她的生育能力。一旦古罗马新娘成为已婚妇女（matrona），她就会穿上斯托拉袍，并用羊毛编成的发带（vittae）绑住她的头发，来表明她对性欲的克制。性欲就如她美丽的外表一样，是只留给她的丈夫的。贯穿整个过程的重点是在性方面对女性的封闭和保护，女性应该把身上与性相关的东西都隐藏起来，并在除了她丈夫之外的所有人面前穿上各种各样的服装来包裹住自

图 5.10 描绘着揭开未婚妻面纱时刻的双耳长颈高瓶碎片，（古希腊的）祭盘，画师绘制，约公元前 430—公元前 425 年。Photo：©2016 Boston Museum of Fine Arts.

己，以此确保她孩子的血统是纯正的。尽管有这些意图，但正如我们在前面看到的，对新娘揭开面纱时露出的隐藏的脸或守贞操的妇女露出的脚踝的罕见一瞥，似乎比那些穿着透明的或极少的衣服、大方展示身体的妓女和戏剧演员更具吸引力。

对于古代的妓女，有一个常见的误解，那就是她们都穿着一种样式独特且暴露的衣服，以表示她们提供性方面的服务。这种想法就跟认为当代所有妓女都穿着由迷你裙、抹胸和高跟鞋组成的标准化老套"制服"一样荒谬。古代的妓女由不同背景、民族、技术能力、经济能力以及社会阶层的女性构成。现在学术界普遍认为，古代不存在非黑即白的卖淫模式，所有的妓女都夹在受人尊重和被人不齿的两难境地。那些拥有最高收入的名妓能积累财富并享受（通常是）一位男性客户的庇护，但在同一社会范畴的另一边，那些街头妓女正在努力谋生，事实上她们的生活没有任何保障。大多数妓女处在这两个极端之间——她们或者为皮条客和老鸨工作，或者在妓院里工作，或者成为艺妓（舞者、音乐家等，也可能模式化地扮演性角色）。当然，个别妓女获得的金钱和地位无疑影响了她们的着装风格，让她们获得了可以穿戴某些服饰的能力。

卖淫与服饰之间的微妙关系遵循着从全裸到故意遮掩这一"遮蔽分级"原则。[42] 在希腊古典时代的雅典，高级妓女（hetairai）要价很高（但不一定都是为了性服务）；奇幻的瓶画上常出现她们在座谈会上斜靠在躺椅上并把衣服褪到腰部的画面。不过，文字资料显示，在现实生活中，这些女人在考虑她们的着装时都很谨慎。作为"体面的"但不受人尊敬的女性，顶级的高级妓女在家里会穿着精致的衣服，大体上和那些富有公民的妻子没什么不同，而在户外，她们也像其他女性公民一样戴着面纱（图 5.11）。因此，高级妓女的活动是完全私密的。但有记录显示，古希腊最底层妓女都全裸或者半裸地站在户外的路边，以此招徕生意，在一种完全暴露的机制中维持经营。吹长笛的女孩会穿着廉价的半透明束腰外衣（lēdos），舞者则被描述成穿着透明的束腰外衣或

图 5.11　戴着面纱的古希腊高级妓女正在纺纱。阿提卡红绘长细颈瓶，约公元前 470 年，画师潘（Pan）绘制。Photo：bpk, Berlin/Antikensammlund, Staatliche Museen, Berlin/Art Resource, NY.

丁字裤（diazōnē），但并非所有的古希腊艺人都穿着廉价的透明外衣这种相似的"制服"。

我们也很难给卖淫定一种特别的颜色（例如符合现代人想象的红色）。"Anthinos（印有花卉的）"服装常与古希腊的妓女联系在一起，而女性穿着"krokōtoi"则被认为基本出于"渴求浪荡的心理"——"krokōtoi"的图案和颜色都很显眼，而且显得人一点也不谨慎。人们普遍认为，古罗马的妓女可以通过衣着（以一种拒绝传统女性服装道德准则的方式穿托加袍）被立马认出来，但这种观点很难被证明；拉丁文文献倾向于强调托加袍是给那些通奸和没有遵守女性贞节观念的女人穿的，以此作为对其人格的一种隐晦侮辱。[43] 换句话说，她们可能是原本体面但后来堕落了的女性，而非职业妓女（虽然在古罗马人的心目中这或许已是公认的事：通奸的妇女就是妓女）。此外，并没有证据表明古罗马的妓女和通奸的妇女会被强迫穿上托加袍。[44] 事实上，普劳图斯（Plautine）的喜剧描绘了当时的妓女们穿着各式各样的多彩的衣物，贺拉斯（Horace）则暗示她们的衣服是非常透明的，她们甚至可能是裸体。[45] 毫无疑问，不同类型的古罗马妓女容易受到服装、财富和地位变化的影响，这一点跟古希腊是一样的（但通过是否穿斯托拉袍这一点，不足以判断一个人是不是妓女）。当然，在古罗马城，服饰对身体的遮掩程度与雅典类似，而且妓院里的妓女和站街女都被描述为裸体站在公共场合。

结　语

古罗马历史学家塔西佗（Tacitus）在叙述皇帝尼禄（Nero）的母亲小阿格里皮娜（Agrippina the Younger）的堕落时，稍把故事重心从主线转移到尼禄对美丽但同样堕落的贵族女子——波培娅·萨宾娜（Poppaea Sabina）的迷恋上。在叙述她的美丽以及她那彻头彻尾的堕落时，他写道：

> 波培娅除了善良以外，什么都有。她继承了她母亲（当时最可爱的女人）的优秀与美貌。她的财富也和她的出身相匹配。她的演讲机智、优雅、不荒谬。她在人前表现得体面，在生活中却是堕落的。她在为数不多的、在公众前露面的场合都蒙着面纱，这是为了激起人们的好奇心，这符合她的作风。[46]

换句话说，塔西佗注意到波培娅是故意通过偶尔在公众场合露面来提升她的神秘感的——她巧妙地用半拉的面纱遮住自己，在突显她的美丽和魅力的同时让古罗马民众浮想联翩。她娴熟的面纱运用技巧是故意用矜持作伪装来挑逗旁观者，这同时也显著提升了她的性感和无与伦比的美丽。

波培娅不是历史上第一个，也不是最后一个明白并主动利用服饰之间固有的巨大差异的女性。在一个本质上要求女性在厚重、交叠的服装之下不要引人注目的体系内工作——这是兰纳提出的一个基本观点，这些服装是有意用来让女性行动不便的——而实际上，这些女性可以通过把衣服作为一种色情道具来挑战这个观点。男性也参与了这种服饰系统，通过控制自己的服饰来炫耀自己的安逸，同时也强调了他的地位和男子气概；古希腊和古罗马的艺术也将这些思想纳入其中，其一并吸纳的还有那些色情理念。西方古典服饰发挥了许多社会文化功能，尽管从表面上看，古代衣服具有日常功能，但古希腊人和古罗马人的服饰已经在色情方面初具潜质，当然这也传达出了丰富的性别编码信息。对探究西方古典文化的现代学者而言，对服饰的研究有助于其了解对西方世界影响最大的那些文明的性观念以及它们对于色情的想象。

第六章　身份地位

凯利·奥尔森

　　在古代，服装在连接和构成社会分层和社会群体方面的作用是极其重要的，可能是所有象征物中最容易被辨认出的，因为服装是一种"用来表达财富、技能、关系、个性的可穿戴且无处不在的媒介"，以上所有这些特质都有助于个人确立地位。[1] 有一点值得注意，古代文化是一种视觉文化，服装和装饰品不断释放出复杂的社会信息，一些关于个人在社会和同龄人中所处地位的社会信息。服装和装饰传达了人的特定身份或人对这些身份的渴望，它们既构建又反映了身份和地位。[2]

　　"等级"在本章被定义为一种司法概念（公民、外侨[1]、参议员等），而"地

---

[1]　外侨在古希腊城市中享有部分公民权。——译注

位"是指在同龄人中非正式的威望或者在财务上的声望。社会声望是通过视觉符号表现出来的：地位（与等级不同）排序具有一种可能引发分歧的物质形态。此外，除了经济方面，还存在着其他方面的地位分类。例如，个人在性方面的地位也可以通过服装来具象化。消费是一种沟通交流的过程，通过它，奢侈品与地位紧密联系起来。

社会符号不是统治阶级的专属产物，并且统治阶级不能对其进行规定。因为很多地位象征品都是财富效应，所以任何有钱的男人或女人都可以使用它们，尤其是在古罗马。古罗马人如此费力地试图以非正式的方式去控制那些声望象征品，恰恰说明了社会层次是流动的，并且这些象征品很容易被人操纵。通常，仅凭一个人的外在很难辨认出他的等级：等级和社会地位之间通常存在着一条巨大的鸿沟。但出生低贱的富人混淆了一些所谓的明确的社会分类。

本章将讨论在古代一个人的地位和财富是如何被"穿戴"在身上的，涉及服装的面料、图案、颜色、复杂的褶子，多余的面料以及服装的不实用性。讨论不涉及那些要求具备某种司法等级的地位象征服饰，例如，古罗马的"trabea"（特殊的骑马者斗篷）或者"chlamys"（一种用胸针系在右肩上的长斗篷），它们都是古代晚期罗马皇帝和他的官员的服装。[3] 另外，所有富人或那些自诩在经济上或性方面有某种地位的人，都可以将地位的象征品穿戴在身上。

荷马时代的希腊

总的来说，在希腊，我们没有发现与古罗马程度相当的、明确的地位具象化。尽管古希腊人的服饰比古罗马人简单，较少带有明显的等级和地位标志，但这并不意味着古希腊人的服饰没有研究意义。"古希腊的服饰也有同样深远的含义，但正如我们对这种多元文化所期望的那样，这些含义少有被形式化或者统一化的"。[4]

荷马的诗歌中的服饰带有很多重要的地位指示物。对于男性来说，最基本的衣服是束腰外衣，它可以柔软而有光泽，有染色——或单色或双色，长度也可以不同。[5]法洛斯是王室成员穿的一种大斗篷。[6]当男性穿着它时，法洛斯是一种休闲服饰：宽大、精致，包裹（而不是用别针）在肩膀上，它限制了剧烈运动，似乎比"chlaina"或其他斗篷更精致、轻盈、稀有。虽然发现基本是女性在穿着它，但在一些地位比性别更重要的情况下，男性也会穿着它。[7]

通常，《荷马史诗》中的女性服装很引人注目：有图案，宽大，带有许多扣带。荷马时代的女性穿的是佩普洛斯，一种因光泽和精致度而饱受赞誉的服装，但现代学者对佩普洛斯到底是什么样子还存在一些分歧。[8]在《荷马史诗》中，它们可能是纯色的：白色、藏红花色、紫色或黑色。有些用装饰图案或多种色彩来美化，这些都为服装增添了价值，并体现出穿着者是一位社会高层人士。[9]佩普洛斯是一种用别针别住部分布料的衣服，其设计显然是为了展示女性的手臂，但它同样也展示出沿上臂到肩部、那些扣上衣袖所需搭扣的数量。（珀涅罗珀就收到过一件有 12 枚别针的佩普洛斯）。[10]贵族女性的服装特别长且宽大（如法洛斯、佩普洛斯），并且在《荷马史诗》中它们通常是白色的；缺乏实用性这点也标志着贵族女性已从体力劳动中解放出来。

贵族女性也会戴面纱（"krêdemnon""kalyptra""kalymna"，如图 6.1 所示）。面纱是展示自己身处社会上流阶层的绝佳方式，因为除了色彩鲜艳或图案丰富的织物本身，面纱其实是一件不实用的服装，并且需要穿戴者时刻保持警惕，以确保它不会打结、滑下或脱落。[11]《荷马史诗》中的奴隶们是不戴面纱的，除非她们是贵族女性的贴身侍从。[12] 除了《荷马史诗》之外，尽管有大量关于这一时期的面纱的艺术实证，但古代文学中与面纱有关的资料寥寥无几。[13] 在荷马和赫西奥德（Hesiod）的作品中，人们还发现了戴着金王冠和金花环、金与琥珀制成的项链以及金耳环的女性。[14]

布料不仅体现了穿着者的经济状况，也区分了性别。亚麻布的织造时间是羊毛的三到四倍，并且在希腊古典时代它还是地位的象征品（见下文），《荷马史诗》中却提到亚麻布只能给女性穿，没有提到过男性服装用亚麻布作材料。此外，据说古代西方人有时会用油脂来让衣服变得有光泽，衣服似乎也与油脂一起存放在柜子里。[15]

图 6.1 绘有戴着面纱的舞者的红绘柱式双耳喷口瓶，约公元前450—公元前445年。归为画师欧波利斯（Eupolis）的作品。Mount Holyoke College Art Museum, South Hadley, Massachusetts, purchase with the Nancy Everett Dwight Fund. Photo: Petegorsky/Gipe.

希腊古典时代：男性

在古典时代的希腊，男性会穿一件束腰外衣（简单的多立克式希顿），而在作为牧师或庆祝宗教节日的情况下会特意穿着长款束腰外衣，平时则穿着短到膝盖处的束腰外衣（在公元前6世纪—公元前5世纪会穿一种更长且更华丽的爱奥尼亚式希顿）。斗篷或者希玛纯会套在束腰外衣的外面。古希腊人衣服的主流颜色是白色、灰色和棕色，也就是布料的自然色，并且似乎没什么装饰。

如学者们所知，在公元前5世纪的某个时期，古希腊男性的服装风格发生了变化：长款的爱奥尼亚式希顿、飘逸长发上的金色草蜢别针以及紫色或带装饰的斗篷被摒弃了，取而代之的是一种更简洁的着装（一件宽大的羊毛希玛纯套在一件短的希顿外面，或干脆不穿希顿）（图6.2）。[16] 这一变化发生的时间顺序可能让人困惑。米尔斯（Mills）指出，在公元前5世纪，雅典的男性服饰据说经历了三次实质性的转变。[17] 这种向着斯巴达式服装模式转变的情况据说可能发生在马拉松战役（Athen.12.251b-c）之后，"近期"（在雅典的老人之中；Thucyd. 1.6.3-4），或伯里克利（Pericles）将军任期内（Schol. Hom. Il.13.685）。学者们认为克利斯提尼（Cleisthenes）的改革和由此产生的全体公民"平等"可能引发了最初的简朴着装构想，但实际上男性着装的变化可能是一个缓慢而复杂的过程。[18] 此外，我们要注意，希玛纯上没有腰带或别针，因此它肯定很不实用，穿它需要技巧且要保持专注。[19]

公元前5世纪—公元前4世纪的作家们揶揄那些奢侈的服饰。[20] 但是在公元前6世纪—公元前5世纪，男性的奢侈服饰经历了一场兴衰，服饰上对图案

图 6.2 （瓶上绘着）穿着希玛纯的男人正在购入一件双耳瓶。红绘双耳瓶，公元前 480 年，玻瑞阿斯画师（Boreas）的作品。Inv：ca 1852. Musée du Louvre，Paris. Photo：Erich Lessing/Art Resource, NY.

的使用从潮流变为过时。[21] 在雅典，公元前 6 世纪初，装饰华丽的服装出现在瓶画中，而到了公元前 6 世纪末，它又以一种更加低调的方式重现。在伯罗奔尼撒战争开始时，一种更讲究装饰的审美趣味回归了，但其随后又逐渐消失。最后，到了公元前 5 世纪末，有花纹和图案的饰带似乎又重新流行起来。[22]

　　雅典人在历史上的某些时期也采用了外国服饰来作为地位的象征。穿戴外国服饰似乎成为一种习惯，这种习惯产生于公元前 6 世纪，当时的希腊邂逅了一系列不同的文化。[23] 后来的文献也证实了这类服饰在雅典的流行：伪色诺芬（ps.-Xenophon）写道，"……雅典人采用了希腊人和野蛮人融合后的时尚（方式）"。[24] 当时在雅典流行一种叫作"ependytes"的外国服装，它是一种奢华的希顿外套。在公元前 5 世纪的前中期，它成为一种时尚单品被雅典男性（以及女性，见下文）穿在身上。它是短款衣服，由羊毛或亚麻制成，色彩丰富，有黑色、红色、紫色、蓝色和绿色。[25] 许多红色花纹瓶画中的"ependytes"上都满饰图案。[26] 它的作用明显是给人们的衣服增添一种华丽的装饰（为穿着者保暖这种名义上的功能，其实众多古希腊传统斗篷很容易实现）。其他种类的服装也可以体现穿着者的地位：在公元前 530—公元前 430 年，色雷斯服装是一种时尚的异国奢侈品。[27] 精良的重装步兵装备也是一种地位的象征。[28] 而到了公元前 5 世纪晚期，打扮花哨的年轻人开始"拉科尼亚化（laconized）"或通过服装等去模仿斯巴达人：粗布制成的、短的、带流苏的斗篷，留长发、胡须，一双肮脏的手。[29]

希腊古典时代：女性

古希腊贵族女性的服装包含一些常见元素：过剩的布料和不必要的镶边装饰。男性永远热衷于用女性来炫耀自己——男性为她们的服装和装饰买单，因此男性的地位也反映在女性的穿着上。拥有昂贵衣物，是个人处于社会支配地位的理想证明，并且这种着装惯例在理想情况下不应逾越阶层或突破经济地位的界限。[30]

跟男性一样，某些种类的女性服装也体现了穿着者的地位。奢华的爱奥尼亚式长款希顿在公元前 6 世纪中期出现在古希腊艺术作品中的女性身上，并几乎完全取代了早期的多利安式佩普洛斯，一直到希腊古典时代早期，约公元前

480—公元前 450 年，佩普洛斯才再次成为女性服装的主导。[31] 尽管尚不清楚修昔底德（Thucydides）在公元前 5 世纪那关于男性服饰民主化的言论在多大程度上适用于女性服饰，但至少反映了在公元前 5 世纪，服饰存在向着庄重发展的风格变化（图 1.1、图 3.2、图 3.3、图 3.4 和图 3.8）。[32]

但与男性一样，在整个公元前 5 世纪，奢华的服装偶尔也会出现在女性身上，女性也会用波斯的服装作为身份的象征。从公元前 475 年开始，文献中出现的各式服装都有了名字。例如，Persikai，一种从波斯进口或在雅典制造的优雅的女士鞋。[33] 从那时起的瓶画上，女性开始在普通希顿外面套一件大概叫作"chitōn cheiridotos"或"小袖子束腰外衣"的衣服。它有装饰，长及大腿且带袖子，很有可能脱胎于一种东方样式的服装并在雅典生产出来。在公元前 5 世纪末，出现了一种长及脚踝且带袖的女性服装，女孩和女性公民穿着这种带袖的希顿一直持续到公元前 4 世纪（图 3.2、图 3.3）。

在公元前 5 世纪晚期，看起来像带袖夹克和外套的服装开始出现在一些关于雅典女性和孩童的艺术描绘中。它可能是波斯服装"kandys"的改版（图 6.3）。在服装投入方面，因为改版"kandys"是一种昂贵服装，所以显然只有精英才能穿上它。女性也有穿"ependytes"的（图 6.4）。图像资料显示，它们既有朴素的又有带图案的款式；已知的颜色包括黑色、红色、紫色、蓝色和绿色。瓶画和铭文都记录了女性服装上各种装饰性的镶边（图案类型似乎是纯粹的希腊化风格）。[34]

在图案、颜色和珠宝方面，女性拥有与男性同样（可能更多）的能力去借此彰显她们的地位，因为在希腊古典时代，装饰更适合女性而不是男性。在某

图 6.3 Myttion 墓碑雕塑，展示了一件"kandys"，约公元前 400 年。The J. Paul Getty Museum，Los Angeles.

图 6.4 陶制酒壶：*chous*（水壶），归为梅迪亚斯画师（Meidias Painter）的作品，约公元前 420—公元前 410 年。穿着带印花的"ependytes"的女人正在给衣服增添香味。The Metropolitan Museum of Art，New York.

• 西方服饰与时尚文化：古代

些清单中，一些"chitōniskoi"被描述成彩色的。[35] 要注意的是，女性公民通过衣着展示出的财富终归是男性家庭成员的财富，因此在某种程度上，古希腊男人不必放弃男性公民的简约着装，就可以自由展示自己的经济实力。

古希腊：禁奢令

虽然古代世界关于服装的法规普遍较少，但法规仍然是古代服装具有社会和经济意义的重要证明资料。[36]古希腊有一系列关于禁止穿着奢侈服饰的规定，旨在控制女性的奢华无度或一些不得体的着装风格。[37]正因如此，梭伦（Solon）的法律禁止女性出门时穿着三件以上的外衣，并要求女性在葬礼和宴会上不要引人注目。这些法律对女性嫁妆中的服饰也有相关限制。[38]如果普鲁塔克所言是真，那么梭伦在公元前6世纪制定的限制女性服饰奢华无度的禁奢令，可能是想从整体上遏制贵族们炫耀行为的一种尝试。[39]然而，大多数关于古希腊服装的规定都是宗教性的，这关系到那些希望进入寺庙的人。在这种背景下，对服装是依据其数量、制作成本和装饰来进行管控的，并且违禁物品会遭到收缴。[40]但依现存的少量证据来看，古希腊的世俗法律并没有真正想控制服装领域。

古希腊：奴隶和穷人

这类社会群体的服饰无论是在视觉资料还是在文献中都没有被很好地表现出来，但依然留存下来一些信息。在希腊古典时代，工人的束腰外衣被称为"exomis"；它很短，便于穿着者劳动，而且是用未染色的材料制成的。它被裹在人的腰间或从人一侧肩膀上垂下来，以便人腾出一只胳膊去工作。可区分富人和穷人的不仅是衣服的种类，还有对衣服的日常护理程度：干净的衣服很重要。[41] 肮脏、破洞、打补丁的束腰外衣属于穷人，在任何时期，破旧的衣服都常与政治、社会和经济地位低下的人比如流浪汉或乞丐，联系在一起。[42] 宽大的衣服以及那些穿上后行动不便的衣服（如法洛斯、希玛纯）也将古希腊的富人与穷人区分开来。

然而，尽管雅典人可能认为社会等级和地位应该通过外表来识别，但实际上社会地位是很难通过外露的部分来确定的。例如，在瓶画上，就很难通过画中女性的服饰、头发的长度或容貌来确定她的地位。[43] 高级妓女在公共场合也会如那些受人尊敬的女性一样去打扮，这种做法扰乱了社会界限（图 5.10）。[44] 老寡头[2] 抱怨说，在雅典，奴隶和自由人在视觉上没有区别。[45]

伊特鲁里亚人 [46]

古代的伊特鲁里亚人以喜爱奢华的服饰闻名，这种喜爱甚至延伸到他们侍从的衣服。[47] 伊特鲁里亚人的服装与古希腊人的服装有许多相似之处，但整体上色彩更丰富并带有复杂的图案，也更奢华。[48] 证据主要存在于壁画和其他一些艺术形式中，从图像资料来判断，伊特鲁里亚人将鲜艳的颜色、精细的布料、装饰品和饰带都用来丰富他们的基础服饰：希顿和斗篷，以及 "chitōniskos" 等其他服装。[49] 希顿和斗篷（可能包括它们的边缘）会被染成鲜艳的颜色，或

---

[2] 老寡头：Old Oligarch，即伪色诺芬。——译注

图 6.5 舞者们的游行,出自一件意大利塔尔奎尼亚的特里克林 (Triclinium) 墓穴里的湿壁画的复制品。Artist: Minguez Sagrario. Photo: Album/Art Resource,NY.

用玫瑰花结、格子、曲线和圆点做装饰图案。金色和紫色一类的奢侈装饰也被使用过(图 6.5)。

在早期,衣服上缝有不同设计的金色饰板,它们可能是从近东进口的[50]。根据文献,伊特鲁里亚人穿的是有金色鞋带的凉鞋,这种凉鞋在当时很流行,甚至一度被引进到希腊。[51] 伊特鲁里亚人用各种各样的珠宝和配饰来装饰自己,这可以从"cistae"[3]、镜子和瓮上的装饰来推断。[52] 伊特鲁里亚服饰在布料、装饰、奢华度和复杂的配饰方面对古罗马服饰有很大影响,这也是我们马上将讨论的话题。

[3] Cistae:公元前 4 世纪的陪葬品,一种豪华的金属盒,大多数为圆柱体,有象征性的盖子、把手和足,盒身和盖子上有装饰。——译注

古罗马：男性

在古罗马，个人地位同样通过衣服的颜色、布料、装饰、服装的尺寸来表现，偶尔也会通过古希腊服饰来体现。由于种种原因，在古罗马，男性服饰不如女性服饰那样能明显成为彰显地位的象征品：遵循共和主义的理想，正直且道德的罗马人会避开昂贵或有装饰的衣服，因为这些衣服可能会被新贵族们（nouveaux riches）用来炫耀他们的财富。还有一些证据表明，鲜艳的颜色以及装饰在古罗马可能暗示个人具有女性气质，因为特别的装饰是与女性相关的。[53]

古罗马人在外抛头露面时需要显得朴素且沉着，所以托加袍通常会用未染色的浅色羊毛织成[54]，但事实上还有其他质地的昂贵的托加袍，比如丝绸制成的托加袍；还有一种采用蓬松绒织法技艺制作的叫作"gausapa"或"gausapina"的服装。[55]此外，要注意的是，一些种类的羊毛也可以制成奢华的布料，它们比其他布料更精细、柔软，也更白。[56]另外，文学、艺术和考古等学科有大量关于男性服装颜色的证据。[57]紫色是最能彰显身份的颜色，古罗马元老院的束腰外衣和托加袍以及骑手束腰外衣上的条纹就是紫色的。[58]最珍贵的颜色是海紫色（sea-purple），它在古代有各种各样的名字。它昂贵且不会褪色，要付出一定代价且极其小心才能从海洋软体动物的体内将它提取出来。[59]紫色是财富和成功的典型象征，精英阶层可以合法使用它们，而对于其他渴望在外表上获得这种社会群体地位的人来说则是非法的。[60]还有一些人完全鄙视这种颜色，在罗马共和国晚期和帝国初期，对紫色染料的操控可以用来制造或加剧政治和社会的紧张局势。[61]

和紫色一样，由于染料提取的难度和成本较高，各类猩红色也是地位的象征。"Puniceus"（phoeniceus、poeniceus）是一种提取自贝类的染料，但与紫色不同的是，它是一种明亮的朱红色（vermillion）。[62] "Coccinus"（coccineus）是一种奢华的猩红色，昂贵且不会褪色，是从一种叫"kermococcus vermilio"的昆虫的卵和胚胎中提取出来的。[63] 白色并非古罗马服装的"正常"颜色，却是一种广泛应用的颜色：制作方式是使用多种矿物原料（例如石灰、高岭土、硫磺）来制造出一种亮白色。[64] 白色衣服的保养很昂贵且难以打理，下层或劳动阶层不太可能穿上这种颜色，相反，它是财富或浮华的标志。[65]

对男性来说，"synthesis"或"cenatoria"是另一种地位的象征，其是由一件束腰外衣和一件小裹衣或帕留姆组成的套装，一些部分被设计成可以一起穿的形式。这些术语出现在公元1世纪，用来描述一种特别华丽的套装，它能绽放出耀眼的光彩。它是一套在温暖天气里或农神节（Saturnalia）时才穿的装束，同时也是一种晚宴上穿的服饰，以此代替更为正式的束腰外衣和托加袍。[66] 帕留姆是一种长方形的古希腊斗篷：宽大样式的帕留姆是文人、哲学家或自诩有文化和学问的人才穿的。[67]

奇怪的是，对古罗马人来说，衣服上另一种体现身份的标志是褶痕（图6.6）。古代服装历史学家没有关注过衣服上褶痕的存在或其内涵，但赫洛·格兰杰-泰勒（Hero Granger-Taylor）的一篇精彩文章（1987年）是个明显的例外。"衣服上整齐的褶痕说明衣服要么是新的，要么是刚洗过的"，[68] 因此，褶痕就有了用途。压衣机、衣柜[69] 和熨斗都可用来在衣服上弄出纹路和褶痕。

衣服的气味表明了衣服的保养情况以及状态。用尿液浸透或漂洗过的衣服，即使冲刷干净后仍然有异味，但对古罗马人来说，这种气味可能会受到

图 6.6　覆有帕留姆的托加袍：来自 Via Statilia 的一座已婚夫妇的浮雕，公元前 75—公元前 60 年。图为男性托加袍的细节。Musei Capitolini: Centrale Montremartini, Rome: inv. 2142. Photo: Kelly Olson.

追捧，因为它是新衣服或干净衣服的证明。[70] 用硫磺处理衣服能使衣服更柔软、更白，[71] 但也会在衣服上留下气味。用泰尔紫（Tyrian）染色的衣服上留有染料本身的臭味以及配制染料所用的尿液的气味。[72] 人们必须谨慎行事：衣服被洗的次数能帮助人们确定它们的价值，因为浸泡对衣服有磨损和破坏作用。因此，经常清洗的衣服就没那么值钱了。[73]

古罗马：女性

古罗马女性服饰的颜色五花八门：除了前面提到的颜色，普劳图斯（Plautus）还提到了天蓝色、金盏花黄以及橙红色。[74]200 年之后，奥维德写道，恳请女性不要一直穿紫色，并建议用一些能衬托肤色的颜色，如海蓝色、金色、黄色、深绿色、紫水晶色或淡粉色。[75] 女性的衣服有时也被描述为"versicolori"，即有许多或多变的颜色。[76] 一些作家不认为紫色适合女性，可能是因为紫色有强烈的地位上的暗示意味，而恺撒大帝对紫色的限制条例则印证了女性经常穿着这种颜色。[77] 黄色是典型的属于女性的颜色：男性穿着它，可能会被贴上"女人气"的标签。[78]

丝绸是与古代贵族女性关系最密切的织物。野蚕丝（coan silk）和中国丝绸都是有名气的女性穿的。[79] 用这种面料制成的衣服要么是透明的，要么就像某位学者所建议的那样仅适合贴身穿——因为丝绸昂贵，而这类衣服的用料很少。[80] 丝绸有双重风险，因为这种面料成本高，从而可以体现出女性的经济实力和社会地位。

女性的服装也可以透露一个女人在性方面的地位。古罗马受人尊敬的中上层阶级女性在户外活动时，理想的着装是能罩住头部的斗篷或者帕拉。[81] 裹上斗篷也有助于表明这个女人是一个在性方面正派的人，因为斗篷隐藏了她的身体（包括头部），不让男人注视。[82] 当然，帕拉也将一位女性的经济地位公之于众：因为帕拉不是用别针固定或系在身上，所以它不适合劳动阶层穿，而且它通常带有一些昂贵的装饰（图 6.7）。[83] 曾有一段时间，一些女性也会穿斯托拉袍，[84] 那是一种长的衬裙式罩衣，也是另一种可以表明性别地位的服装：只有合法结婚的女性才有资格穿上它。

由于古罗马女性可以拥有自己的财产并遗赠这些财产，所以在她身上展示出的并不一定是她丈夫或父亲的财富。对于一个女人来说，用宝石和黄金来装饰自己有明显的好处。女性使用珠宝的目的就如穿衣一样：以此显示她们在

图 6.7　大福斯蒂娜的雕像，公元 140—160 年。The J. Paul Getty Museum，Los Angeles.

社会中的层级，确保自己受到尊重，并向她们的同辈们展示在同一阶层中的一些微小的地位差距。拥有昂贵的饰品是个人具有某些社会优势的理想证明，并且这种规范不应逾越阶级或经济地位的界限，即使有人企图佩戴假珠宝来打破界限。[85] 女性对装饰的热爱往往会引来批评，[86] 但很明显，这些物品对于一个地位显赫的女人或自命不凡的女人来说，依然是必要的（图 6.8、图 6.9）。

古罗马：禁奢令 [87]

虽然古罗马的大多数禁奢令都是针对晚宴（cenae）的，[88] 但也有人曾尝试过制定服装相关律法，目的在于减少在服装上可用来展示财富及地位的标志物（这与"latus clavus"一类关于僭越等级的司法符号的规则有所不同）。许

图 6.8　来自韦利亚（Velia）家族的一名女性的头像，出自奥格尔墓穴湿壁画，公元前 340—公元前 280 年，伊特鲁里亚。Photo: Gianni Dagli Orti/Art Resource, NY.

图 6.9　绘有一名女性的木乃伊肖像画，被认为是墓主人伊茜多拉（Isidora）的遗像，约公元 100—110 年，画中女性神采奕奕地展示着首饰。The J. Paul Getty Museum, Los Angeles.

多存在的立法都涉及对紫色的使用：[89] 历代帝王都试图将紫色的使用限制在官方的徽章和御服上。提比略（Tiberius）皇帝颁布法令禁止男人穿丝绸，理由是它不合适。[90] 然而，这项法律并没能阻止提比略的继任者卡利古拉（Caligula）穿上丝绸衣服。[91]

男性服饰中与地位象征品有关的禁奢令之所以引人注目，是因为它既少见，又与此类立法内容中关于女性的部分几乎缺失形成了鲜明的对比。学者们经常引用《奥皮乌斯法》（Lex Oppia，关于禁止奢侈行为的法律）作为例子，但这部法律（于公元前 215 年通过，其中有条款禁止女性穿戴某些服饰）很可能是战时的紧急措施，而不是正式的禁奢令。[92] 公元前 184 年，可能是废除《奥皮乌斯法》导致的，加图（Cato，当时的审查员）对女性的衣服、珠宝和车辆征收了非常重的税。

在大多数的前现代社会（pre-modern society），无论针对的是等级符号还是地位象征品，禁奢令都有一个广泛的社会目标：构建一个理想的（视觉化的）社会秩序叙事模式。[93] 然而，很少有证据表明勤俭节约曾在古罗马流行过。禁奢令以及关于节俭的理想根本无法与人们想要彰显身份的动力匹敌。

古罗马：奴隶和穷人

不论是文字资料还是图像资料，它们都很少提及与奴隶有关的古罗马服装，而在图像资料中，对人物地位的描绘也往往不清楚。[94] 布拉德利（Bradley）指出，因为托加袍主要是自由人在正式场合穿的，并且因为古罗马的奴隶没有特殊的民族特征，所以不那么贫穷（甚至中产阶级）的人所穿托加袍自然很可能与奴隶的服装在外观上混淆。[95] 少数奴隶赤身工作或只穿兜裆布，大多数奴隶还是穿着简朴的束腰外衣，这是一种以简单、实用为主要特征的着装风格。[96] 对身体的关注程度也体现了个人的地位，因此奴隶通常被描述成邋遢、肮脏或衣衫褴褛的。[97]

然而，还是有一些奴隶穿着昂贵的衣服、戴着饰物，这种做法可以让人们注意到他们的男主人或女主人的富有。[98] 奥古斯都和提比略皇室家族的墓葬铭文都表明，他们曾雇用美容师为男童奴隶美容。[99] 而在古罗马喜剧中，名妓的女童奴隶（ancillae）身上的装饰尤其引人注目。[100]

古罗马社会下层男性公民被描述为穿着一件或破旧或有窟窿的，短的或薄的束腰外衣或者托加袍。他们还会穿着破败不堪的斗篷以及一双破鞋。[101] 他们的内衣裤也很破烂：霍勒斯（Horace）很生气，因为他破旧的内衣裤（subucula）成了人们嘲笑的对象。[102] 穷人没有很多衣服。[103] 视觉证据表明，古罗马社会下层的男性和女性都穿着短袖束腰外衣，[104] 但古罗马的下层妇女有一些装饰品，比如人造珠宝。[105] 在描述中，穷人的不同类型的服装通常都是 "pulus"（指灰色、黑色或深色）的。[106]

此外，也有其他一些艳丽或可笑的颜色，它们可能被看作庸俗的，精英阶层可能会把它们与那些一夜发家后开始追求地位的新贵联系在一起。这些颜色包括 "prasinus（prasinatus）"，一种浓烈的蓝绿色；"cerasinus"，一种鲜亮的粉红色；[107] "galbinus" 看上去是一种黄绿色，常与女性化联系在一起；"russus（russeus, russatus）"，是一种鲜红色；还有 "venetus"，一种深蓝色。[108] 赛贝斯塔（Sebesta）注意到，其中三种颜色（"prasinus""russeus" 和 "venetus"）也是古罗马马克西穆斯竞技场的战车比赛中各队使用的颜色，这也许强化了它们作为下层阶级使用的颜色这一特点。[109]

古代晚期

到了公元 3 世纪末—4 世纪初，古罗马服饰中的地位象征品已经发生了变化。惯常的束腰外衣加托加袍在官场上被一种长袖、紧身的束腰外衣取代；在其外面披一件斗篷（chlamys）再配上长绑腿：这是那些非公民——军人和"蛮族"——的标志。[110] 在这一时期，只有皇帝才能穿紫色和金色的衣服，也只有他才能佩戴带有用珠宝装饰过的别针的斗篷（下级官员只能佩戴黄金制作的装饰）。[111]

似乎人人都会穿一件束腰外衣，并通常带有一些含挂毯元素的装饰：尺寸、设计的复杂度、颜色和纱线的细度在当时都能用来体现穿着者的社会地位。男性穿的束腰外衣通常长至膝盖且为长袖；长一点的束腰外衣可能是穿着者地位更高的标志。[112] 古代晚期的达尔马提卡是一种宽松的、巨大的、长袖的束腰外衣并使用束带来固定紧身袖子，它一般由昂贵的面料制成，象征着奢华和阴柔，男女都穿。[113]

在围绕束腰外衣的腰带上，还饰有一些用贵重金属制成的带扣。拥有多件束腰外衣或一次性穿上两件束腰外衣是富裕的象征：穷人通常只有一件束腰外衣，他们会一直穿着，直到它破旧不堪。许多上流社会的基督徒们将这样的服装作为禁欲的标志。[114]

古代晚期的女性似乎开始穿达尔马提卡，无论着装者的社会地位如何，女性的束腰外衣似乎都在袖子上装饰着"clavi"和饰带。[115] 女性也会用绑带，这有助于她们在必须工作的时候让宽松的袖子保持紧束。然而，尽管作家们劝告基督教女性避开饰品，但我们仍然听到杰罗姆（Jerome）将精致的鞋子卡尔奇（calcei）和拖鞋梭柯斯（socci）描述为"蜷曲的（curled）"，还听说靠不断摆弄装饰品使其发出的声响、精致的发型以及奴隶奢华的穿着来提高女主人的地位。[116]

结　语

在古代服饰方面，古代西方人以多种方式来体现社会地位：彩色染料和图案，使用的金线、不实用的剪裁，穿戴的服装数量，面料的用量，诸如熨烫和清洁等任何形式的养护以及对昂贵的进口服饰如在雅典流行的"ependytes"的使用。然而，有些讽刺的是，地位时常也通过朴实无饰来凸显，例如，穿着"民主"装束的雅典人，或者古罗马厉行节俭的、拥护共和政体的人，再或者通过破旧的衣服来彰显自谦品质的基督徒们。虽然古代雅典城女性的装饰品基本是男性亲属的财富，但古罗马女性的装饰品并不总是与她们丈夫（或父亲）的财富和社会权力这些经济政治现实一致。此外，服装在古代还可以向观者传达不同类型的个人身份，也因此，在户外的古罗马女性可以通过将她们的长款束腰外衣和斯托拉袍以及帕拉拉过头顶来宣告她们在性方面的状态（忠贞的、已婚的、正派的）。而且服装象征品可能传达出关于穿着者的半真半假的信息：服装与身份地位的不协调意味着下层阶级或奴隶有时会穿上昂贵的衣服。古代服装方面的法律，甚至是关于服装的规范性声明，都构成了一种将经济地位与社会流动性联系在一起的社会理论形式。

第七章　民　族

乌苏拉·罗斯

引　言

在现代语境中，民族是一个具有多种含义的术语，从人的肤色到偏爱的食物，任何因素都能成为民族的象征。该术语的主流观点在生物和 / 或文化层面[1]留下了阐释的空间，这也让歧义盛行。当我们在古代世界寻找"民族"时，我们发现（这样的事情常常发生）现代社会的分类与过去社会的分类没有产生重叠。不过，试图去理解那些受到古希腊和古罗马文化影响的地区的文化结构和文化交互，才是了解这些社会的核心，而服装是一个有价值的工具，可以通过它来了解古希腊和古罗马世界附属的那些非常特殊的文化族群。因此，本章的目的并不是事无巨细地去解释与古希腊和古罗马服饰所表达出的民族差异有关的所有证据，而是通过考察一些筛选过的事例来阐释服饰在形成文化认同的过程中发挥了重要作用，并用这些事例来研究能让我们深入到该时期民族动态的视角。

古希腊人和古罗马人可能没有像现代人这般去定义他们自己，但他们已经意识到并开始研究文化差异，无论我们从哪个源头来看，显而易见的是，人的外观——尤其是服饰——在如何感知并形成这种文化差异的过程中扮演了重要的角色。长期以来，社会学家认为在人类社会中着装是一个至关重要的交际元素，它与语言有着密切的联系，因为二者都是人类行为最直接的类比，又是我们理解人类行为的多重含义的一种手段。² 我们有理由相信，在古代世界中这些联系会更加紧密。当然，在罗马帝国时期，幸存下来的前罗马时代服饰与民族内名[1] 的沿用是息息相关的。³ 安德鲁·华莱士－哈德雷尔（Andrew Wallace-Hadrill）在近年进行了一场精妙的讨论，该讨论涉及在古希腊和古罗马人形成身份认同的方式中服饰和语言之间的关系。对华莱士－哈德雷尔而言，服饰和语言都是识别某种文化的主要符号，不过，托加袍在古罗马人的自我认同中所扮演的角色，要比古希腊男性的主要服装——希玛纯或帕留姆——在自我认同中所扮演的角色更为重要；相反，对古希腊人来说，语言是至关重要的，而对古罗马人来说，拉丁语[2] 的重要性则要小得多。他认为这反映了古希腊和古罗马在文化认同上的本质区别，在我们提出这些社会的民族问题之前，有必要考虑这一点：

---

[1] Endonyms，此处译作"内名"，意为本地人对地区、民族、国家的称呼。
　　　　　　　　　　　　　　　　　　　　　　　　　　　　　　——译注

[2] 拉丁语是古罗马官方语言。——译注

古罗马人的讨论反复向我们表示"古罗马"和"古希腊"是均衡且匹敌的一对；我们如此习惯于将古代西方世界划分为希腊和罗马，以至于我们认为这种均衡是理所当然的。但在民族认同方面，它们是截然不同的：在古代，"罗马人"是一种司法概念，它根据公民身份、罗马人民（Populus Romanus）身份或个人与罗马帝国的关系来定义，而这种定义方式对"希腊人"来说从来都不成立，因为直到现代，"希腊"才被描述成一个政治实体；不过"希腊化的"作为一个文化概念在古代是存在的，它用来描述拥有共同语言和文化的广大地区的人们，而这种定义方式对罗马帝国的人民来说毫无实感。[4]

在研究古代西方的民族时，我们总是将重点放在希腊—罗马世界中那些不同的文化群体，以及希腊—罗马文化"核心"跟它们所接触的其他文化的差异上；但进行比较的基础——古希腊和古罗马民族——是一种复杂的文化结构，并且这种结构是在不断发展的。

希腊古典时代

在古典时代，希腊不同城邦的男女所穿服装已经混合在一起。当然，"多立克式"和"爱奥尼亚式"的服饰中存在一种民族本源要素，前者的特征是一种无袖束腰外衣（通常称之为佩普洛斯），而后者的主要特征则是普通束腰外衣（通常称之为希顿）。但是在古典时代，对于希腊城邦的人来说，服装的这种本源并没有什么民族上的意义，人们选择或拒绝它们时主要考量的是其是否时尚。此外，虽然早期多立克式服饰的确起源于希腊大陆，但它在古典时代的斯巴达更为常见，而来自小亚细亚的、更漂亮、更奢华的爱奥尼亚式服饰则在雅典等地越来越流行，如果就此认为这些服饰反映了某种类似民族差异的东西，那就太离谱了。图像学证据表明，这一时期的希腊人已有一种普遍的服装程式，即女性服饰由长及脚且配有腰带的束腰外衣和一件一般盖过头顶的、宽大的长方形斗篷组成，而男性服饰则由一件长及膝且配有腰带的束腰外衣搭配宽大的、长方形罩衫式的斗篷（希玛纯）而成。对多立克式或爱奥尼亚式束腰外衣的选择，更多是出于对时尚和地位的考量而非其他因素。

当然，我们的大部分文献资料都来自雅典，对于不同希腊城邦之间的许多差别，毫无疑问，目前我们还是不清楚的，但我们经常在有关雅典的史料中看到一个与斯巴达女性穿着有关的城邦差异。在色诺芬的著作以及阿里斯托芬和欧里庇得斯（Euripides）的戏剧中，斯巴达女性那明显简陋的服装（描述中，它包含一件短款束腰外衣——也就是"chitōn exomis"，穿着它时人会露出一部分胸部和大腿）被当作一种视觉符号，象征在当时社会中她们那些被视为可耻的行为（图 8.8）。[5] 阿里斯托芬在《利西斯特拉塔》（Lysistrata）中塑造了兰皮托（Lampito）这个角色，她有着男性的美并穿着暴露的衣服，这与雅典那些从头到脚都藏在布料里的女人味十足的"脆弱"女性形成了鲜明对比。托马斯·斯坎隆（Thomas Scanlon）对此提出了令人信服的推测，他指出这种服装出现在某种具体环境，即由年轻、未婚的斯巴达成年人发起的体育比赛中。在比赛中，男性裸体参赛，而女性为了行动方便则会穿着短的"chitōn exomis"。[6] 除此之外，斯巴达妇女似乎也会穿着长袍和能盖住头的斗篷，就跟雅典妇女一样。[7] 几乎可以肯定的是，对斯巴达女性的这种夸张的刻板印象为雅典人提供了一个清晰的"另类"样板，通过对比，他们更容易识别自己的文化特征。

用穿着方面的刻板印象来维护文化界限和加强身份认同的做法并不仅限于这个例子，实际上，这在古代和现代的人类社会中都很常见，当然也包括在古罗马（见后文）。而在另一背景下，对服装程式的利用对古希腊的民族问题来说至关重要。华莱士－哈德雷尔将希腊民族定义为一种文化上而非政治上的分类，形成的这种共同感是可观察到的、确实存在的东西，它在古典时代引发了一些有趣的发展。语言也是至关重要的。从希腊殖民时代早期开始，语言——它还被用来记录神话和历史遗产——构成了整个地中海地区古希腊人之间的重要联系。古希腊人在他们周围的"蛮族"身上看到了自己的对立面，"barbarians（蛮族）"这个词来自那些非希腊语者，是他们以各种非希腊语的发音方式说出"bar-bar"时的声音，因此"蛮族"就是指那些不会说希腊语的人。随着古希腊人与其他民族的交流日益密切，例如与波斯人——二者的交流在公元前 5 世纪的希波战争中达到顶峰，我们看到在古希腊肖像学中有一种差异越来越明显，而服饰在其中发挥了重要的作用。

弗朗索瓦·哈托格（François Hartog）展示了如希罗多德这样的古希腊作家，在研究阿契美尼德王朝的波斯人（Achaemenid Persians）和斯基泰人（Scythians，当时希腊世界东部和北部的邻居）的全面民族志时，是如何用一种异域的"另类"来作一面镜子，更好地阐明是什么让希腊的人成为希腊人。[8] 我们可以在希腊古典时代的图像中看到类似的进程。[9] 波斯人和斯基泰人服饰上的一些元素很适合用来体现这种对比。尽管阿契美尼德王朝统治者的塑像［例如在波斯波利斯遗址的阿帕达纳宫浮雕］显示他们穿着长且飘逸的外套式

服装，男骑兵的装束却是由裤子以及一件可能来源于中亚的长袖夹克组成的，

这种装束也是这一时期一种常见的波斯服装样式，且可能主要用于军事场合。[10]

后者的服饰被选入古希腊的塑像，是因为对于古希腊人来说，带袖上衣和裤子

是量身定制的，这与他们那种以披挂式为主的衣服或者裸露大部分身体的士兵

们形成了一种鲜明且奇异的对比。

　　正如许多来自斯基泰领土内的图像资料所展示的那样，斯基泰男性的服饰

也有裤子和带袖夹克。[11] 因此，他们的服饰也有助于在视觉上再现他们之间的

"差异性"，这点可以从武尔奇遗迹发掘的绘有一名斯基泰弓箭手形象的红绘

盘看出（图 7.1）。

图 7.1　阿提卡红绘盘，署名为 "Epiktetos"，展示了一名穿着裤子、外套并戴着帽
子的斯基泰弓箭手。©The Trustees of the British Museum.

这种服饰与身体紧紧相贴，并带有精致的装饰，这些对古希腊人来说可能是陌生的，这种陌生感可能导致斯基泰人和波斯人的服饰被夸张化，以最大程度地体现这种差异性。此外，斯基泰人和波斯人都以箭术闻名，再配上他们的着装风格，两者的形象在古希腊人对"蛮族"的描绘中变得难以区分。有迹象表明，事实上，虽然在如图 7.1 所示的图像中两者通常被描绘成戴着圆顶帽，但与斯基泰人的联系更为密切的是一种尖顶帽，这种尖顶帽可以在其他类似的图像中看到。[12] 然而，正如玛格丽塔·格列巴（Margarita Gleba）指出的那样，几乎没有证据表明这两种帽子都来自斯基泰地区，而且古希腊人似乎可能因为它的异域特征而去夸张化这种罕见的元素：[13] 因为除了士兵的头盔，古希腊人一般不戴帽子。

事实上，波斯人和斯基泰人并不是被古希腊人定义过的唯一"另类"。综合来看，这种进程在公元前 6 世纪早期就已经开始了，那时亚马逊女战士——《伊利亚特》（Iliad）里异域神话中的女战士——就已经与"正常的"男性战士一起出现在瓶画艺术中。这些人物最初穿着古希腊军装，但随着时间的推移，他们开始穿上古希腊"蛮族"邻居的服饰。在美国纽约的大都会艺术博物馆，一尊约公元前 510—公元前 500 年的盛香油的长细颈瓶（alabastron）（图 7.2）清楚展示了一名亚马逊女战士拿着弓和箭（呼应了斯基泰人和波斯人的射箭元素），并穿着带袖上衣和裤子。

亚马逊女战士所代表的这种性别颠倒的角色，使她们成为定义古希腊文化的另一种理想"另类"，而正是在该作用之下，她们的形象开始与"其他蛮族"相去无几。

图7.2 阿提卡红绘长细颈瓶，瓶上图案展示了一名穿着裤子并持有弓箭的亚马逊女战士。©The Metropolitan Museum of Art，New York.

罗马帝国

古罗马人从古希腊人那里借鉴了造型，尤其是在服饰方面，以此来标记他们周围的那些"另类"。高卢人、日耳曼人、北部的达西亚人以及东部的帕提亚[3]人在与凯旋有关的古罗马艺术品和铸币上通常被描绘为穿着带袖束腰外衣和裤子（采用披挂的穿着方式的古罗马人与古希腊人一样，对裤子觉得既有趣又厌恶），以此作为他们"野蛮"状态的一种视觉暗喻。[14] 然而，古罗马的故事与古典希腊的故事截然不同。从他们早期开始向周边地区扩张的那一刻起，

---

[3] 帕提亚：伊朗东北部古国。——译注

古罗马人就必须直接与那些跟他们民族不同的群体打交道，并将他们纳入罗马版图。这让罗马身份难以辨认，同时也几乎不可能用民族相关的术语去定义它。在里昂的一篇铭文（*CIL* XIII 1668）中记录了克劳狄乌斯（Claudius）[4]关于高卢人进入罗马元老院的著名演讲，几乎可以肯定其由作者塔西佗进行过文学润色，它论证了这一过程：

> 我并不是不知道胡利亚人（Julii）是从阿尔巴来的，科伦卡尼亚人（Coruncanii）是从喀麦隆来的，波尔西尼人（Porcii）是从塔斯库卢姆来的；那……挑选出来的元老院成员们来自伊特鲁里亚、卢卡尼亚以及整个意大利；最后，意大利的疆域延伸到阿尔卑斯山脉，为的不仅仅是个人，而是应该让各个国家和民族以罗马人的名义组成一个整体。波河以外地区的人获得罗马公民身份之时，就是我们在国外大获全胜之日，到那时国内和平稳定，我军已称霸全世界，军队补充了最强壮的外省人，从而拯救了疲惫不堪的帝国……对拉刻代蒙[5]和雅典而言，还有什么比他们手中握有武装力量，却在控制战俘的政策上冷漠得如同外乡人一般更致命的呢？而我们的建国者罗穆卢斯（Romulus）雄才大略，他在一天内多次同一个民族战斗并最终将其归入国土！[15]

以上措辞无论是克劳狄乌斯还是塔西佗写出来的，一些与之类似的短文都体现出，即便对于某些古罗马人，民族也是一个不断演变的、相对包容的概念。

---

[4]　克劳狄乌斯：罗马帝国第四任皇帝。——译注
[5]　拉刻代蒙：Lacedaemon，古代斯巴达的别称。——译注

托加袍就是一种比其他服装更能胜任罗马象征的服饰，它在罗马帝国内发挥的作用或许比其他任何文化特质都更好地反映了古罗马身份认同的复杂性。

古罗马的托加袍

托加袍似乎与伊特鲁里亚人的一种叫"tebenna"的早期服装有着密切的历史渊源。[16] 托加袍的形状与"tebenna"相似，却又与其他的古代斗篷（如希腊的希玛纯）大相径庭，它是半圆形的（图 6.5）。拉丁语作家们告诉我们，最初男女都可以穿上它，并且在里面不穿束腰外衣。[17] 在早期，它似乎就是古罗马人的一种"民族服饰"。在奥古斯都时期，维吉尔在他那激动人心的民族主义诗歌《埃涅阿斯纪》（Aeneid）中把古罗马人称为"gens togata"——即"穿托加袍的民族"。[18] 尽管在古罗马元首制时期，托加袍就已经是男性在权力场和公共场所穿着的服装，但有一些迹象表明它并不是一种舒适的衣服，可以的话，人们可能会尽力避免穿它。[19] 只有拥有罗马公民身份的人才能合法穿上它，因此，它也象征了这种特殊的法律地位。

在共和国晚期至帝国时期席卷古罗马文化的希腊化浪潮中，托加袍作为出色的古罗马服饰，被赋予与民族有关的内涵，并且这一观念几乎影响到古罗马人生活的方方面面。[20] 托加袍以其独特的性质与古罗马女性服饰形成鲜明对比，尽管我们知道这些女性服饰也起源于托加袍，但在主流的图像资料中，它们由与古希腊女性几乎相同的束腰外衣加斗篷组成。在文学作品中，一种被称作斯托拉袍的古罗马围腹式服装被赋予了很多象征意义，它套在女性束腰外衣的外面，象征着受人尊敬的已婚女性们贤良淑德的品质，但关于它的视觉证据极其稀少，[21] 并且在古罗马外省几乎不存在。[22] 古希腊男性服饰也找到了进入古罗马男性衣橱的方式，一种形似希玛纯（拉丁语中称作帕留姆）的服装，因其易穿性以及与精妙绝伦的古希腊文化的联系，至少在古罗马精英间成为一种流行服饰。但相较女性服饰，托加袍在男性服饰领域抵御住了入侵。帕留姆被看作只适合于私人休闲活动，这一事实的象征性如此强大，以至于西塞罗把那些外省官员在履行职务时穿古希腊服饰的例子当作道德败坏行为的一种视觉隐喻[23]。这反向暗示古罗马地方长官应该身着托加袍，以严肃、可敬的方式行事。到了公元160年末，一位来自北非的代表可能因穿着一件帕留姆出现在皇帝赛普提米乌斯·塞维鲁（Septimius Severus）的宴会上，而犯下严重失职之罪。我们了解到，当时是皇帝借给冒犯者一件自己的托加袍才挽回了局面。[24]虽然如此，但似乎在那个时代已经有很多古罗马人穿帕留姆了，并且共和国晚期及帝国时期的古罗马文化在许多方面被视为长期处于希腊式的温文尔雅风格与旧罗马式古板单调却受尊敬的风格交织的紧张氛围之中。

事实上，由于罗马性的特征远不止简单的民族认同，所以试图将托加袍定义为一种民族服饰就变得复杂了。托加袍是古罗马公民身份的标志，并且在罗马城，至少对于精英人士来说，这一身份意味着其可以参与城里的公民和政治生活。古罗马公民的子女都会穿一种特殊的名为"toga praetexta"的托加袍，当女孩成年后结婚时，她们会穿上古罗马妇女的服饰，而男孩则会穿上男性公民身上那种完整的托加袍: toga virilis。年轻男子在家人和朋友的陪伴下第一次以成年人的身份进入罗马城时，会在仪式上穿上这种衣服，这是托加袍最核心、最重要的象征意义。[25]对古罗马人来说，公民身份不仅仅是一种法律身份，还是在公民主体内以某种方式去行动的义务。不过，这种法律身份至为重要，例如苏维托尼乌斯（Suetonius）[6] 提到的一则轶事就说明了这一点，在一个古希腊人被指控篡夺罗马公民身份的法院案件中，克劳狄乌斯决定在控方发言时穿着帕留姆，在进行辩护时穿上托加袍。26 在这种情况下，不可能将民族（"希腊"服饰或"罗马"服饰）与司法概念中的身份区分开。当我们看向（古罗马）外省，这种混淆着装的情况就更加严重了。

古罗马外省的托加袍

在《阿古利可拉传》（*Agricola*）第 21 节中，塔西佗提到了古罗马文化特征列表中的托加袍，以及古典教育、拉丁语、沐浴和宴会，他提出不列颠尼亚人民继承了阿古利可拉（Agricola）成功管理该行省的成果。从视觉证据中可以得知，一些古罗马外省男人确实穿着托加袍，或者至少在塑像中被这样描绘出来。但正如塔西佗的文章所指出的那样，对于外省的男性来说，托加袍不只象征着其与罗马文化的联系。至少直到公元 2 世纪，"罗马公民"都是一种只有少数外省居民才能够获得的身份。因此，广义上来说，托加袍必然也是一种特权的象征。此外，作为预留给古罗马市政当局出任公共职务的男性的服装，托加袍很可能也与社群中的地位有关。一些例子可以说明这些可能性。

如图 7.3 所示是一块来自奥地利东部瓦尔特斯多夫的墓碑，它可以追溯到尼禄时代。这座墓碑上的塑像刻画了一个穿着"tunica"和托加袍的男人和他那穿着罗马式"tunica"、帕拉并且脖子上戴着当地圆盘式项链的女儿。

墓碑上的铭文告诉我们，男人是提比略·朱利叶斯·鲁弗斯（Tiberius

---

[6] 苏维托尼乌斯：古罗马历史学家。——译注

图 7.3　来自瓦尔特斯多夫的墓碑塑像，展示了一名穿着托加袍的退休骑兵与他穿着古罗马服饰的女儿。Courtesy of Ubi Erat Lupa.

Julius Rufus），他在"ala Scubulorum"（一支辅助骑兵部队）服役了 50 年，85 岁时去世。几乎可以肯定，鲁弗斯获得了公民身份——他在这支辅助部队服役 25 年的回报，这是古罗马自奥古斯都以来的惯例。铭文没有提到他的妻子，所以塑像中的女儿的母亲可能早已去世，这也许发生在鲁弗斯退伍后，可以合法娶妻之前。选择将托加袍刻进塑像中，可以解释为鲁弗斯——或是委托制作这一塑像的他的女儿——为他在为军队服役后获得的法律地位感到骄傲。穿着古罗马服饰的女儿与墓碑底部描绘的厄忒俄克勒斯和波吕尼克斯[7]对阵的

----

[7]　希腊神话中的人物，二人为兄弟，厄忒俄克勒斯死于弟弟波吕尼克斯之手。——译注

场景，以及中部一位古罗马骑兵用一支箭射击一个留着胡子且穿着裤子的男人（即"蛮族"）的场景，一起证明了这个家族对古罗马与古罗马文化的一种普遍的身份认同。女孩脖子上的那条项链——也许是她母亲的传家宝——是墓碑上唯一与当地文化有关的元素。

　　无论如何，法律地位不可能成为人们选择托加袍的唯一考虑因素。例如，在高卢北部和下日耳曼有一些墓志铭是用来纪念那些显然是罗马公民的人，因为他们的铭文中有"三名法"[8] 的记录，他们穿的却是当地的带袖束腰外衣和带帽披肩，而不是他们本来有权穿上的托加袍。[27] 事实上，高卢地区的墓碑像中，绝大多数男性都穿着高卢当地的服饰，因此，穿着托加袍的造像反倒成了特殊团体。不过，这些穿托加袍人被雕在了最大、最精美的纪念碑上，表明他们是那些富有家庭的一员。一个很好的例子是地处德国伊格尔的一座公元 3 世纪初至中期的大型纪念碑上的主雕像，这是献给塞昆第尼（Secundini）家族的，一个在特里尔经营生意的富有地主和布商家族。这座高 22 米的纪念碑装饰着描绘日常场景的图案，比如客户检查布料、货物运输、人们在办公室工作、家庭聚餐，以及佃农用实物交租金。在这些场景中没有人穿托加袍，但是在主雕像中的两名男子穿着托加袍，虽然是套在当地的带袖束腰外衣外面。[28] 铭文只提到了一长串名字，但纪念碑的规模显露了这个家族那可观的财富，也意味着这两名男子可能有很高的社会地位，而且可能在当地社区中发挥着重要的职能作用。墓碑造像时，当与他们同代的人选择当地服饰的时候，托加袍看上去似乎更适合出现在他们的墓碑像中（图 2.2）。[29]

[8]　三名法：tria nomina，古罗马人的命名方式。古罗马人的名字主要由三个部分组成。
　　　　　　　　　　　　　　　　　　　　　　　　　　　　　　　——译注

在罗马帝国的另一端，在叙利亚的帕尔米拉城里已发现的村民形象中明显少有穿着古罗马人服饰的。除了少数壁葬（loculi）墓穴发掘品，比如现存于法兰克福古代雕塑品博物馆的公元 2 世纪晚期的石头，托加袍往往只出现在官方性质的市政雕像以及一些次要场景中如雕花石棺上。[30] 如图 7.4 展示了一座当地人的雕花石棺，石棺上的男性主雕像被塑造成穿着当时在当地商业精英间很流行的精美的帕提亚式裤子和束腰外衣，斜躺在棺盖上。在主雕像下方底座刻画的场景展示了这位男性在陪祭者们的陪同下在祭坛前献祭。在他头旁边的台座上的"modius"帽子说明他是一名祭司，并且他穿着一件托加袍。这个人作为当地某市政秘教的祭司，起着重要的作用。由此看来，对于这种公共角色来说，托加袍被认为是合适的服装。换句话说，对于这个男人来说，托加袍象征着从事公共事务时的正式着装。

图 7.4　来自帕尔米拉的雕花石棺，可以看到死者的雕像被塑造为斜躺在棺盖上，底座上绘有祭祀场景。Palmyra Museum. Photo: A.Schmidt-Colinet.

上面所举的例子说明，一方面，在事实上很难给这些决定穿托加袍或把自己的雕像塑造成穿着托加袍形象的外省人赋予民族或文化内涵。另一方面，古罗马文化本身就是一种复杂的现象，试图将法律地位、公共地位与文化取向割裂开，这对罗马帝国的人民来说可能是难以想象的。古罗马人选择给他们征服的人授予公民身份这一事实表明，即便对于古罗马人，成为罗马人与现代人类学、文学中的民族意义无关，而与公民团体的成员身份、共同的价值观及共同的社会政治结构有关，就像托加袍一样，可以被来自不同背景的人"穿上"。

一个具有多元文化的帝国

罗马身份的另一个明显特征是它可以与其他形式的文化认同和谐共存。前面的墓碑展示了古罗马托加袍是如何与当地元素结合的。通过成千上万的墓葬纪念物，我们得以深入了解罗马帝国不同地区的普通人的文化认同，这既因它们数量众多，又因它们描绘了那些选择它们来造像的人。古罗马外省地区极少像罗马城那样留下可以让我们去探索这些问题的答案的文字记录。其他外省服饰资料来源包括城市里的公共雕像（但这些雕像通常描绘的是当地重要人物，他们往往穿着古罗马服饰），发掘的如金属扣、纺织品残片（仅在少数地区）等文物，以及其他如壁画和马赛克图案形式的视觉证据。但我们只能在资料尚存的那些地区探索外省服饰。而在罗马帝国的某些地区（比如北非的大部分地区），几乎没有留存下来的墓葬纪念物，并且幸存下来的纺织品和其他视觉证据样本的数量还不足以产生研究价值。

总而言之，这些证据显示，在罗马帝国的许多地区，当地服饰习俗非常繁荣，即使那些流传至今的媒介——如有造型的墓葬纪念物——往往带有古罗马的特点。举出接下来的例子并不是为了详尽介绍罗马帝国所有的民族服饰，而是将其作为研究案例来展示罗马帝国服装风格的多样性，通过它们去了解穿这些服饰的人的文化认同。

多瑙河中部行省

有一个罗马帝国所辖区域，多瑙河中部的诺里科姆和潘诺尼亚两行省，我们可以通过服饰来更好地了解其民族认同的细微差别。这一地区的男性服饰很难与古罗马士兵的服饰区分开来，它们都是以一件束腰外衣搭配一件在右肩上用胸针固定的矩形斗篷或覆盖上身的带帽披肩。这两种服装很可能是早期古罗马军事人员在同北方各行省打交道时使用的。因此，像多瑙河中部地区行省这样的地方，在整个古罗马统治时期都有大量军队驻扎，在缺少其他有用信息的情况下，我们无法确定穿着它们的是当地百姓还是古罗马士兵。[31]然而当地的女性服饰却与之形成了鲜明对比。当地女性的服装非常精致，并且在不同地区的差异很大。一般来说，在被古罗马人征服的欧洲北部所有地区，铁器时代的女性服饰由一组固定的服饰组成：一件带袖紧身胸衣，一条长裙，一件用饰针把一卷沉重的布料固定在肩膀上的外穿束腰外衣，一件斗篷和某种形式的头饰。虽然缺少视觉证据，但从女性坟墓中发现的可追溯到铁器时代早期的几对别针来看，这种肩部有固件的外穿束腰外衣似乎有很长的历史。例如，在奥地利的哈尔斯塔特的同名遗址中，许多土葬墓葬中的女性与她们肩上的巨大别针葬在了一起。[32]前面提到的多立克式佩普洛斯在结构上与之是相似的，这绝不是偶然：几乎可以肯定它们有共同的起源，而且整个套装可能是一种非常古老的欧洲服饰组合形式。[33]尽管服饰组合形式从未变化过，但在古罗马时期的多瑙河地区，服饰自身的风格多种多样——尤其是外穿束腰外衣和戴头饰的样式——我们从中看到了类似部落或地区身份认同的体现。[34] 如图 7.5 显示了古罗马时期的诺里科姆和潘诺尼亚的墓碑上刻画的女性所穿的不同类型的外穿束腰外衣。

图 7.5　诺里科姆和潘诺尼亚地区的（女性）外穿束腰外衣类型。Drawing by Ursula Rothe.

　　如图 7.5 展示了这些不同类型服饰的情况。1 号外穿束腰外衣是一种简洁款，有时会把它折叠到衬裙上方，使之鼓起来，主要见于诺里科姆东部与潘诺尼亚北部接壤地区，它可能是一种常见的诺里契（Norican）风格。如果能在诺里科姆西部地区找到更多描绘女性全身像的石头，我们可能会在上面也看到这种风格。2 号外穿束腰外衣是在一件束腰外衣之外还有额外的一件束腰外衣或一块单独的布料——它被塞进腰带里并别在右肩上。它只在诺里科姆核心地区的维卢努姆城及其周围被发现。3 号外穿束腰外衣由一件朴素的外穿束腰外衣和一层围绕其两侧的额外布料组成，布料角上常饰有流苏或装有配重块，发现于新锡德尔湖北部的莱塔河地区。而 4 号外穿束腰外衣是将一件朴素的外穿束腰外衣塞进两侧的腰带中，这样裙子会以"V"字形褶垂下，这种穿着形式只在多瑙河河湾地区发现。很难将这些着装风格确切地归因于已知的部落群体。1 号外穿束腰外衣的分布情况表明，其可能是原始诺里契人的服饰，诺里契王国的主要部落后来成为古罗马行省。（古罗马建立之前其在维卢努姆的定居点是该王国的首都）波伊（Boii）是一个部族群体，与新锡德尔湖附近地区联系紧密，在那里的人们穿 2 号外穿束腰外衣。但整个潘诺尼亚北部在罗马帝国早期处于动荡状态，其他部落，可能包括一些来自多瑙河河湾地区的埃拉维斯奇（Eravisci）族，已经迁移到了该地区。多瑙河河湾地区居住着两个不同的部落：东南部的埃拉维斯奇部落以及由南至北迁移到潘诺尼亚西北部的阿扎利（Azali）部落。[35]

当我们看向头饰时，一种稍微不同的样式出现了，挑选出的一些例子如图 7.6 所示。H2 是一种致密的多层帽，H3 则是一种单层的球状帽，它们集中出现在多瑙河河湾地区的 4 号外穿束腰外衣发现范围，这意味着它们可能属于埃拉维斯奇部落或阿扎利部落。

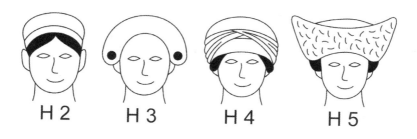

图 7.6　潘诺尼亚北部的头饰类型。Drawing by Ursula Rothe.

H4 的头巾类头饰也只在多瑙河河湾地区有所发现，但总共只发现了五次，所以很难在民族方面给出一种有意义的解读。从石头上的刻画来看，H5 的这顶船形帽是用毛皮制成的，出现在新锡德尔湖北部地区，与 3 号外穿束腰外衣的发现范围完全相同，但它从来没和这种衣服一起被穿过，这表明这一地区有着不同的民族部落。

诺里科姆和潘诺尼亚两行省的女性服饰特别耐人寻味，个中原因有很多。例如，令人震惊的是，对当地服饰习俗的延续落到了身处这个社会的女性身上。在这些行省发现的大约 1 500 座墓碑像中，绝大部分女性都还穿着当地的民族服饰，这些雕像可以追溯到公元 1 世纪早期到 3 世纪中期，而在这一时期，当地男性穿着通用服装或古罗马托加长袍。这种现象在不同地方和不同历史时期都有发现，且通常将其解释为男性在公共领域发挥作用，因此他们要承受更大的压力，要迎合大众对其着装的期望，而女性的私人领域则成了延续传统的地方。[36] 这样，这些家庭就可以涉足多个文化世界。但没有迹象表明，该地区的男性服饰比石头上描绘出的简单服饰更加精致，也没有迹象表明它们显露出某些地区的民族特征。（值得注意的是，墓碑最初的漆面只在少数几块石头上还有残存，因此我们可能丢失了一层含义。）在古罗马之前时期的文化中，女性似乎也扮演着"民族守护者"这种特殊角色。无论如何，考古证据中频繁出现穿着当地服饰的女性以及穿着古罗马服饰的丈夫和儿子的形象这一事实，排除了关于两种文化领域之间存在各种形式的碰撞的想法。确切地说，似乎在潘诺尼亚，成为罗马人完全不会妨碍这个家族同时在当地加入一个更小的团体。此外，这是罗马帝国仅有的一个我们可以观察到古罗马之前时期服饰延续的地区，这种延续一直持续到公元 3 世纪，表明当地居民非常重视维护本地民族认同。这种情况在铭文学上是并行的：对于古罗马北部行省来说几乎是独一无二的，像"Eraviscus"这样的部落或民族名称经常出现在潘诺尼亚的铭文中，一直到公元 3 世纪。[37] 这一地区有大批来自罗马帝国各地，以士兵和商人身份涌入的移民。[38] 也许正是这种多元文化的混合引发了当地人想要保留他们那些古老归属象征的愿望。[39]

高 卢

如果我们把多瑙河中部行省的服饰习俗与高卢相比，它的顽强就更加突出。在高卢地区，铁器时代的女性那成套的内衣、带别针的外穿束腰外衣、斗篷以及头饰等前文述及的物品，可以在极少量的早期墓碑上看到，例如为来自美因茨的莱茵河船员和他的妻子雕刻的著名的克劳迪安（Claudian）石碑。这些墓碑可以追溯到公元 1 世纪上半叶。[40] 然而，到了公元 1 世纪末，这种服饰被一种与高卢男性的日常着装非常相似的新套装取代。与男装相似，它由一件长至脚踝（而不是男装那种到小腿长度的）的长袖束腰外衣组成，也如男装一般不系腰带。在此之上，高卢女性会穿戴一件长方形斗篷，将其作为男性连帽斗篷的替代品，并在头上戴一顶朴素的贝雷帽式的软帽（图 7.7）。

这是一种新的装束——弗拉维安（Flavian）时期之后它才出现——它的袖子、帽子以及不用佩戴腰带的穿法，显然都是非罗马式的。这种衣服的非凡之处在于，整个高卢［不包括纳尔邦纳斯（Narbonnensis）］、日耳曼各行省甚至不列颠岛的人都在穿它，[41] 这表明在公元 1 世纪后期，一种新的、更广泛的区域认同在这些行省演变。很难想象这一过程与以下事实无关：在弗拉维安时期，恰逢当地叛乱结束，这一地区开始完全融入罗马帝国，城镇中出现了完

图 7.7　一对高卢夫妻的墓碑，来自阿尔隆 [9]，公元 2 世纪。Courtesy of D. Colling.

备的城市基础设施，横跨整个西北地区的远距离商贸经济发展成型。[42] 换句话
说，作为完全纳入罗马帝国的后果，该地区似乎没有发展出一种新罗马身份，
而是发展出一种新的、具有泛区域特征的民族或文化身份认同形式。[43]

帕尔米拉

如果我们穿越到罗马帝国的远东地区，就会看到完全不同的文化体系在运
作。在这一地区的城市中，叙利亚的帕尔米拉拥有最为丰富的证据资料。如

---

[9]　阿尔隆：比利时的古老城市。古罗马时期高卢地区曾涵盖比利时。——译注

前面所提到的，在这座城市种类繁多的丧葬艺术中——主要由精美的石棺和更简洁的带浮雕壁穴（loculus）板组成 [44]——近乎缺席的古罗马服饰反而更引人注目。在帕尔米拉，古罗马服饰几乎只出现在官方性质的市政雕像 [45] 和私人墓碑上描绘的表现官方职务的场景中（图 7.4）。古罗马女性服饰几乎完全缺位。墓碑像中的人物大多穿着古希腊人、帕提亚人或当地人的服饰。帕尔米拉是罗马帝国内为数不多的能同时拥有服装方面的图像证据和纺织品证据的地区之一，而发现的纺织品（主要来自墓葬）往往印证了雕像上所描绘的东西。[46] 古希腊服饰包括束腰外衣和希玛纯，对男性来说通常会以一种吊臂风格对它们进行披挂，而对女性来说则是希顿搭配披挂的希玛纯（然而值得注意的是，在证据资料中，对穿着古希腊服饰的女性的描绘要远远少于对男性的）。只有帕尔米拉男性穿着帕提亚风格的服饰，它主要由带有装饰条纹的宽松裤子、一件带袖且同样带有装饰条纹的束腰外衣、一条精致的腰带和一双带装饰的靴子（图 7.4）组成，有时上身还会穿一件带袖外套。[47] 一件带有装饰边的长方形短斗篷，它的穿戴方式跟古罗马的"sagum"或古希腊的"chlamys"一样，会在右肩别上一枚别针，这可能是这些古典服饰的本地变体。[48]

帕尔米拉当地服饰包括一系列带袖束腰外衣，它们通常装饰着与古罗马的"clavi"相似的竖带。男性穿着带流苏或者带"H"或"匚"图案装饰布料的长方形斗篷。[49] 当地神灵最常穿的另一种本地服饰变体是短袖束腰外衣搭配宽大的、像裙子一样的斗篷，罩住下半身，一直延伸到脚，并在腰部进行折叠，在双腿之间的前方区域形成宽阔的纵向褶子。帕尔米拉西北部浮雕上的一排神灵，[50] 瓦迪埃尔－米亚（Wadi el-Miyah）的浮雕上的当地神明，[51] 以及现存于美国大都会艺术博物馆的一块家庭浮雕像上的一个男人，都穿着这种服饰。[52]

图 7.8　壁龛石板上描绘了一位穿着帕尔米拉服饰的女性半身像，背景中还有一位女性的全身像。Photo：A.Schmidt-Colinet.

它与图拉真记功柱上的"叙利亚弓箭手们"在锁子甲外套下所穿的衣服也惊人的相似。[53]

　　女性在她们的长袖或短袖束腰外衣之外还穿着一件衣服，它由一块裹住下半身并在左肩上用一枚大别针固定的布组成。如图 7.8 展示了用这种方法固定服装的一座女性半身像，以及背景中一位展示出这件服装垂挂效果的女性的图像。斯托弗（Stauffer）和戈德曼（Goldman）都认为这是一种类似希玛纯的包裹方式，并且戈德曼将其称为一种"希腊—罗马服装的变体"。[54]

　　帕尔米拉女性的头上戴着头带和头巾，一般用斗篷或面纱覆盖。此外，她们经常在头、耳朵、脖子、手腕和脚踝处佩戴大量沉重的珠宝。奢侈的珠宝加上高度装饰的纺织品，体现了明显的东方传统的精致装饰风格。纺织品的发现表明，帕尔米拉服饰的高水平装饰不仅仅是艺术程式，我们有理由相信，一些形状和图案对应人的亲属关系和群体地位。[55]

分辨帕尔米拉男女服饰体现的是哪个民族，这是一个难题。一方面，服饰选择的流变并不与社会中的群体相符，而是贯穿各个家庭。[56] 作为横穿叙利亚沙漠的商队之路上的一个重要贸易中心，帕尔米拉受到大量的外部影响，从服饰上我们可以看出，这种影响主要来自再往东的帕提亚文化。因为二者相距很近，贸易往来也很密切，帕尔米拉这座城市迎来送往了许多来自遥远东方的人，所以受到这种影响也是可以理解的。也可能是这种服饰风格的精致本质，使它特别适合在丧葬艺术中用来展示富商家庭的财富和地位。尽管帕尔米拉的帕提亚风格的服装可能只是一种时尚，但重要的是，这种时尚冲动的源头来自东方边境外，而非来自古罗马。

另一方面，因为古希腊的殖民活动及其影响力，束腰外衣和希玛纯早已成为整个地中海东部和部分中东地区的服饰通用语言，在这些地区并入罗马帝国后这一事实也未改变。因此，在帕尔米拉穿着古希腊服饰不太可能具有任何民族含义，并且事实上古希腊服饰可能已成为一种古罗马服饰，因为它早已成为罗马帝国东部地区的默认服饰。尽管如此，很明显，古罗马服饰被限制在极少数的官方形象中。托加袍，或许还有广泛意义上的罗马公民身份，似乎并没有对这些人的文化身份认同产生重大影响。

因此，如果有人问一个帕尔米拉人关于他们民族身份认同的问题，他们可能只会回答，他们首先是帕尔米拉人，然后他们可以自由选择符合自己关于地位、时尚和品位想法的任何本地或外来服饰。

结　语

显然，对服饰的近距离观察可以给予我们很多关于古代西方世界的民族部落和文化归属的信息，这比任何其他类型的证据带来的信息都要多。我们发现的是一组复杂的群体身份认同，这些身份认同在不断演变，彼此特征不同，并且很少符合现代的民族观念。新的文化群体可能会演化，清晰的民族划分可能无法通过他们的服饰来实现，而像托加袍这样的典型"民族服饰"可能代表着一种与人们的想象完全不同的文化身份认同。很明显，服装不仅仅是身份认同的被动反应，还可以被积极地用来定义谁在一个特定群体之内或之外，并显示出跨越一系列民族群体的融合。本章所总结的服饰研究构建的是一个相对较新的领域，并且尚未在希腊—罗马世界的许多地方开展对此类服饰的详细研究。希望在未来的几年里，我们能更详细地了解西方古典世界中不同类型的迷人服饰。

第八章　视觉再现

莉娜·拉森·洛文

　　从希腊—罗马世界幸存下来的大量雕塑和其他视觉证据一起构成了研究西方古代服饰的大量原始材料。古希腊和古罗马文化都是与穿着打扮有关的文化，打扮过的男女出现在各种艺术形式中，从大型独立雕塑到浮雕、绘画、马赛克拼贴画，以及反映整个古代使用服饰情况的一些非主流艺术形式。过去，服饰一直被用作一种视觉传达的手段，并且服装在传达有关穿着者地位的许多方面起着重要的作用。服装的广泛使用反过来也印证了纺织品大量生产这一客观存在，然而，随着时间的推移，这些纺织品很容易降解，因此在考古记录中保存下来的完整的古希腊或古罗马服装很少。幸运的是，当代有关服装的叙述非常丰富，它们反映了服装类型、穿衣方式的多样性，随着时间产生变化的服装实践，以及着装如何被用作年龄、性别、地位和一系列其他特征的标志。

当使用图像作为古代着装实践的资料来源时务必牢记，给一种服装作细节描述并不是任何一种视觉媒介的主要目的，相反，服装上的细节可能被赋予图像含义。在缺乏考古证据的情况下，图像已经成为了解古代服装实践以及古代人对服装的看法的宝贵资源。本章将探讨希腊—罗马世界的视觉媒介对服装以及服装实践的表现。

古希腊艺术中的男人、女人和衣服：从古风时代到古典时代

古希腊雕刻大型石雕的传统可以追溯到公元前 7 世纪中后期。一些表现年轻男子或女子形象的石雕（有些比正常人体大很多）就是这一时期留存下来的。到目前为止，它们中的大多数都是站姿人像，遵循标准的男性或女性雕像范式。其中男性雕像双臂紧贴身体两侧而立，双腿呈走动姿势，其中一只脚在另一只前面。这就是被称为"kouros"（青年男子）的雕塑类型，它在几个世纪里一直是希腊雕塑的标准样式，并随着时间的推移在艺术风格上以及对身体和脸部的渲染方式上不断改进。与之平行的女性母题雕像（与男性雕像类似）描绘了年轻女性，被称为"kore"（也就是少女）雕塑类型。[1] 女性雕像也是站立的人像，与年轻男性相反，年轻女性站立时双腿并拢，手臂从肘部向前伸展。西方古代的男性和女性雕像有着相似的面部表情以及同样的长长的卷发，但它们之间还是有一个显著的区别：男性是裸体的，而所有的女性都穿着衣服。男性不穿衣服和女性穿衣服这种表现形式，大体上反映了当时社会对男性和女性身体规范的不同看法。

然而，在日常生活中，男性还是会穿衣服，并且在公元前 6 世纪的雅典，

时髦的男性会穿着长长的亚麻希顿，头发很长——就像那些"kouros"雕塑展示的那样，但是会扎成一个结。这种时尚可以在阿提卡的瓶画上看到。根据古希腊历史学家修昔底德的说法，在该世纪之初，据说是在希波战争前后的某个时期，男性时尚发生了转变，这一时期，长款希顿被一种更短的、可以穿在羊毛斗篷下面的服装取代，这就是希玛纯。[2] 这是希腊古典时代标准的男性服饰，从公元前 5 世纪开始，在雕像和瓶画中都可以看到它的身影。这种服装组合与一种更短的男性发型一同出现（图 8.1）。

在视觉艺术中，男性希顿比女性的更短，体积更小。在公元前 5 世纪的艺

图 8.1 斯特兰福德的阿波罗雕像。©The Trustees of the British Museum.

• 西方服饰与时尚文化：古代

术作品中，偶尔会出现穿着长款希顿的男性形象，比如来自德尔斐 [1]（公元前 460 年）的青铜车夫像。但在那个时期，它们所呈现出来的并不是当时常见的、日常的男性服装。

古风时代的"korai"（即女性）雕像都穿着衣服，有些还穿着传统的女性服装佩普洛斯，一种覆盖了整个身体——从脖子到脚趾的服装。人们从公元前 7 世纪中期的欧塞尔夫人（Lady of Auxerre）小石灰石雕像上看到了佩普洛斯的早期再现，它现在被收藏在法国卢浮宫博物馆中。[3] 这是一件大约 75 厘米高的女性雕像，具有古风时代早期希腊人的面孔和发型特征。和其他有关佩普洛斯的描绘一样，它看上去是一件厚重的衣服，将身体裹在一层厚厚的羊毛之下，模糊了女性的身体轮廓。[4] 欧塞尔夫人小雕像的服装给人的印象是一件有些宽度的圆筒状衣服，衣服背面部分的上边缘被拉下，盖住了肩膀的前侧，形成了一个袖子状的环，并一直垂到肘部。[5] 佩普洛斯也出现在阿提卡的瓶画上。一个例子是，大约公元前 550 年由阿马西斯制作了著名的黑绘风格瓶子，上面有纺织生产的场景（图 3.4、图 5.4）：在纺纱、织布和处理纺织品的过程中，参与工作的女性穿的是佩普洛斯。从这个例子和其他例子可以清楚地看到，佩普洛斯可以用图案或条纹来装饰。[6] 小雕像上，欧塞尔夫人的衣服背面的下边缘也有与图案有关的雕刻痕迹，这支持了会对女性服装进行装饰和染色这种观点。[7] 在雕像方面与佩普洛斯有关的另一个例子是公元 19 世纪晚期在雅典卫城发掘的一系列"korai"雕像中找到并根据雕像上的服装命名为"穿披肩的少女"的一尊（1.18 米高）雕像。[8] 它可以追溯到公元前 530 年左右，

---

[1] 德尔斐：Delphi，古希腊宗教圣地，太阳神阿波罗神庙所在地。——译注

图 8.2 《穿披肩的少女》。
©Acropolis Museum.Photo:
Socratis Mavrommatis.

虽仍是古风风格，但它清楚地展示了自欧塞尔夫人小雕像完工后的数百年里，雕像的面部特征是如何变为更圆润的形状的（图 8.2）。

"穿披肩的少女"的姿势仍然是僵硬的，头发长而卷曲，并且衣服看起来像一件厚重的羊毛织物，但此时，在佩普洛斯之下已经可以看到女性身体那微妙的曲线。

《穿披肩的少女》被制作出来的时候，佩普洛斯在雕像中已经不常见了。相反，希顿成了常见的古希腊女性服饰。从公元前 6 世纪中期开始，希顿出现在古希腊艺术之中。它被雅典卫城的几个少女穿着，并且经常出现在阿提卡瓶画上。[9] 希顿最初是一种来自古希腊东部（爱奥尼亚）的服装，因此其有时被称为爱奥尼亚式希顿，沿布料上部边缘"扣上"，就形成了一件有袖的衣服，并配合腰带来穿着。一件希顿可以用高品质的布料制成，比如细亚麻布。艺术作品常常将其品质精心展示出来，无论是在雕像中还是在瓶画上，它都显露了一个女人在布料之下的身体形态。[10] 用于服装的大量织物以及这种高品质布料向我们呈现了穿着者的财富和奢华，而服装的细节和配饰（例如珠宝）则会进一步强调这种财富和奢华。

在希腊古典时代早期（约公元前 500 年—公元前 460 年），特别是在约公元前 480 年的希波战争之后，女性希顿被抛弃，取而代之的是佩普洛斯的复兴。一种多立克式佩普洛斯似乎在这个时期重新流行起来，至少在雕塑表现方面是如此。在这个时代的造像中，女神雅典娜就经常穿着它，这能在公元前 460 年的一座供养浮雕上看到，这座浮雕有时被称为"哀悼的雅典娜（the Mourning Athena）"（图 8.3）。

图 8.3　哀悼的雅典娜。
©Acropolis Museum. Photo: Socratis Mavrommatis.

图 8.4　鸽子石碑，约公元前 450—公元前 440 年。©The Metropolitan Museum of Art，New York.

在一座墓碑上可以看到与佩普洛斯有关的稍晚一些的例子，它被称为"鸽子石碑（Dove Stele）"，现存于纽约大都会艺术博物馆。它可以追溯到公元前450 年—公元前 440 年，目的是纪念一个女孩，我们可以在墓碑的侧面看到她站立着并穿着一件开边的佩普洛斯（图 8.4）。

从这一时期开始，佩普洛斯和希顿也同时出现在艺术表现中，例如在瓶画以及帕特农神庙不同侧面的饰带浮雕中。米莱尔·李（Mireille Lee）认为，古典时代早期的服装表现不应该被看作当代服装实践的镜像，而应理解为佩普洛斯可能是一种用于仪式场合的服装，并且是一种象征性的传统希腊式服装。[11]

正如前面提到的，圆筒状的佩普洛斯掩盖了女性的身体轮廓，而艺术作品中的希顿则更多的是为了显露布料之下的女性的身体形态。

在公元前 5 世纪中期，随着有丰富织物、褶皱和折痕的衣服样式的发展，身体和衣服之间的关系在雕塑上也产生了变化。这种样式的早期阶段可以在前文提到的那个女孩的墓碑上看到。雅典卫城伊瑞克提翁神庙（Erechtheion）的女像柱展示了希腊古典时代盛期对佩普洛斯的表现方式（图 8.5）。

此时的佩普洛斯展示了一些传统的元素：无袖，用别针固定在肩膀上，有一个明显的"下垂"（称作"apotygma"）。但是，它不同于早期古风雕塑上那种明显的圆筒状样式，而是给人一种更柔软但用料丰富的印象。这些笔直

图 8.5 伊瑞克提翁神庙的女像柱。©The Trustees of the British Museum.

站立的女性身上那繁复的窗帘褶（也叫垂褶）和层层堆褶就像柱子上那些凹槽。这些伊瑞克提翁神庙的少女雕像具有与建筑中的柱子相同的功能。它们那衣褶繁复的衣服可以被视为一种建筑元素而非服装，而雕出的身体及服装能让人联想到立柱，创造出一种宏伟的整体印象。[12]

在古典时代，衣服看起来似乎是由透明的布料制成的，这可能是为了显露女性身体更多的部分，而不是为了将其遮掩。这种风格在公元前 430 年左右的帕特农神庙雕像上达到顶峰。神庙东山墙上的一群女人（女神）就是一个很好的例子，其可以用来解释女性身体和材质异常轻盈的服装之间的关系。它们可能是在公元前 5 世纪末雕刻完成的。另一个稍晚一些的例子是来自奥林匹亚的胜利女神像，其也被称为"帕奥尼奥斯的胜利女神（Nike of Paionios）"[2]，描绘了胜利女神在飞行后着陆奥林匹亚的那一刻——柔软的佩普洛斯紧贴着她的身体，使她露出了一侧乳房和左大腿。在哥本哈根新嘉士伯美术馆的收藏中可以找到类似风格的雕塑和服饰装扮的作品。一尊女性雕像（可能是女神造像且原本是建筑装饰的一部分）所刻女性穿着一件用非常轻柔的材料制成的衣服。风的推挤使得衣服几乎贴在她的躯干和左腿上，而右腿（从臀部到脚趾，虽然现在脚不见了）都露在外面，她还露出了右侧乳房。这名女性的体型比一般的古典雕塑上的女性更加圆润，这使她在外观上显得更性感（图 8.6）。

这些例子中的女性都再现了圣人或神话人物形象，没有一个体面的女性会穿成这样出现在公共场合。然而，可以从公元前 5 世纪晚期雅典的丧葬艺术和瓶画中看到，普通女性的服装还是受到了新雕塑风格的影响。要记住的是，

---

[2] 帕奥尼奥斯是雕塑家的名字。——译注

图 8.6　胜利女神像。Ny Carlsberg Glyptotek，Copenhagen. Photo：Lena Larsson Lovén by permission of Ole Haupt.

这些图像和其中的女性虽是理想化的，但它们仍然透露了一些当时社会对女性穿着和长相的期望。[13] 公元前 5 世纪的瓶画以红绘风格为主，题材来源于日常生活——女性在准备她们的婚礼、做家务、和孩子一起、哀悼等，但都不涉及公共生活的部分。简而言之，这个场景再现的是一个女性的世界，符合古代雅典社会的性别观念，在那里的女性不参与公共生活。女性时尚在雕塑上的反映可以通过带有丰富褶子的面料以及垂坠的服装了解一二。[14] 古典时代晚期的丧葬石碑也展示了一系列女性在家庭环境中的图景，有时还伴有家庭成员和仆人。女性的身体通常覆盖着一件用更为精细的布料制成的长衣服（可能是一件希顿，但不一定可证是一件特殊的衣服），以及一件用更厚的布料制成的斗篷，也就是希玛纯。有时她们会蒙着面纱，但她们的脸从来没有被掩盖过，而且女性常常会抓紧面纱或希玛纯的边缘。[15] 男性和女性都会用一件希玛纯，也就是一件斗篷，作为外套。在户外时，已婚妇女会用斗篷的一部分盖住头部，以表示已婚的身份和庄重的品质。在最近一场关于古希腊面纱的辩论中，劳埃德·卢埃林－琼斯（Lloyd Llewellyn-Jones）认为，这是古希腊世界几个世纪以来的女性着装标准，[16] 但这并不是艺术中描绘女性的常用方式。这可能是如何去解读肖像证据的另一个例证：艺术中表现衣服可能具有多种目的，不能粗暴地解读为在记录日常生活中所穿的真实衣服。[17]

古希腊肖像中的身体、衣服和裸体

从帕特农神庙雕像时期到公元前 4 世纪中期，用了 100 年的时间，古希腊雕塑家才塑造出一位真人大小的不穿衣服的女人。出自公元前 350 年的克尼德斯（Cnidus）的阿佛洛狄忒（女神）雕像被认为是雕塑家普拉克西特利斯（Praxiteles）的作品。它通常被认为是已知的古希腊传统中第一位大型裸体女性雕像。这位女神赤裸地站在那里，手里拿着一块可能是她的衣服的布。有人认为，这是解读这尊雕像的关键，因为这块布象征女神对自己身体的掌控，无论她是想要遮掩还是暴露它。[18] 在制作这尊雕像的时候，已经有将神塑造成不穿衣服的形象的悠久传统，即所谓的"神圣的裸体"，但在公元前 4 世纪中期，塑造一尊真人大小且不穿衣服的希腊女神像仍是一种创新。[19] 今天，克尼德斯的阿佛洛狄忒雕像是一件标志性的艺术品，而它的美貌在古代西方也广受赞誉。它被大量复制生产，要么作为古希腊世界的阿佛洛狄忒像，要么作为古罗马人的维纳斯像；要么赤身裸体，要么半裸。而另一方面，在大型雕塑中塑造的普通女性，依然为衣蔽全身，即用衣服遮盖了她们身体的大部分。正如前面提到的，在古希腊文化中，男性和女性在日常生活中都穿着衣服，但男性和女性身体的视觉表现是根据性别理想来制作的。不具有神一般地位的男性仍然可以被塑造成不穿衣服的形象，但普通女性以及在很长一段时间内的女神通常都穿着衣服。在古希腊艺术中，人们把裸体的男人看作神、英雄、运动员，而在战争场景中裸体的男人却不是一种对现实的反映。古希腊男人没有裸着去打仗的，有大量的盔类考古证据和描绘身穿盔甲的男人的图像证据可以佐证。[20] 裸体是一个复杂的问题，它出现在古代艺术中时可能有几个不同目的和意义。[21] 从古风时代开始，古希腊艺术中便出现了裸体男性，这表明体育运动的作用一直被强调。运动和锻炼身体是一种裸体进行的男性活动，在一定程度上也使得男性在公共生活中裸体被接受。[22] 这也为艺术家们提供了一个研究男性身体的机会——包括进行锻炼时的身体动作和肌肉走向。拉里萨·邦凡特（Larissa Bonfante）认为，肖像学中的裸体有时可以解读为一种服装，而不仅仅是裸体，并且对古希腊人来说，男性裸体是一种文化理想，是美的最高表达，尤其是年轻男性运动员的裸身。[23] 随着时间的推移，对裸体运动员的表现反复出现在古希腊雕塑中，有时还会添加一个象征物来指示一项特定的体育活动。最著名的一些作品是来自公元前 5 世纪的《持矛者与矛》（*Doryphoros with the spear*）、《系着胜利绶带的人》（*Diadoumenos with the band of victory*），以及公元前 4 世纪由雕塑家利西波斯（Lysippos）制作的《持刮身板清洁身体的人》（*Apoxyomenos with his strigil*）——所有年轻男性都没

图 8.7　韦松的系绶带者，古希腊原作，古罗马复制品。©The Trustees of the British Museum.

有穿衣服，取而代之的是完美的身材和体育运动的象征物（图 8.7）。

　　一般来说，古希腊女性不参加体育运动，因此艺术家很少有机会去研究女性的裸体。一个罕见的与女性运动员有关的作品是一尊半裸的青铜小雕像，出自古风时代，表现了一位呈跑步姿势的年轻女孩形象（图 8.8）。

　　人们对女性美的看法与男性美不同，得体的女性不穿衣服或只穿很少的衣服是不会被社会接受的。[24] 在古代西方瓶画中，尤其是在公元前 5 世纪创作的红绘瓶画中，女性有时确实是以裸体出现的，这常常导致研究者将这类图像解读为描绘的是妓女。[25] 一些瓶画中出现了裸体的男女，显然描绘的是情色场景，但正如莎恩·刘易斯（Sian Lewis）在她对雅典瓶画肖像中的女性的研究中所指出的那样，一个没有穿衣服的女性不应该直接被解释为一名妓女。那些出现

图 8.8　跑步女孩的青铜塑像。©The Trustees of the British Museum.

了不穿衣服的女性的画面可以是她们沐浴、清洁身体的场景，也可以是新娘在
婚礼前进行某种仪式性洗礼的场景。[26] 在这些对男性、女性身体具有分歧的观
点之下，存在着某些古代性别构建，而对图像的解释也是一种现代产生的理论
需要解决的问题。

颜色与古希腊女性服装

如今，大多数古希腊雕塑是白色大理石材质和非彩色的，其实其最初连同
服装和身体都是彩色的，特别是面部细节，绘有不同的颜色和图案。曾经丰
富的色彩现在大多数都消失了，只是偶尔能在一些雕像比如《穿披肩的少女》

上看到图案或颜料的痕迹，但也仅仅是对曾经存在过的鲜艳色彩的一种模糊的呈现。通过对雕像细节的技术分析和化学分析，已经复原了丰富且原始的色彩。并且，研究者通过将结果应用到原尺寸的复制品中，其中包括《穿披肩的少女》，向现代观众展示了西方古代服装的色彩。[27] 一般来说，染色的衣服更显特殊，而女性地位高以及富有可以通过穿戴珠宝和其他配饰来进一步强调。一件关于一位年轻女性的、被称作"弗拉斯蕾雅"（Phrasikleia）的古风雕像可以说明一位年轻女性是如何通过她的服装来显示她家庭的地位的。[28]

1972 年，人们在阿提卡的米林努斯（今梅伦达）的一座坟墓中发现了它，它与一尊青年男子雕像放在一起，保存得异常完好，甚至保留了原始色彩的明显痕迹。布林克曼（Brinkmann）团队对弗拉斯蕾雅的原尺寸复制品进行了分析并重新着色，复原后的图片展示出一位年轻女性，她有着长长的黑色卷发，头上戴着饰有莲花花蕾和盛开的花朵的花冠。她穿着一件长及脚的红色服装，上面装饰着不同颜色的玫瑰花饰，有些是镀金的，还有万字符纹饰。服装的上下边缘、前襟和袖子都装饰有多色镶边。她戴着耳环、项链和手镯，左手拿着一朵莲花花蕾，右手攥着她衣服的一部分，脚上穿的是白色凉鞋。[29] 这尊雕像的人物身份也非同寻常。大多数古风少女雕像都是匿名的，这件雕像却有一个与之相关的名字：Phrasikleia。通过在雕像前发现的铭文确认，它是用来纪念一名未婚女性的。

铭文写道：

弗拉斯蕾雅之墓。

我将永远被称为"少女"，

而非婚姻（里的妇人），

神所赐的称谓成为我的宿命。³⁰

婚姻是年轻成年女性的重要仪式。女性以及婚前准备是阿提卡瓶画中的常见母题，比在雕像中更常见。在瓶画场景中，新娘通常被描绘成穿着一件露出身体轮廓的透明衣服，以此强调她的身体在性方面的吸引力。³¹ 在当时，已婚妇女最重要的作用是生下合法的孩子，以确保家庭血脉延续并为社会提供新成员。而像弗拉斯蕾雅这样英年早逝，则意味着其生命历程尚未完成。婚礼也是用来展示新娘家庭经济状况的一个机会——比如新娘的礼服可以用昂贵的诸如藏红花色（saffron）和紫色染料来染色。此外，新娘还可以佩戴珠宝，正如弗拉斯蕾雅雕像所展示的那样，墓葬雕像上的少女被打扮成她永远不会经历的婚礼当天的可能样子。

在弗拉斯蕾雅这一例子中，真人大小的男女石雕会作为墓葬雕塑，作为供奉男神和女神的、放置在寺庙区域的祭品，或作为公共纪念碑上的、昂贵的艺术品。并不是所有人都可以委托制作一件大型石雕，考虑到它的尺寸和艺术品质，可以认为其本身就是委托者在经济地位方面的一种声明。对于其他社会圈层的人来说，他们能负担得起的是那些用便宜的材料（如赤陶）制成的小型雕塑或（装饰性）小雕像。在服装实践方面，特别受关注的一类陶俑是被称为"塔纳格拉（Tanagra）"的人物雕像群。这是一组大体量的、可追溯到希腊化时代的赤陶俑群，它们再现了穿着全套服装的古代女性。19 世纪初，此类雕塑在皮奥夏地区的塔纳格拉被大量发现，因此有了这个绰号，但其实从公元前 4 世纪中期开始，类似的小雕像就在希腊化的世界中大量生产了。（图 8.9）

图 8.9　塔纳格拉人物像。Ny Carlsberg Glyptotek，Copenhagen. Photo：Lena Larsson Lovén by permission of Ole Haupt.

　　它们通常被解释为描绘的是普通女性，而非神圣生物或女神，但其灵感来源于大型雕塑。这些女性衣着华丽，并且衣服上鲜艳的绘画色彩还留存了下来，如粉色、绿色、黄色和蓝色，这说明在古代世界中丰富的色彩是具有重要意义的。一些服装有金色的镶边，以此强调女性服装的独特性。大部分的小雕像头部都盖着斗篷，少数小雕像有从后拉起盖过头顶的面纱，还有些小雕像的脸的下部用斗篷遮盖着。[32]

　　人体是古希腊艺术的主要主题，并且作为一种服饰文化，衣服常常出现在对人体的表现中。然而，雕塑中所有衣服的存在并不是为了给身体穿上衣服（比如有时候只穿一小块布），而是为了强调其他方面，例如裸体，以及一种通过衣服体现的或者存在于衣服之下的体态的优雅。因此，艺术中的服装不能被理所当然地解读为对普通人服装的呈现。塔纳格拉风格的小雕像与大型神话主题雕塑的对比，可以作为反映女性服装在各种艺术类型中的角色的一个例子。保留了部分颜色的赤陶小雕像，可能比伊瑞克提翁神庙的少女雕像的服饰或帕特农神庙饰带雕像群中的女性服饰（图 4.2）更能反映古代西方普通女性的街头时尚。

穿着托加袍的古罗马男性

古希腊和古罗马的服装实践有几个相似之处，它们都将披挂艺术作为一种独特的穿衣风格，并且最基本的纺织纤维都是羊毛。与古希腊雕塑一样，古罗马雕塑最初也是彩色的，但这一点至今尚未被研究透彻并重现。关于服装颜色的补充和当代罗马的证据也在古罗马绘画中发现，尤其是罗马帝国早期庞贝城里那些来自罗马埃及的马赛克拼贴画和木乃伊肖像画。它们都是风俗图，但依然让大量的古罗马服饰的颜色和图案重见天日。这两种文化都以各种艺术形式产出了丰富的图像。古罗马的独立雕塑始于公元前 2 世纪，通常是用石头制成的，其中许多都描绘了一个男人穿着托加袍的样子（这类塑像也称作"togatus"）。古罗马艺术通常被穿着托加袍的男性形象占据着，托加袍是最著名且标志性的古罗马服装。它由羊毛制成，布料用量大，一位身高 1.8 米的男性大约需要 16 平方米的布料，并采用披裹的方式来穿着（图 8.10；另见图 3.5、图 3.6 和图 6.6）。[33]

对于古罗马成年人，有一种称作"toga virilis"的衣服只有男性可以穿，这是一种未经染色和装饰的衣服。对"togati"的大量表现持续了很长时间，因此我们可以知道这种服装的重要性，还可以看到托加袍的风格和垂坠效果的

图 8.10 "Togatus"塑像。Ny Carlsberg Glyptotek，Copenhagen. Photo: Lena Larsson Lovén by permission of Ole Haupt.

发展，以及时尚随着时间的推移而产生的变化。在罗马共和国晚期（公元前 1 世纪），在与托加袍有关的艺术表现中，人物双臂都紧贴身体；到了公元 1 世纪，托加袍变为可以让右臂自由活动的披挂方式，并且通常被塑造为有着更加丰富的布料，还整理出大量褶皱且呈"U"形围绕身体。布料可能会滑落到脚上，但并不会盖住脚。[34] 披挂风格的变化似乎发生在奥古斯都统治早期（公元前 30—公元 14 年），这在雕塑上也有所体现，新风格的托加袍产生了令人印象更深刻的效果。[35]

托加袍是一种带有象征意义的服装。穿托加袍是赋予罗马公民的权利，因此它是一个人法律和社会地位的一种重要视觉标志。[36] 从罗马共和国晚期开始，发迹了的自由民（以前是奴隶）通常会用一块刻有全家福的石碑来纪念他们一家。这些图像中的男子通常穿着托加袍，这是他们的"罗马公民"这一新身份和新地位的重要视觉标志。有权穿托加袍的男性还各自有着各种各样的社会地位和等级，而服装的细节将进一步强调穿着者的地位。例如，一条宽紫色饰带标志着古罗马元老的高贵地位，他有权穿"toga praetexta"。这类饰带很少在现存的古罗马雕塑上看到，因为它们原来的颜色早已褪去，但还是可以在绘画作品和马赛克拼贴画中看到它们。

罗马公民家庭的孩子也穿"toga praetexta"。儿童托加袍上装饰着紫色的饰带，但这种托加袍似乎被视作一种中性服装，因为男孩和女孩都能穿。它是预留给罗马公民的子女的，因此它是罗马公民家庭中作为自由人出生的成员地位的重要标志。有许多关于穿着托加袍的男孩的艺术表现，却没有关于女孩的。其中一个例子可以在和平祭坛上看到（图 3.14），而另一个例子是之前讨论过的女性二人组中的女孩，她穿着托加袍来体现她的社会地位。[37] 对年轻的罗马公民来说，另一个身份象征物是戴在脖子上的护身吊坠：bulla。它经常出现在艺术表现中，但只出现在男孩身上——从皇室到普通罗马公民家庭的男孩，从未在女孩身上出现过。在和平祭坛上可以看到男孩都戴着它（图 3.14）。

到了奥古斯都统治时期，尽管皇帝尽了最大努力，托加袍还是没成为男性日常服装。托加袍是一种外衣，里面会搭配一件束腰外衣，而束腰外衣是古罗马人日常生活中使用的一种多功能且可变化的服装。在圆雕中，男性束腰外衣通常被一件托加袍或斗篷覆盖着，而绘画作品则提供了一种更好的视角来观察束腰外衣。它通常装饰有两条红色或紫色条纹，这在各种艺术类型里都可以看到，例如马赛克拼贴画和罗马埃及的许多彩绘木乃伊肖像画。木乃伊肖像画绘

图 8.11　塞拉比斯 [3] 的祭司的木乃伊肖像画，展示了衣服上的 "clavi"。©The Trustees of the British Museum.

制在木制小板上，颜色一般保存完好（图 8.11）。

在视觉艺术中，束腰外衣也被用来象征地位低下的人，例如只穿一件束腰外衣的奴隶，这样的装束被用来突出他们的社会和法律地位低下：短束腰外衣通常意味着一个人从事体力劳动。地位更低的人可能会穿短的、无袖的 "exomis"，它比一件束腰外衣用的布料更少，并且布料只系在一侧肩膀上。这种束腰外衣通常出现在一些表现劳动人民生活的古罗马丧葬图像中。[38]

其他类型的男性户外服装有可以穿在束腰外衣之外的披肩和长斗篷。拉丁

---

[3]　塞拉比斯：希腊化时代产生的埃及神祇。——译注

语中有很多关于斗篷的表达，我们不一定能分辨出它们之间的区别。一种常见的长斗篷是"paenula"，它是一种带兜帽的羊毛外衣，男女都能穿。[39]

古罗马女性服装的视觉化

女孩们最广为人知的需要更换服饰的场合出现在她们第一次结婚之后，这可能发生在她们十几岁的时候。男性结婚时会穿着托加袍，但根据文献资料，新娘有一套特殊的婚礼服装。视觉证据展示出已婚夫妇的形象，但明显缺少有关婚礼本身和新娘服装的图像。[40] 在日常生活中，古罗马社会的女性全身都裹着衣服。已婚的高地位女人被称作"matrona"，她的装束由多件衣服组成，其中最重要的是斯托拉袍和帕拉。斯托拉袍是一种无袖服装，用系带固定在两侧肩膀上，并穿在束腰外衣之外。斯托拉袍在视觉艺术中并不总是容易被认出来，但在大型雕塑和次要艺术中还是可以观察到它们。皇室成员也在各种艺术类型中得到表现，他们通常是古罗马男性和女性的榜样。成年女性的必要角色是已婚的、贞洁的"matrona"。罗马帝国第一任皇后利维亚长期处于这样的角色，并穿着相应的服装——一件"matrona stolata"。在卢浮宫的一件藏品是她的一尊等身比例雕塑。她穿着一件沿着手臂系上的束腰外衣和一件斯托拉袍，两侧肩膀上都系着扣。她的斗篷只罩住了身体的下半部分，这使得上半身衣服的细节对观者来说异常清晰可见。另一个例子是一个部分保存完好的浅浮雕宝石饰物卡梅奥（cameo），它展示了戴着一顶头冠的利维亚皇后侧面像，而利维亚的头的后部被帕拉覆盖着。利维亚还戴着项链并穿着斯托拉袍，肩上可见固定用的绑带（图 8.12）。

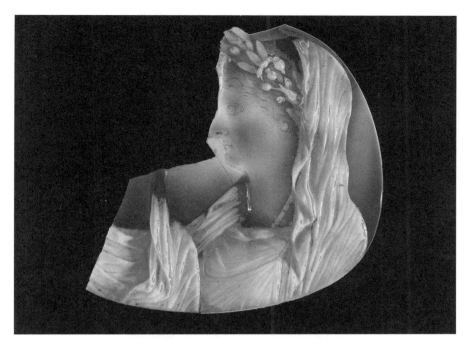

图 8.12 刻有穿着斯托拉袍的利维亚皇后形象的卡梅奥。Inv：AC 12067 Roma Musei Capitolini，Medagliere Capitolino from the Archivo Fotografico dei Musei Capitoline.

女性越来越频繁地将斯托拉袍遮盖在斗篷之下，意味着一种识别女性服饰以及穿斯托拉袍这一权利所带来的社会地位的普遍问题。与此相关的一个例子是公元前 1 世纪的一座群雕，上面有一位成年女性和一个女孩，她们通常被认为可能是家族墓葬群中的一对母女（图 8.13）。[41] 这名成年女性穿着一件斗篷（帕拉），遮盖住了身体的大部分和头部的一部分。她还穿了一件束腰外衣，但看不到在帕拉下面是否还有一件斯托拉袍。通过衣着和姿势，这个女人传达了她已婚的状态和她作为妻子的贞操。几乎所有社会阶层的古罗马已婚妇女都会在公共场合遮住头，这是已婚和端庄的标志，但没有明显的视觉证据表明她们在公共场合会蒙着面。然而，在这种场合，有妇女将一只手举到了脸旁，可以

图 8.13 母亲与女儿。Museo Capitolini.

解释为她准备将斗篷拉到脸上，有必要的话（图 3.7、图 5.9）。[42] 这一姿势与古罗马雕塑中所谓的"pudicitia（贞洁）"类型的常见主题有关，反映出雕塑中衣服的表现形式与女性实际所穿衣服之间的关系的一般性问题。"pudicitia"类型是为数不多的古罗马标准女性雕塑类型之一，对此，最近有争论提到，艺术中服装和身体语言的结合只是体现了女性的美德，而不是准确表现了女性在日常生活中的着装（图 3.7、图 5.9）。[43]

这种带有一件"matrona stolata"的服装组合，是性别、社会阶层和身份的标志，因为只有嫁给罗马公民的女性才能穿上它，并且大多是上层社会的女性。诸如女奴隶或者社会地位低的女性，又或者非罗马民族出身的女性是不能穿斯托拉袍的。[44] 许多没有资格穿斯托拉袍搭配帕拉这种服装组合的女性会用其他衣服来遮蔽她们的身体。各种社会地位的女性都会穿着拖地的束腰外衣，但在视觉艺术中，它会被一件或多件其他衣服遮住，很少完全展示出来。如前所述，已婚妇女即便处于较高的社会阶层，出现在公共场合时也需要蒙着头，关于这点，在一块古罗马男女自由民家庭的墓葬浮雕上有所体现（图 8.14）。

古罗马服饰的变化与延续

希腊—罗马世界的所有人每天都需要穿衣服，在视觉艺术中，几个世纪以来，人尤其是女性惯常被表现为穿着衣服的，并且这种艺术惯例清楚地反映了古希腊和古罗马社会的观念，一种将人的身体用服饰包裹起来视为日常生活中

图 8.14 一位自由民与他妻子的墓葬浮雕。Vatican Museum. Photo: Gjon Mili/ The LIFE Picture Collection/Getty Images.

的标准身体规范的观念。随着时间的推移，服装实践发生了改变，但改变的速度很慢。最具标志性的古罗马服装是托加袍，在罗马时期的意大利，托加袍出现在视觉艺术中已有数百年了。在公元1—2世纪的独立雕塑中，穿着托加袍的男性的手从衣服中解放出来，这些人物甚至可以做手势，将手与手臂保持在离身体较远的地方。这种身形创造出一种空间感，它常见于男性尤其是有权势的男性的身体姿势中。[45] 众多男性穿着托加袍的形象展现了托加袍这种服装的"长寿"和深厚的象征价值。作为男性的仪式性服装，托加袍一直沿用到古代晚期，并在视觉艺术中与其垂坠感的一些变化一起被表现出来。[46] 从这方面来说，托加袍是几个世纪以来古罗马服饰实践的一部分。[47] 没有图像可以证明女性服饰的发展具有与托加袍相似的连贯性，但是渐渐地，就像托加袍一样，古罗马妇女的传统服饰在日常生活中过时，并且似乎主要用于公共场合，尽管如此，它依然具有明确的象征意义和地位指示。它出现于公元2世纪初的视觉艺术中，但是在约公元170年之后，它可能一直处于衰落状态，因为它很少被表现出来了。[48] 这可能意味着古罗马女性传统服饰在公元3世纪左右就不再被频繁使用了，但是帕拉和束腰外衣在整个古代晚期仍然是古罗马女性的基础服饰，因为女性仍要继续用衣服去遮盖她们的大部分身体。[49]

视觉艺术中的服装和文化认同

在希腊—罗马世界，衣服经常被用来从视觉上识别性别、社会地位，有时也被用来识别穿着者的法律地位，就像古罗马托加袍的情况一样。衣服还被认为是文化和文明的标志，以此与"蛮族人"形成对比，至少在古希腊、古罗马的观念中，"蛮族人"通常被认为是赤身裸体的或最多穿着一点衣服。[50] 如前文所探讨的，裸体是一种复杂的象征，它有多种用途，但在古希腊、古罗马的服饰实践中，它可能是"野蛮（barbarism）"的象征，意味着文明程度较低。与此同时，人们意识到"其他人（the others）"的着装与普通的古希腊和古罗马服饰传统有所不同。古希腊、古罗马的男性服饰与其他服饰传统的一个明显的不同之处在于对长裤或紧身裤的使用。几个世纪以来反复出现的图像实例证明，长裤或紧身裤在希腊—罗马世界中并不陌生，但更常出现在涉及其他民族的人的作品中。来自公元前 6 世纪晚期、由画师爱比克泰德（Epiktetos）制作的红绘板上描绘了一个斯基泰的弓箭手，他穿着带图案的紧身束腰外衣和裤子（图 7.1）。他戴着一顶弗里吉亚无边便帽（Phrygian cap），这是另一种非希腊民族身份的标志。更多类似的例子是在埃伊纳岛的阿法埃娅神庙的山墙雕塑中发现的。这些雕塑（公元前 5 世纪早期）描绘了古希腊人和特洛伊人之间的战争场景。前面提到的布林克曼团队已经对西面山墙雕塑进行了调查，对其中一个弓箭手进行了复原，可以看到一名男子穿着彩色紧身束腰外衣、紧身裤，戴着与爱比克泰德红绘板上的人物相似的帽子。他代表着特洛伊人，即一个非希腊血统的人。

古罗马人也用服饰来体现文化认同和罗马精神（romanitas），公元前 13—公元前 9 年建造的奥古斯都和平祭坛就是一个例子。在奥古斯都统治早期，一些传统得到了复兴，而衣服在所谓的古罗马传统复兴中扮演了关键角色。这一点在祭坛上刻有男人、女人和儿童的主浮雕饰带上清楚地展示着。装饰具有多重意义，服装是其中一个必不可少的元素。皇帝穿着托加袍出现在祭坛南面所刻游行队伍的最前面，并且为了表现出一种牺牲意味，他的头部被遮盖起来。祭坛北面刻有一些男人，"罗马元老们"穿着托加袍，这是男性在所有公共场合都需要穿的得体服装。[51] 奥古斯都统治时期的文化改革囊括男性和女性的服装，而皇室成员作为公民主体的榜样发挥了重要作用。与男性托加袍有着相同地位和象征价值的女性外衣是斯托拉袍与帕拉的组合，皇室女性全都穿着它。和男性托加袍一样，斯托拉袍和帕拉的组合是罗马精神的标志，也是文化认同和社会阶层的标志，它们对穿着者的身份和社会地位也有特殊要求。在此之前，非神话里的女性和儿童出现在古罗马公共纪念碑的装饰中是非同寻常的；而在这一时期，他们出现在和平祭坛上，这可以看作文化复兴计划强调传统的男女角色、婚姻、家庭价值观、生育和罗马公民及其子女的行为、衣着的原因。[52] 在和平祭坛南侧饰带上刻有三个儿童，是两个男孩和一个女孩，很显然三个人都穿着儿童托加袍。两个男孩都戴着"bulla"，但那个女孩没有戴。相反，她戴着一个新月形的吊坠，也就是"lunula"，也许它具有与"bulla"类似的功能。这支持了"bulla"有性别特征这一观点，正因如此，女孩们才不使用它，但她们很可能有其他种类的护身吊坠或护身符。在北侧饰带上，另一个女孩戴着一串珍珠项链出现，也没有佩戴"bulla"（图 3.14）。

游行队伍中有一些非罗马裔的儿童，这更加强调了皇室和重要罗马公民的地位，并通过着装具象地体现出来。这些儿童都是男孩，建议将他们视为那些着装与古罗马人不同的非罗马血统的外国王子的代表。南侧的一位男孩穿着短袖、带腰带的束腰外衣，并且有着与古罗马男孩不同的发型。与当时已经剪短的古罗马男性发型相比，这个男孩的头发较长并稍微有些卷曲。就像前面提到的红绘斯基泰弓箭手和埃伊纳岛的阿法埃娅神庙的雕塑一样，他的头饰也是弗里吉亚无边便帽——一种长期以来代表"东方"起源的图像符号。这个男孩被

图 8.15　和平祭坛南面刻的游行队伍，展示了盖住头部的奥古斯都，而在他的右侧，
有一个留着长卷发、戴着金属项圈的小男孩。Photo：PHAS/UIG/Getty Images.

认为是博斯波里（Bosporian）王族，这可能与在建造和平祭坛之前的几年里
古罗马在该地区的政治活动有关。北侧刻有一个男孩，推测他有高卢人身份。
这个孩子很小（还在蹒跚学步？），穿着短束腰外衣，头发半卷，脖子上戴着
一个金属项圈——torque。他与奥古斯都整顿和平定高卢以及西班牙行省的
活动有关。这两个男孩是有着东西方渊源的象征品，可以将其解读为罗马帝
国、奥古斯都盛世和奥古斯都政治的文化象征。[53]（图 8.15）

　　与年轻的"高卢男孩"相同类型的金属项圈也在《垂死的高卢人》（the
Dying Gaul）上发现。这是西方古代世界中最著名的雕塑之一，同样表现了
一个高卢人的形象。这是一件古希腊雕塑的古罗马复制品，塑造了一个裸体男
性那命定的死亡，通过他的胡子、金属项圈和一个不同于古希腊和古罗马男性

的时尚发型，展现了一种"蛮族人"外观。

结　语

　　从对视觉艺术的调查研究可以看出，古希腊和古罗马的服饰以及服饰风格有几个共同的特点：其一，披挂是一个必不可少的艺术元素，这在各种肖像研究中都是显而易见的。其二，女性服装具有性别特点，女性在公共场合要蒙住头，身体的大部分通常被衣服遮蔽着，女性服装比男性服装更繁复，也更长。无论男性服饰还是女性服饰，一件衣服所使用的布料量都与穿着者的地位有关，布料越多越能让人联想到财富和高贵的地位，因此，用较少布料制成的衣服通常是穿着者地位低的体现。久而久之，特定文化的服饰开始在视觉艺术中被用来区分一个人是古希腊人、古罗马人，还是其他民族成员。

第九章 文学表现

玛丽·哈洛

戈耳戈：普拉西诺阿，那件用别针别好、褶皱丰富的衣服非常适合你。给我讲讲，除开织机的费用，你还花了多少钱？

普拉西诺阿：确实，不用你告诉我。超过两米那[1]的纯银。我还在其中倾注了心血。

戈耳戈：就成果来说，它确实很适合你[1]。

这段文字摘自忒奥克里托斯（Theocritus）写于公元前3世纪上半叶的一首诗，其中充满了能让服装历史学家感到欣喜的细节。它以喜剧的形式，通过

---

[1] 米那：minas，古希腊的货币单位和重量单位。——译注

两位已婚妇女——普拉西诺阿和戈耳戈之间的对话来表情达意。她们讨论着普拉西诺阿的新衣服。普拉西诺阿从织布工的织机上买下布料，然后自己制成衣服。戈耳戈祝贺朋友精加工出了一件最终效果非常适合自己的服装：她用一件满是褶皱的标准连衣裙打造出属于自己的造型。忒奥克里托斯希望他的观众去嘲笑这两个女人之间的抱怨和赞美，这反映了他认为女性活动不正经的刻板态度。但事实上，他可能无意中向后人透露了当时女性的一项技能，即利用按标准织造的服装创造出不同的外观（带点时尚感），以此显示一件衣服的个性。这首诗的前面部分也充满了吸引服装历史学家的信息：戈耳戈抱怨她的丈夫在市场上买的脏羊毛，这让她更难将其加工；一只猫坐在纱线上，把纱线弄坏了；贵重的衣服都放在一个锁着的柜子里。[2] 上面摘文的第一行对别针和带褶皱的衣服的相当笨拙的描述是对翻译以及诗歌语言表达的困难度的一种反映——忒奥克里托斯写作时用的是西西里方言——突出了阅读那些表现古代服饰的文学作品时的乐趣和困难。

文学表现为我们提供了另一种服饰的语言，这种语言不同于视觉表现和物质遗存的语言，但又与二者互为补充。这三种古代服饰的不同类型的证据相互交流，说的却不是同一种语言。在任何给定的文学文本中，服饰扮演着多重角色，其中服饰语言和作为另一种语言的服饰都是精心设计过的，并被用来向观众或读者传达一系列准则、标志和符号。服饰可以作为隐喻，作为佩戴者个性的标志，作为包容或排挤以及地位和阶级的表达形式，而最根本的作用是作为群体和个人身份的表达。服装的即时呈现和日常呈现以及服装和身体之间的亲密关系，使古代作者们能够利用这些人与服装相互作用的方式来表达男女之间的基本差异，从而表达一些对性别角色和各种关系的期望。身体，尤其是穿着衣服的身体，是古代作家们可以投射社会和道德规范以及一致性或差异性观念[3]——在其他时期，这些观念可能与时尚有关——的画布。

对于近代早期文学和现代文学，提及服装和外貌据说能增强"现实效果（reality effect）"，让读者更容易直观地认识人物。[4]而古代的情况则有所不同。相对于文献，古代世界中的大多数文学作品是由一小群精英男性创作的，主要是为他们的同侪而写。这些有文化的精英的世界观在西方古代和早期基督教时期展现出令人瞩目的连贯性，反映了一种教育与文化背景的共享，它促进了一种道德规范的发展，在这其中，服装和外貌扮演了特殊角色。这些角色不但与性别结构紧密相关，还与节俭和无度、美德和恶习的概念有关。因此，任何可见的"现实"都需要一些细微的差别，因为任何特定文学类型的背景都是把握一段文本中"穿衣打扮"的内容的关键。[5]某些纺织品和服装承载着大量的意识形态包袱，需要解码才能理解文本和其所描述的服饰的含义。古希腊人和古罗马人非常清楚如何同时在修辞和现实中去操纵服装，从而创造一些特殊的效果。

在我们讨论一些古代作家是如何使用服饰的案例之前，要考虑几个警示。如今，许多研究人员和那些对服装史感兴趣的人都更多地去阅读翻译后的文本。想法、愿望是美好的，但译者也不可能精通所有的术语或技术，且译者在翻译服装和纺织品术语时时常使用的词汇，要么不适用于古代材料，要么反映的是译者所处时期的服装规范而非古代的。刺绣就是一个很好的例子。直到最近，许多译者都把描述某些有装饰的或彩色的纺织品的术语翻译成"带刺绣的"，因为这就是我们今天所期望的此类纺织品的造型。然而，考古遗存表明，刺绣（在已完成的衣服或布料上用针线进行装饰）是我们这个时代的一种很后期的发展技术了，并且大多数有装饰的纺织品是缂织壁毯（tapestry）织造技术的成果，也就是说，纺织品还在织机上的时候就已经被织上这些图案了。[6] 另一个问题是，随着时间的推移，一些术语的确切含义已经消失了。例如，希腊语和拉丁语里都有很多词（举几个例子：himation, abolla, pallium, palla, cyclas, epiblēma, ampechonon, amphimallos, lacerna, chlamys, sagum）可以用英文单词"mantle（斗篷）"或"cloak（长斗篷）"来翻译：斗篷或长斗篷在这里指的是以某种方式裹住身体的服装，并且可能会（但也可能不会）用某种形式的扣子系上。用同一个英语单词表示不同的术语往往会混淆原语言中该术语的含义范围和一些细微差别，所以读者们需要注意这些微妙差异，它们在翻译文本中有时可能会被忽略。很多术语都来源于悬垂（draping）或包裹（wrapping）之意，但其中一些术语也有特殊的含义。例如，"ampechonon"是一种古代女性穿戴的面纱或披肩，因此古代男性穿这种衣服意味着女性化；而"sagum"是一种军用长斗篷，所以不应该在城市生活场合穿戴它。[7] 这种类型的联想能被古代读者理解，但对于现代读者来说则常常将之忽略。正如在本书前言中提到的，一般来说，古代的人们更贴近纺织生产过程，在某种程度上，日常语言中的纺织工艺和服装术语被用来描述大量具体和抽象的概念，以及某些已被赋予了特殊象征意义的术语。[8] 例如，古罗马人可以将自己描述为"gens togata（穿着托加袍的人）"：一个用服装进行自我描述的民族。[9] 让我们回到普拉西诺阿和戈耳戈之间的对话。"用别针别好、褶皱丰富的衣服（pinned garment with ample folds）"是从希腊语翻译过来的。1923 年，J.M. 埃德蒙兹（J.M. Edmonds）对其做了不同的翻译，译为"满是抽褶（full gathering）"，并注解"一条多利安头巾（a

Dorian pinner，即一件佩普洛斯）"；1978 年，安娜·里斯特（Anna Rist）译作一件"重褶长袍（heavy-pleated gown）"；而在 1988 年，罗伯特·威尔斯（Robert Wells）译为"带褶的礼服（full dress with fold）"。译者需要使用既能吸引读者又能被读者理解的语言，并要采用由他们的出版物的性质决定的议题。学术翻译者对语言的必要的关注度与单纯因对分享诗歌感兴趣而从事翻译的人是不同的。例如，威尔斯选择在普拉西诺阿的回答中加入"刺绣出图案（embroidering the pattern）"，这在他的翻译中很容易看到。它为现代读者创作了一幅简洁的小插图，却给出了一张关于原始服装的可能样子的错误图像。[10]

服饰最常见的文学用途，无论是隐喻性的还是其他性质的，是作为描述人物性格和身份的一种辅助。服饰是一种简洁的民族标记，它与归属感或排他性有联系，作家可以通过两三句话（通常带有成见）去描述"外族人（others）"的衣着，从而区分出他们。[11]对古希腊人和古罗马人来说，着装也是性别认同的关键。纵观整个古代，希腊—罗马世界的人们认为男女穿不同的衣服很重要，或者如果他们穿着相似的衣服（例如长斗篷或斗篷），那么他们的穿着方式应根据性别做出一些适配。因此，古代（古希腊、古罗马）著作中有关着装的修辞都围绕男性气质和女性气质的特定观念来构建。在这样的体系下，普遍观点是男性是理性、体力充沛，与政治、军事相关和占主导地位的性别，而女性则是完美、顺从、得体，与家庭、生孩子有关的性别，并且她们有针对性地，比起灵魂或思想，更关注身体。当然，这是一种广泛意义上的概括，但这种认为性别和社会等级是自然秩序的一部分的信念，在柏拉图对话（Platonic dialogues）以及希波克拉底和亚里士多德对身体的理解中都得到了印证。这些认为男性身心优越而女性低人一等的观念转化成了古代社会生活的现实，因为男性与跟政治、军事有关的公共世界联系在一起，而女性则被理想化地限制在家庭和家务领域；男人可用丰富的肢体语言进行日常生活以及其他活动，而女人则应少出现在公共场合，并且在出现时要举止得体、有礼节。当然，社会现实，包括日常生活的实际，不可能总是符合理想的，并且有很多男女穿着不当或跨越由他们所在社群所创造的性别界限的例子。就本章的写作目的而言，重要的是去了解作者用来创作作品的那种理想的性别背景。他们可以与他们的读者分享关于这个世界应该成为什么样的这一共识，并因此赋予他们的作品以重大意义和权威，无论这部作品是支持还是否定了他们那些共同设想。其中一个基本设想是，一方面，过分关注自己外表的男性可能会受到同龄人的非难；而另一方面，女性可能会"自然地"更关心自己的外表，并被寄予厚望于修炼出一种不会让自己男人丢脸的外貌。古代世界中的男人和女人都走在注重自己外表和创造出一种可接受的"look（造型）"["cultus（崇拜）"的艺术] 之间的细线之上，并为之花费大量的时间。这条线被他们的社群监管，并且它主要出现在那些描绘了对社会着装规范进行监管的文学表现中。[12]

理想的男性公民外表是由其所处的社会、文化和政治环境决定的。在古代雅典，人们要穿希顿和希玛纯；在古罗马参加公民活动时则要穿束腰外衣和托加袍。在这两种文化中，干净卫生也是文明人的标志，而对面部毛发的接受度或其他方面的要求则随着时间的推移而变化。男子气概是由公民身份和对该群体的认同来定义的，因此规范着装对一个人的声誉很重要。由于文学表现倾向于强调着装的不同之处而不是一种规范要求，所以在这种背景之下，服装常被提及。西奥弗拉斯托斯（Theophrastus）是亚里士多德的同事。从他在公元前 4 世纪后期创作的一系列人物个性中可以看到对服装那种幽默且直接的运用，作品中的人物在穿衣打扮方面的行为是用来表明人物特殊性格、品质的工具之一：波尔坐在那里，长斗篷拉到了他的膝盖之上，向周围人露出了他的身体；守财奴穿着一件长斗篷，但它太短了，以至于盖不住他的大腿，而当他把长斗篷送到清洁工那里时，他坚持要用大量的漂白土清洗，这样他就不会那么频繁地需要他们的服务了；邋遢的男人穿着一件厚重的束腰外衣，披着一件薄薄的、污迹斑斑的长斗篷去了集市；当自己的衣服送去给清洁工清洗后，骗子会去借衣服并穿上好几天再归还。[13] 此时服装不仅直接表现出人物的一个喜剧视觉形象，还展示了它在人际关系和言谈举止中的作用，以及它对家庭的经济价值——尤其是对于那些可能只有一件衣服的人，暗示了在幽默的描述背后还有一种说教的意味。

古罗马修辞学卓有成效地发展了这种比喻手法，以至于通过一个人的行头来抹杀其人格成为古代文学武器库的一部分。评论对手的着装，可以很容易地攻击他的男子气概，进而攻击他的行动能力——以一种适当的形式（即像一个罗马人那样）。演说家西塞罗是这方面的大师。他的许多演讲都用着装来暗示对方缺乏适当的男子气概，从而缺乏一种罗马精神的缩影。例如，在针对被指控腐败的西西里岛的古罗马总督维雷斯（Verres）的长篇司法演讲中，西塞罗巧妙利用和托加袍有关的象征义与其他类型的服装的象征义的对比，重创了对手。为了强调维雷斯公然无视自己作为地方长官的职责，西塞罗列出了与他的行为有关的一些非常直观的事实，其中着装在突出他缺乏道德和公民顾虑方面起着关键作用：维雷斯不止一次穿着一件紫色的帕留姆、长长的束腰外衣（talaris tunica）和拖鞋出现在公众面前，[14] 因此他不止以一种方式在谴责自己。他不仅未穿上能代表古罗马地方长官的正确服饰（束腰外衣、托加袍和元老鞋），还选择穿上古希腊的服装（帕留姆），并且是紫色的（紫色染料昂贵，言外之意，它象征着放纵和东方式奢侈）服装，搭配了一件长度更适合女性的束腰外衣。西塞罗在他演讲的其他章节大量提及维雷斯穿着古希腊的帕留姆，其中还提到，据说维雷斯穿了一件"tunica pulla"（一种染色束腰外衣），而不是一种元老才有的、带紫色条纹的白色束腰外衣，他的级别和他在西西里岛的政治地位要求他穿这种白色束腰外衣。[15] 在此处，古希腊和古罗马服装的对比相当狡猾：那个时期，举止得体的西西里人大多是古希腊社群的成员，而维雷斯可以说是穿着符合他社会地位的服装。古罗马人非常习惯于在非公务时间不穿托加袍，并且常常喜欢在私下穿希腊风格的服装，或在这类服装适合他们的政治目的时穿着。这种类型的"代码转换"是精英文化的一部分，在这种文化中，对以语言、文学和艺术等形式展现出希腊文化那些象征符号的渴望被一些人认为是博学的、复杂的世界的一部分。西塞罗本人可以为他的另一名被告，拉布里乌斯·波斯图穆斯（Rabrius Postumus）提出完全相反的立场，后者因在与埃及统治者打交道时穿戴帕留姆而受到称赞，这可以帮助西塞罗实现自己的目的。[16]

后来的那些古罗马作家适应了这种人格批评模式并以此来暗示皇帝们不适合统治帝国。众所周知，模范的第一公民奥古斯都坚持在公共活动中穿托加袍，他手上还总有一件托加袍以防他突然被要求出差，[17] 但他的继任者未能遵守这种着装规范，言外之意即未能遵守这种道德上的"正直"。据说罗马皇帝卡利古拉（Caligula）"不遵循国家或同胞的用法……甚至不遵循他的性别"，并且"……经常穿着一件用宝石装饰的'paenula（长斗篷）'，搭配一件长袖束腰外衣和手镯出现在公共场合；有时穿着丝绸质地的衣服和女性穿的长袍（cycladatus，一种有饰带的圆形斗篷）；如今还穿着拖鞋或者说……穿着靴子，跟皇帝的侍卫穿的一样，并且有时会穿女性才穿的低帮鞋"。[18]

苏埃托尼厄斯（Suetonius）对皇帝尼禄也有类似的描述，他称尼禄经常穿着不系腰带的"synthesis"（束腰外衣和斗篷的组合，一种更适合私人场合的装束）出现在公共场合，并穿着拖鞋，脖子上围着一条手帕。[19]这种文学表现在古代晚期变得司空见惯；公元4世纪晚期写了《罗马帝王纪》（*Historia Augusta*）——这是一系列有关公元3世纪在位的罗马皇帝的，讽刺性的有时甚至略显粗俗的传记——的作者，甚至可以与他的读者玩文学游戏。在马克里努斯（Macrinus）传记的导言中，作者指出，作家的职责不是去记录一位皇帝的衣橱或饮食等琐碎事情，除非它们反映了主人的性格——接着，他又调侃了一些细节，例如埃拉加巴卢斯（Elagabalus）那镶满珠宝的波斯丝绸束腰外衣，或加里恩努斯（Gallienus）的紫金色长袖束腰外衣和丝网鞋（因为它看着像女人的发网）。[20]

对角色穿着的描述让读者能具象化该角色的性格，因此那些描述了服装用途的特殊服装或肢体语言逐渐成为特定情感的同义词或象征。在古希腊诗歌和戏剧中，戴面纱这一动作具有掩盖和揭露事物的双重功能，被用来表达一系列情感。上下文通常会让观者注意到这种情感预期，尤其是在那些史诗和戏剧中，其中可能还有广为人知的神话故事。海伦，传说中古希腊人和特洛伊人之间爆发旷日持久的战争的起因，荷马形容她在离开宫殿前往城垛并俯看战斗场面时戴着面纱。戴面纱这一举动反映了古代女性在户外时的传统美德，但也隐藏了她的眼泪，并且道格拉斯·凯恩斯（Douglas Cairns）认为，这还掩饰

· 西方服饰与时尚文化：古代

了她抛弃丈夫的羞愧；也许我们会因她名誉尽失而更加怜惜她。[21] 因此，一个动作可以传达一系列信息。古代男性也会戴面纱，往往也是发生在"aidōs（荣誉或耻辱，还包括从自尊到尴尬、耻辱的所有含义）"的情形之下，尤其是在他们的荣誉受到质疑或打击的情况下。在古希腊文学和艺术中，面纱就像是一种用来表现情感的工具，结合它的功能来处理那些看得见和看不见的概念，以及因它而关联的一系列情感，并由此延伸到服装本身来体现情感。道格拉斯·凯恩斯还讨论了阿伽门农——在特洛伊城外的古希腊军队首领，他被描述为"披着无耻的衣服（clothed in shamelessness）"，他的面纱成为一种情感表达工具。[22] 有关纺织品、服装以及穿衣和脱衣行为的隐喻用法，是古代乃至现代语言和文学的一个特征。我们会说"夜色覆盖大地，天空布满繁星"，会说"神秘的面纱被揭开"。这是一种隐喻性的语言，我们从经典中将其继承下来，例如，经典中常提到，戴面纱通常意味着对死者的哀悼，所以死亡被表达为"夜晚或黑暗笼罩着头部"。死者实际上是由遮住头的那些戴面纱的哀悼者用裹尸布和泥土掩埋的，这一事实强化了死亡被视作一件衣服这种隐喻性概念。这些隐喻展示了服饰语言的复杂性以及它表达一系列具体和抽象概念的能力。[23]

有些服装可以说有一种属于自己的文学生涯。在古希腊戏剧中，关于古希腊女性的佩普洛斯，有一段有趣的历史。在早期古希腊史诗和诗歌中，佩普洛斯是珍贵的，往往是奢侈和女性气质的象征；是一件存在于那些古老故事中、由女主人公织造并穿上的服装。例如，海伦送了一件佩普洛斯给奥德修斯的儿子，作为他未来新娘的礼物。[24] 它曾经也是古代雅典女性的日常服饰。历史学家希罗多德把它的衰落解释为单一历史事件的结果：当某场战役的唯一幸

图 9.1 克缇西斯（Ktisis，意为"创建之物"）化身的马赛克拼贴画，公元 6 世纪早期。它反映了使用珠宝和带有装饰的面料在这一时期变得更普遍。男性人像穿着古罗马晚期的长袖且带有典型装饰的束腰外衣。©The Metropolitan Museum of Art, New York.

存者到达雅典城并向城里的女人们报告此次惨败时，她们包围了这个幸存者，并用她们衣服（佩普洛斯）上的别针将他刺死。从那以后，女性开始不被允许穿那些必须用别针固定的衣服，并且被迫将衣服换成带"扣子"的希顿。[25] 根据希罗多德的说法，服装风格的改变是一群古代雅典妻子的一次谋杀行为的结果，而这种改变不是出于一种时尚方面的选择，而是一种惩罚和控制手段。佩普洛斯作为带有谋杀联想的服装，继续存在于公元 5 世纪的古希腊戏剧中。在复述关于克莉泰涅斯特拉、黛安内拉和美狄亚的神话故事时，她们穿的用来破坏丈夫生活的衣服被描述为"peploi[2]"。[26] 在这些故事中，这些服装既是毒药的物质载体（黛安内拉和美狄亚），又是家庭财富的载体（克莉泰涅斯特拉），同时还是一种诅咒和傲慢的象征。[27]同一时期，在神话和戏剧的世界之外，对于雅典城来说，这种衣服保留了它在仪式方面的意义，因为城里每年都会为他们守护女神雅典娜的宗教塑像编织一件新的佩普洛斯，而进贡这件佩普洛斯成为隆重的公民节日即泛雅典娜节中一个核心仪式。[28] 因此，一件服装可以有许多实际作用和文学上的象征作用，它的多面含义由上下文和观者的博学程度来确定。

到目前为止，本章中提到的大多数作品都没有对服饰做任何详尽的描述。作者假定他们的读者会理解并认可所使用的术语和与之相关的意识形态。尽管作者对着装方式提出了诸多批评，但关于如何去穿衣服才合适的这方面信息很少留存下来，因此我们需要借助现存的视觉表现去理解。在文献中，与此相关的唯一例外是古罗马托加袍。关于如何穿上托加袍以及穿上托加袍后要如何规范自己的言谈举止的指导性内容，是现存的古罗马文学中对服装最长且直接的描述。[29] 它出现在昆体良于公元1世纪写的一篇关于演讲术的长篇论文中。他生动地描绘了演讲者在演讲时的形象，强调了法庭行为的表演性质、托加袍随演讲者的动作而产生的运动轨迹，以及如何去管理托加袍的垂褶。昆体良承认"cultus"这一概念所体现的内在困境：个体应该显得"高贵和有男子气概（splendidus et virilis）"，应穿着合身的托加袍，但同时他不应过分

---

[2] "peploi"是"peplos"（佩普洛斯）的复数形式，这里的意思是女子破坏丈夫生活的时候会穿几件佩普洛斯，其穿着方式也有所不同，她们会在繁复的布料下隐藏匕首等凶器。——译注

注意自己的外表。昆体良对束腰外衣长度的描述——前面略低于膝盖，而后面到小腿中间——将演讲者完全置于衣服太长（像女人）或太短（像士兵）这两个极端情况之间。托加袍前部下缘要到胫骨（小腿）中间，后部则稍微高一点；"sinus"应刚好到束腰外衣下摆上面一点的位置；"balteus"不能太紧或太松；翻出的"umbo"应低一些，才能更好地保持住它的位置；对"sinus"的剩余布料，应仔细整理后将其固定在左肩上，让托加袍前后下缘垂到同一水平位置。[30] 昆体良知道托加袍对穿着者的肢体语言产生的影响，但他也清楚演讲者可以通过特定方式去操纵它，从而营造出某种效果。穿着它时应该让胸部暴露在外，因为宽阔的胸膛令人印象深刻；左臂只能抬到肘部，大概是因为这样可以控制并防止布料从肩部滑落。昆体良承认，这种姿势只有在演讲刚开始时才真正可行；一旦演讲者全情投入，就可能出现一些戏剧性的时刻，例如将托加袍的多余布料抛到左肩后面，或者如果"sinus"卡住了则会将它拉起来。也可能会出现剧烈运动导致演讲者过热的情况，这时需要脱掉上半身的托加袍，或将那些宽松的褶皱扯起挂在左臂上——这些行为都是有意为之并且可被接受的，因为它们符合演讲动作特征，特别是在演讲接近尾声时，出现一些身体上的失控以及衣服凌乱的情况会加强一场演讲的情感魅力。[31] 在论述的前面部分，昆体良曾建议收敛这些动作，以展示演讲者自己及其职业的威严：他应避免过多的手部动作，例如过于频繁地挥动手臂；或者过于频繁且用力地将托加袍的多余布料抛到左肩上，以至于别人无法安全地站在他身后；又或者右手抓住托加袍，然后用左手来做手势。[32] 所有这些动作可能确实反映了个人穿着托加袍进行活动的真实情况，还描绘了穿托加袍所必须具备的肢体语言（尤其是在形象也属于演说的一部分的那些场景之中），这是一种必须学会的技能。

确实，皇帝卡利古拉（Caligula）因在盛怒之下离开剧院时被他的托加袍绊倒，就受到嘲笑。[33]

皇室托加袍是一种在城市生活场合或仪式场合以外、任何时候都可以穿的服装，有人认为，作为一种服饰，它消亡的主要原因是它极其笨重。[34] 的确，除了昆体良外，我们对托加袍这种服装的了解，要么来自那些鼓励或明确支持穿托加袍的文学内容，要么完全相反，来自那些与托加袍有关的、存在于讽刺言论或论战中的抱怨，例如基督教徒特土良写的《斗篷》（De pallio）。[35] 这些论述提出了一种消极的观点，谴责了维持服装造型的困难和代价或在特定场合之下穿着它的社会压力，并与认为托加袍能体现出公民身份和男子气概这些积极文化理念的托加袍理想进行了反对话（counter-dialog）。讽刺作家们认为并不是所有人都认同这种观点。他们笔下那些人物富有诗意地抱怨着必须要穿着一件托加袍才能与受保护人（client）在城里展开日常工作。这种反对话无关精致或优雅，它是一种修辞，在这种修辞中，托加袍是一种社会和身体负担：托加袍作为公众展示高贵地位的象征的想法被颠覆了，它变成了个体在社会秩序中公开展示低贱地位的象征，就像一个被骚扰的受保护人去照顾他的主保人。[36] 对于马尔提亚（Martial）来说，托加袍几乎发展出了属于它自己的个性。他抱怨很难维持新羊毛那种外观，并为他那发黄托加袍的老旧外观感到惋惜，在它还是全新的时候，它闪闪发光、洁白无瑕——现在却被比作一个老太婆，甚至不配给一个穷人穿。[37] 讽刺文学证明了一个观点，那就是托加袍是一种"难伺候"的服装，无论是在穿它还是在护理它的时候。[38]

讽刺的难点在于它的意象和其伪现实主义的直接性应是引人入胜的。它确实让雅典这座古代城邦里的生活更加"清晰可见"，但它只是一种特殊的文学视角。掌握了马尔提亚和尤维纳利斯（Juvenal）的作品，我们能够描绘出这样的场景：忙碌的受保护人不得不在清晨醒来，并在光线不足的情况下穿上托加袍，他无法检查衣服的褶皱整理得是否正确或者昨天吃晚餐时是否沾上污渍。他在徒步穿越城市时，衣服很容易变得凌乱；他需要攥住它、控制它，这样它才不会散开或滑落下来，或者掉进脚边可能会有的各种污泥里，或者被路人缠住，又或者被驮货的动物、手推车以及街道设施（street furniture）挂住。[39] 很容易想象到，受保护人在到达主保人处时会又热又烦躁，他的束腰外衣变皱了，托加袍被弄乱了，因此他不得不在他主保人家的门槛上重新整理衣服上的垂坠、褶子。虽然讽刺文学可能反映了一些个人穿着托加袍的实际情况——昆体良那些详细说明也可能如此——但我们还是应该警惕对其过度解读，并注意讽刺文学的目的不在于向现代读者讲述与服饰本身有关的事。

正如本章开头所指出的，着装方面的修辞对男女产生的作用是不同的。虽然女性被认为天生就会被人身上的装饰吸引，但这并不只是一种简单的论述。在当时的任何特定环境中，女性都被要求看起来有吸引力，但又不能逾越社会礼节的界限。与男性一样，女性也被要求打扮得干净整洁，并且由于（被认为）相较男性她们天性更柔弱，所以她们在化妆品和珠宝这类额外装饰品方面被赋予了一定的自由度。但这并不意味着一位好妻子可以打扮得像一个妓女。

公元 5 世纪的喜剧作家阿里斯托芬在他的许多作品中都体现了这些思想。在《吕西斯特拉忒》（Lysistrata）的开头几行，雅典妇女决定举行一场性罢工以阻止雅典与斯巴达之间的战争，两位女性角色进行了一场对话：

> 卡洛尼克：我们女人！我们能想出什么样的好点子呢？坐在家里抹上

胭脂，穿上藏红花色的长袍，穿着亚麻衬裙和轻便的拖鞋来炫耀自己？

　　吕西斯特拉忒：但这正是我的意思。藏红花色小连衣裙、香水、轻便的拖鞋、胭脂、透明的希顿——这些正是我们拯救希腊所需要的东西。[40]

　　剧作家用非常简洁的语言构建了情节，并展示了一种对女性的刻板性别观：被家庭限制，只对自己的外貌和炫耀自己感兴趣。但实际上她们同样也拥有危险的力量，特别是她们可以通过服饰和使用化妆品来进行伪装和欺骗，让她们看起来不像自己，变得有魅力，以此误导他人。此处的喜剧讽刺意味是双重的：在剧中，女性角色正是通过运用她们的"美人计"而成为非常有影响力的政治角色；然而，在古希腊戏剧中，所有角色都是由男性扮演的。[41]

　　像解读古代文献中的女性这样的难题，也一直是备受学者关注的课题。想要了解古代西方女性对服饰的态度，面临的主要挑战是，在西方古代文学中，凭女性自身的实力，她们很难让自己的声音被听到，并且当她们将观点表达出来时，她们往往又落入透过男性思维这一棱镜所看到的刻板印象中。[42] 不管在何处，一个打扮过的女子被定位在一位体面的妻子和一个声名狼藉的妓女之间。女性服饰的这个度是通过讨论女性穿着打扮后的身体来进一步明确的，[43] 而这也是一场旷日持久的讨论。公元2世纪，古罗马作家埃利安（Aelian）提醒他的读者要借鉴阿里斯托芬的著作里描绘的女人行头。他的一部残存下来的作品中列出了一个女人的装备，其中包括剃刀、剪刀、镜子、蜡膏、硝石、假发、服饰镶边（dress- trimming）、发带（hair-ribbon）、头带（headband）、

朱草 [3]、白蜜粉（white face-powder）、香水、浮石、胸罩、发网、面纱、胭脂、项链（necklace）、睫毛膏、柔软的长袍、束腰带（girdle）、披肩、睡袍（negligee）、镶边长袍、束腰外衣、条纹短上衣、烫发钳（curling iron）、耳环、金饰、项圈（necklet）、束紧衣服用的别针（cluster pin）、脚链、胸针、手镯、链条（chain）、脚镯（foot bangle）、戒指、膏药、胸带、红玉髓、颈链（choker），以及"其他许多你没有力气去列出来的东西"。埃利安认为，这份配件名录中的物品在他所处的时代仍然是女性的典型物件，其含义是女性倾向于花费时间和金钱在这些短暂使用但昂贵的物品上。在这样的话语中，女性与时尚的联系更加紧密，因为男性作家认为她们会被闪亮的、新颖的以及与众不同的事物吸引。

古代的时尚难觅其踪，但古代作家们注意到风格的变化通常发生在某种会引发焦虑的背景下。在古代雅典，新的男女服饰类型都是根据政治变化和更广泛的、关于奢华和节制的讨论勾勒出来的。正如我们之前所讨论的，历史学家希罗多德解释了古希腊女性服装从所谓的多立克式佩普洛斯到爱奥尼亚式希顿的变化。因此，将女性服装变成不需要别针的亚麻束腰外衣，被解释为一种政治举措，而非出于一种时尚选择。不久之后，修昔底德将男性装束的变化解释为雅典民主政治发展的一部分。与早期一些男性借助更奢侈的服装和金色的蚱蜢形状的发卡来显示他们在社会金字塔中的地位相比，这一时期的男性正遵循适度、简朴的斯巴达式着装风格。[44] 然而，人们不应该只从表面上去看待这种人人穿着相似、风格相对保守的想法：这是通过个人外貌来展现社会和政治

---

[3] 朱草：alkanet，一种开紫花的植物，其根可用于制作胭脂、红色染料。——译注

变化的修辞的一部分。

在阿里斯托芬的《马蜂》（*Wasps*）（公元前 422 年）中，服装风格的变化也滑稽地表现为几代人之间的冲突。该剧是对领导雅典、克里昂（Cleon）和雅典陪审团制度的其中一人的政治批判。它是通过斐罗克勒翁和他的儿子布得吕克勒翁之间的世代冲突所产生的喜剧效果来展现给观者的。"纨绔子弟"布得吕克勒翁想让他的父亲穿一种新式长斗篷，一种来自波斯的厚羊毛卡吾拉凯斯（kaunakes）[4]，年长的父亲却不愿放弃自己又旧又破的衣服（tribōn）。斐罗克勒翁抱怨新式长斗篷的重量，并将它与来自阿提卡乡下的粗糙羊皮斗篷（sisurā）进行比较。他的儿子则因觉得他任性、无知而斥责他，儿子就像一个浮夸的推销员一样，强调这件长斗篷具有异域风情，以及制作它所需羊毛量大和费用高。父亲继续冷嘲热讽，在暖和的卡吾拉凯斯里做出呼吸困难的样子，声称他的儿子正试图闷死他。套装的最后一部分是一双全新的"拉哥尼亚"鞋，用于替换掉父亲的旧靴子。这让老父亲更加反对，称他不想穿他死敌的鞋子。剧中将传统服装和新时尚进行对比，强化了描述思想狭隘的老一代与思想开放的年轻一代两位角色时的张力。斐罗克勒翁代表着雅典陪审员的旧价值观，而他的儿子则映射了当时出现在雅典历史中的那些年轻的、都市化的人。[45]阿尔西比亚德斯（Alcibiades）就是这样一位年轻而耀眼的政治家，与其在辩论时所展示出的美貌和胆量同样闻名的，还有他日常生活中的不良品行。他被普鲁塔克描述为"穿着女性化的衣服，拖着长长的紫色长袍招摇过市"。[46]这些例子表明，当时即使存在一种关于适度着装和要求着装相对统一的话语，

---

[4] 卡吾拉凯斯：一种有流苏装饰的长袍。——译注

也同时存在着一种对新奇事物的渴望以及一种表达某些个性的着装方式。不同的文学体裁产生了关于"穿着打扮"的不同例子。时间流逝，它们追寻着变化并以不同的方式将其呈现出来；但它们都有一种潜在的道德说教意味，都在暗示着有一个不知何故被忽视了的黄金标准。

在古罗马，一场关于女性是否有权使用奢侈品的政治辩论显露出了一点时尚的感觉——即女性有表达差异和个性的能力。公元前 215 年，布匿战争正处于危急关头，当时古罗马通过了一项禁奢令——奥庇乌斯法（lex Oppia），禁止女性拥有超过半盎司的黄金或穿带紫色的衣服。这项法律有双重效用：它控制了开支，但或许更重要的是，它试图鼓励女人们回归传统女性的端庄——这种美德被认为遭到破坏，因为女性具有通过衣着来表达和炫耀财富和地位的能力。人们希望这种对传统价值观（mos maiorum）的回归能够取悦神灵，并提高罗马共和国取得军事胜利的机会。[47] 历史学家李维（Livy）在公元前最后一个世纪末撰文记录了公元前 195 年在进行废除该法令的辩论时发生的事情。这一事件在古罗马历史上很有名，因为据说这也是古罗马妇女的一次示威事件。两位主角，保守派执政官卡托（Cato）和护民官卢修斯·瓦勒里乌斯（Lucius Valerius），讨论了他们对女性、服装和装饰品的关系的对立观点。卡托认为，当每个人都穿一样的衣服——也就是说，在没有法律禁止穿着金色和紫色服饰的情况下——那么所有女人看起来都一个样，无论贫富。他说，女人们回应称，"为什么她们要看起来都一样？为什么上层社会的女人不应该穿紫色和金色的衣服来让自己变得显眼？她们想把自己与贫家女区分开来。"卡托还谈到了奢侈的危险：有钱的女人会想拥有别人不能拥有的东西，而穷女人为了避免贫穷带来的耻辱，她们（以及她们的丈夫）会透支自己以模仿有钱人的时尚。[48] 作为回应，瓦勒里乌斯认为，这项在战争时期通过的法令现在应该被废除。他说，既然男人能在他们的外衣上用紫色，那么没有什么理由不让女人这么穿。值得注意的是，关于古代的时尚概念，瓦勒里乌斯的主要观点是，由于女性没有担任政治职务或祭司职务，并且不能赢得诸如奖章和战利品之类的荣誉象征，所以她们的荣誉象征其实是优雅的外表、装饰品和服装。她们在哀悼时可能会取下她们的装饰品，但在庆祝时她们应穿戴上她们最美丽的衣服和珠宝。女性装饰自己是自然秩序的一部分。李维提到的辩论其实是一种精心编排过的修辞，旨在呈现对立的两方。虽然它表面上与女性的外貌有关，并包含了李维的读者熟悉的比喻手法（消费、潜在的欺骗、个性的危险、下层阶级的经济风险），但它那并不难琢磨的潜台词涉及围绕着奢侈和炫耀的社会及紧张的政治局势，以及他在公元前1世纪后期所推崇的节制与自我控制的美德。与此同时，显而易见的是女性在寻求看起来与他人不同，并通过着装和装饰来显示自己的地位。这种文学作品没让我们看到上流社会之外的人，但我们可以想象，那些买得起染过色或装饰过的精美纺织品、具有异域风情且昂贵的丝绸的人，可能会选择这样做并可能穿戴上这些物品，以此来提升自己在社会群体中的形象（或者为了取悦自己）。道德谴责可能是口头上的，它对市场的影响并不太大。[49]

李维表达的观点说明了古罗马"cultus"艺术中表达出的自我呈现意识。男人与女人这种小心翼翼的自我塑造应向公众呈现出一种映射了优秀品格的形象。男人可以通过精心打扮和穿上合时宜的衣服来体现他们的男子气概和道德上的正直，但对于女人来说，情况则要复杂得多。通过化妆品和染发剂来改变自己外表和造型的这种能力，具有欺骗性甚至危险性等潜在影响，因为女性可以把她们自己易容成其他样子。但与此同时，一位雅典妻子和一位罗马妇女被期望是优雅的，并且她们的造型和举止映射了她们的丈夫和家庭的社会地位。[50]

公元 1 世纪，诗人奥维德在《爱的艺术》中写了一系列有"情色说教意味（eroto-didactic）"的诗。[51]奥维德对"cultus"的概念持积极态度。他建议，只要女性提升她们的自然容貌，且不过分试图掩饰自己的缺点或把自己变得不像自己并以此来欺骗男人（在这种情况下，"男人"指的是她们的客户或情人），她们对面部和身体的装饰就是可以被接受的。奥维德在书中以一位老鸨(莉娜)的口吻建议"她的女孩们（courtesan，即名妓）"应该避免奢华（在涉及金色和紫色服装问题的奥庇乌斯法中提到过），并选择适合她们肤色的服饰颜色。颜色包括天蓝色、灰色、黄色、海绿色、紫水晶色、玫瑰白色、栗棕色，以及"与春天的花朵颜色一样多的颜色"。[52]奥维德指出，（在当时的罗马）羊毛纤维是能呈现染料最佳颜色的纺织品原料。羊毛织物也是一种朴素的面料，它没有这一时期的丝绸所具有的那种异国情调和奢华的、被认为不道德的内涵。毫无疑问，奥维德在这里玩了一场复杂的文学游戏，在一种高级文学体裁中谈论不合时宜的主题，将权威归结于女性着装的主题和大多数古罗马男性认为不值得考虑的名妓的衣服。与讽刺文学一样，这样的文学表现提供了一个在其他方面有不足的视觉化世界。同时，奥维德还为古罗马人的行头增添了色彩，这些色彩在大多数视觉证据中都遗失了，但在纺织品考古遗存中异常耀目。[53]

早期的基督教作家在描写女性服饰时也用了类似的比喻。[54]特土良给了早期传统的性别刻板印象一个新的切入点，通过她们与夏娃的联系去教导所有的女人，华丽的服饰都是属于妖妇的和"通向魔鬼的大门"。特土良的观点是极端的，他认为女人应该打扮得跟忏悔者一样，因为任何可能吸引男人注意的颜色、珠宝或服装样式都证明女人与奥维德笔下的"puellae（姑娘）"相差无几。特土良认为女性服装应该是朴素的且未经染色、天然的织物，他说，如果上帝想让女人穿上有颜色的服装，那他早就创造出紫色和天蓝色的羊了。[55] 在公元4 世纪末和 5 世纪早期，杰罗姆（Jerome）——一个倡导苦修运动的传教士重拾了这些观点中的一部分，并将其重新应用到古罗马上层阶级女性的身上。公元 414 年，他主动给一个出生高贵的年轻女孩写了一封信。这个女孩决定在她婚礼前夜献身给圣洁事业，他如此建议道：

> 避开那些快乐的、无忧无虑的姑娘，她们打理着脑袋，将头发梳出刘海，用化妆品来改善皮肤，掩饰她们的小心思，衣服上没有褶痕，还穿着精致的拖鞋；以处女的名义将自己出售。此外，主妇的性格和品位通常可以从侍从的行为推断出来。如果一个人不知道自己长得漂亮，也不注意自己的外表；当她外出，来到公共场合时不露出低领衣（décolleté），也不在将头向后仰时露出脖子，而是用面纱遮住脸，在她需要找路时才勉为其难地只露出一只眼睛走路，那么她就是一个美丽且惹人爱的合适的伴侣。[56]

杰罗姆吸收了古典教育和基督教学习中那些文学意象（topoi），将传统的性别刻板印象与基督教的新的天命思想重新结合起来。需要注意的是，这种谴责女性装饰自我的文学趋势，仅仅是一种文学上的表现，完全没有得到考古学和物质证据的支持。墓葬纪念碑和小物件等形式的物质文化证据证明了在整个古代人们对化妆品、假发、珠宝以及一些非常精致、有漂亮颜色和精美装饰的纺织品的运用。[57]

　　文学提供了一种与视觉和物质证据不同的、关于服装和时尚的图景。它帮助现代人去理解雕塑、绘画和马赛克拼贴画所表达出的着装规范，并突出了作者们试图表达的意识形态、道德规范；但它掩盖了服装那很大一部分鲜活的、经验性的本质。我们几乎失去了对古代服饰的质地、褶皱、动态、气味和声响的体验，但书面文本确实提供了一个关于服装和穿衣的个体是如何在社会中相互作用以及如何去表达这种图景的观点。实际上，我们必须假设，那些发表意见（或寻求意见）阶层之外的个体可能会穿他们买得起的衣服，并可能会用这些衣服来打造出自己的风格。

原书注释

Introduction

1. See in particular chapters 6, 8, and 9 in this volume. For influential historic theories of dress history see Michael Carter, *Fashion Classics from Carlyle to Barthes* (Oxford: Berg, 2003); Kim K. Johnson et al. (eds), *Fashion Foundations: Early Writings on Fashion and Dress* (Oxford: Berg, 2003).
2. For examples see the case studies in Margarita Gleba and Ulla Mannering (eds), *Textiles and Textile Production in Europe from Prehistory to AD 400* (Oxford: Oxbow Books, 2012).
3. Hero Granger-Taylor, "Weaving clothes to shape in the ancient world: the tunic and the toga of the Arringatore," *Textile History* 13 (1982): 3–25. See Figure 3.5 in this volume.
4. See Chapter 1 in this volume for a full discussion of production processes.
5. For images and reconstructions see Alexandra Croom, *Roman Clothing and Fashion* (Stroud: Tempus, 2000), 76–7, plates 11 and 12.
6. See Chapters, 3, 5, 6, 8, and 9 in this volume for ways in which tunics could be worn and serve as markers of identities.
7. For looms, see Chapter 1 in this volume; Eric Broudy, *The Book of Looms* (Hanover & London: University Press of New England, 1979).
8. See Aileen Ribeiro, *Dress and Morality* (Oxford: Berg, 2003), 19–29; chapters 4, 6, and 9 in this volume.
9. See Chapter 7 in this volume.
10. See Chapters 4 and 9 in this volume.
11. Dominique Cardon, *Natural Dyes: Sources, Tradition, Technology and Science* (London: Archtype Publications, 2007). See Chapter 1 in this volume.
12. Cardon, *Natural Dyes*, 565–92; Meyer Reinhold, *History of Purple as a Status Symbol in Antiquity* (Brussels: Collections Latomus, 1970).
13. See Jan Stubbe Østergaard, "The polychromy of antique sculpture: a challenge to western ideals?" in *Circumlitio: The Polychromy of Antique and Medieval Sculpture*, eds M. Hollein, V. Brinkmann, O. Primavesi (München: Hirmer, 2010), 78–105. On the techniques for revealing polychromy, see Heinrich Piening, "From scientific findings to reconstruction: the technical background to the scientific reconstruction of colours," in *Circumlitio*, 108–13. On the Persian archer, see Vinzenz Brinkmann and Ulrike Koch-Brinkmann, "On the reconstruction of ancient polychromy techniques," in *Circumlitio*, 105–35. Experiments with UV-VIS absorption spectroscopy have identified a diamond pattern in the Persian rider's leggings (*anaxyrides*) that included blue, green, red, and yellow. Above the *anaxyrides*, an equally colorful and patterned fragment of tunic has been analyzed displaying a similar range of hues. This use of color and garment highlights the foreign nature of Persian dress; see further Chapter 7 in this volume.
14. Stubbe Østergaard, "The polychromy of antique sculpture," 94–7; Clarissa Blume, "Bright pink, blue and other preferences," in *Transformations: Classical Sculpture in Colour*, eds Jan Stubbe Østergaard and Anne Marie Nielsen (Copenhagen: Ny Carlsberg Glyptotek, 2014), 166–90; Blume also stresses that the color used on the clothing and ornamentation of the statues serves to stress the expense of both the dye and the pigment, 183.

15. On terracottas see Violine Jeammet, "Sculpture en miniature: polychromy on Hellenistic terracotta statuettes in the Louvre Museum's collection," in *Transformations: Classical Sculpture in Colour*, 208–23.

16. Blume, "Bright pink, blue and other preferences," 183.

17. See Judith Sebesta, *"Tunica ralla, tunica spissa*: The colors and textiles of Roman costume," in *The World of Roman Costume*, eds Judith Sebesta and Larissa Bonfante (Madison: University of Wisconsin, 1994), 65–76; Plautus, *Epidicus*, 229–35.

18. Apuleius, *Metamorphoses*, 2.7.

19. Dominque Cardon, Hero Granger-Taylor, Witold Nowik, "What did they look like? Fragments of clothing found at Didymoi: Case studies," in *Didymoi: une garnison romaine dans le désert oriental d'Égypte*, ed. Hélène Cuvigny (Cairo: Institut français d'archéologie orientale, 2011), 273–362.

20. Cardon et al., "What did they look like?" 303. For images of Roman mummy portraits, see Susan Walker (ed.), *Ancient Faces* (London: British Museum, 1997).

21. See Chapter 1 in this volume on textile production; on the relationship between textile work and female virtue see: K. Carr, "Women's work: spinning and weaving in the Greek home," in *Archéologie des textiles des origines au Ve siècle*, eds Dominique Cardon and Michel Feugère (Montagnac: Editions Monique Mergoil, 2000), 163–6; Lena Larsson Lovén, "Lanam Fecit—wool working and female virtue," in *Aspects of Women in Antiquity,* eds Lena Larsson Lovén and Agneta Strömberg (Jonsered: Paul Åströms Förlag, 1998), 85–95; EAD, "Wool work as a gender symbol in ancient Rome. Roman textiles and ancient sources," in *Ancient Textiles: Production, Craft and Society*, eds Carole Gillis and Marie-Louise Nosch (Oxford: Oxbow Books, 2001), 229–36.

22. See Chapter 2 in this volume.

23. Ulla Mannering, "Roman garments from Mons Claudianus," in *Archéologie des textiles des origines au Ve siècle*, 283–90.

24. *P.Oxy.* IV. 736 (first century AD); P. *Mich.* Inv. 3163 in Elinor Husselman, "Pawnbrokers' accounts from Roman Egypt," *TAPA* 92 (1961), 251–66.

25. Cf. John Scheid and Jasper Svenbro, *The Craft of Zeus: Myths of Weaving and Fabric* (Cambridge Mass.: Harvard University Press, 1996); papers in Giovanni Fanfani, Mary Harlow, and Marie-Louise Nosch (eds), *Spinning the Fates and the Song of the Loom* (Oxford: Oxbow Books, 2016).

26. Ellen Harlizius-Klück, *Weberei als episteme und die Genese der deduktiven Mathematik: in vier Umschweifen entwickelt aus Platons Dialog Politikos* (Berlin: Ebersbach, 2004); EAD, "The importance of beginnings: gender and representation in mathematics and weaving," in *Greek and Roman Textiles and Dress. An Interdisciplinary Anthology,* eds Mary Harlow and Marie-Louise Nosch (Oxford: Oxbow Books, 2014), 46–59.

27. Cf. Larsson Lovén, "Lanam Fecit" and Chapter 2 in this volume.

28. *P.Lond.* 193[V].

29. E.g. *P.Giss.* 21; *P.Mich.* XV 752; *P.Mich.* III 218.

30. Vindolana Tablet 399, http://vindolanda.csad.ox.ac.uk/index.shtml.

31. *Edict* 19, 24, 26, 28. The *Edict of Maximum Prices* is a very difficult document to decode in terms of relative economics. It also raises a lot of questions about sources and quality of clothing. See S. Lauffer, *Diokletians Preisedikt* (Berlin: De Gruyter, 1971); John Peter Wild, "Facts, figures and guesswork in the Roman textile industry," in *Textilien aus Archäologie und Geschichte. Festschrift für Klaus Tidow*, eds Lise Bender Jørgensen, Johanna Banck-Burgess, and Antoinette Rast-Eicher (Neumünster: Wachholtz Verlag, 2003), 37–45.

32. See Ida Demant, "Principles for reconstruction of costumes and archaeological textiles," in *Textiles y Museología*, eds Carmen Alfaro, Michael Tellenbach, and R. Ferraro (Valencia: Autor/a, 2009). Demant defines three categories: C standard—factory woven fabric, in quality as close as possible to the original, machine-sewn, except where the stitching would

have been visible and used for those who want to experience the feeling of natural fibers; B standard—garments made from hand-woven fabric from machine-spun yarn, in quality as close as possible to the original; plant dyed; suitable for museum displays and living history environments; A standard—hand-spun fiber, as close to the original as possible, woven on correct contemporary loom, hand sewn, plant dyed. Suitable for research reconstructions. See Ida Demant, "From stone to textile: constructing the costume of the Dama di Baza," *Archaeological Textiles Newsletter* 52 (2011), 37–40; Karina Grömer, "Reconstruction of the pre-Roman dress in Austria: a basis for identity in the Roman province of Noricum," In *Textiles y Museologíca*, 155–65. Demant and Grömer's research was undertaken as part of the European Dress ID project (2007–13) (http://www.dressid.eu). For more reconstructions see also François Gilbert and Danielle Chastenet, *La Femme romaine au début de l'empire* (Paris: Éditions Errance, 2007). On the use of tools and timings for spinning see Eva Anderson Strand, "The basics of textile tools and textile technology: from fibre to fabric," in *Textile Terminologies*, eds Cécile Michel and Marie-Louise Nosch (Oxford: Oxbow Books, 2010), 10–22.

33. See, e.g. Mukulkia Banerjee and Daniel Miller, *The Sari* (Oxford: Berg, 2003).

34. For recent reviews of methodologies and approaches to dress in Antiquity see John Peter Wild, "Methodological Introduction," in *Ancient Textiles: Production, Craft and Society*, 1–6 eds C. Gillis and M-L. Nosch (Oxford: Oxbow Books 2007); Mary Harlow and Marie-Louise Nosch, "Weaving the threads: methodologies in textile and dress research for the Greek and Roman worlds—the state of the art and the case for cross-disciplinarity," in *Greek and Roman Textiles and Dress. An Interdisciplinary Anthology*, (Oxford: Oxbow Books 2014) 1–33.

35. See Lou Taylor, *The Study of Dress History* (Manchester: Manchester University Press, 2001); EAD, *Establishing Dress History* (Manchester: Manchester University Press, 2004).

36. For example, the Danish National Research Foundation's Centre for Textile Research (CTR), University of Copenhagen (2005–15); the Research Network of Textile Conservation, Dress and Textile History and Technical Art History, University of Glasgow (since 2010); the research group, the Textile Revolution, in the German excellence cluster TOPOI (since 2012); in Leiden in the Netherlands, Gillian Vogelsang Eastwood runs the Textile Research Centre (TRC). The European Science Foundation has funded a number of dress and textile related research projects in the recent past: e.g. *DressID Clothing and identities. New perspective on textiles in the Roman Empire* (2008–13); *Fashioning the early modern* (2010–13); *Creativity and Craft Production in the Middle and Late Bronze Age* (2010–13). There are many new research projects currently being funded. For a recent list see Mary Harlow and Marie-Louise Nosch (eds) *Greek and Roman Textiles and Dress. An Interdisciplinary Anthology* (Oxford: Oxbow Books, 2014), 2–3 notes 4–10.

37. See e.g. Léon Heuzey, *Histoire du costume antique d'après des études sur le modèle vivant* (Paris: É. Champion, 1922); Herbert Norris, *Costume and Fashion vol. 1: The Evolution of European Dress Through the Earlier Ages* (London: J.M. Dent & Sons, 1924; reprinted as *Ancient European Costume and Fashion*, Mineola, NY: Dover, 1999); Mary G. Houston, *Ancient Greek, Roman and Byzantine Costume and Decoration* (London: Adam & Charles Black, 1947); François Boucher, *A History of Costume in the West* (London: Thames & Hudson, 1966). Fuller discussions of the historiography of ancient dress can be found in Jonathan Edmondson and Alison Keith (eds), *Roman Dress and the Fabrics of Roman Culture* (Toronto: University of Toronto Press, 2008), 1–20; Mary Harlow and Marie-Louise Nosch (eds), *Greek and Roman Textiles and Dress. An Interdisciplinary Anthology* (Oxford: Oxbow Books, 2014), 1–6; Kristi Upson-Saia, Carly Daniel Hughes and Alicia J. Batten (eds), *Dressing Judeans and Christians in Antiquity* (Farnham: Ashgate, 2014), 1–7. See also Larissa Bonfante, "Introduction," in *The World of Roman Costume*, eds Judith Sebesta and Larissa Bonfante (Madison: University of Wisconsin, 1994), 3–10.

1 Textiles

1. Eva Andersson Strand, Karin Frei, Margarita Gleba, Ulla Mannering, Marie-Louise Nosch, and Irene Skals, "Old Textiles—New Possibilities," *European Journal of Archaeology* V 13 (2): (2010): 149–73.

2. Karl Schlabow, *Textilfunde der Eisenzeit in Norddeutschland* (Neumünster: Wachholtz, 1976); M. Hald, *Ancient Danish Textiles from Bogs and Burials* (Copenhagen: The National Museum of Denmark, 1980); S. Möller-Wiering, *War and Worship: Textiles from 3rd to 4th-century AD Weapon Deposits in Denmark and Northern Germany* (Oxford: Oxbow, 2011).

3. Margarita Gleba and Ulla Mannering, "Introduction: Textile Preservation, Analysis and Technology," in *Textiles and Textile Production in Europe from Prehistory to AD 400*, eds Margarita Gleba and Ulla Mannering (Oxford: Oxbow Books, 2012), 1–23.

4. See various chapters in Margarita Gleba and Ulla Mannering (eds), *Textiles and Textile Production in Europe from Prehistory to AD 400*: Y. Spantidaki and C. Moulherat, "Greece," 185–202; A. Stauffer, "Case Study: The Textiles from Verucchio, Italy," 242–53; Carmen Alfaro Giner, "Spain," 334–46. M. Gleba, "From textiles to sheep: investigating wool fibre development in pre-Roman Italy using scanning electron microscopy (SEM)," *Journal of Archaeological Science* 39.12 (2012): 3643–61.

5. Margarita Gleba, "Linen production in Pre-Roman and Roman Italy," in *Purpureae Vestes. Textiles y tintes del Mediterráneo Antiguo*, eds C. Alfaro, J.P. Wild, B. Costa (Valencia: University of Valencia, 2004), 29–38; Elizabeth J.W. Barber, *Prehistoric Textiles. The Development of Cloth in the Neolithic and Bronze Ages with Special Reference to the Aegean* (Princeton: Princeton University Press, 1991), 15–20.

6. Barber, *Prehistoric Textiles*, 11; Marie-Louise Nosch, "Linen Textiles and Flax in Classical Greece: Provenance and Trade," in *Textile Trade and Distribution in Antiquity*, ed. K. Droß-Krüpe (Wiesbaden: Harrassowitz Verlag, 2014).

7. C. Herbig and U. Maier, "Flax for oil or fibre? Morphometric analysis of flax seeds and new aspects of flax cultivation in Late Neolithic wetland settlements in southwest Germany," *Vegetation History and Archaeobotany* 20.6 (2011): 527, 532.

8. U. Körber-Grohne, *Nutzpflanzen in Deutschland* (Theiss: Stuttgart. 1994); U. Leuzinger and A. Rast-Eicher, "Flax processing in the Neolithic and Bronze Age pile-dwelling settlements of eastern Switzerland," *Vegetation History and Archaeobotany* 20.6 (2011): 535–42.

9. B.J. Kemp and G. Vogelsang-Eastwood, *The Ancient Textile Industry at Armana*, 23 (Egypt Exploration Society, 2001), 26.

10. E. Andersson Strand, "The textile *chaîne opératoire*: using a multidisciplinary approach to textile archaeology with a focus on the Ancient Near East," in *Préhistoire des Textiles au Proche-Orient/Prehistory of Textiles in the Near East*, eds C. Breniquet, M. Tengberg, E. Andersson Strand, and M.-L. Nosch, Paris; *Paléorient* 38 1–2 (2012), 21–40.

11. Andersson Strand, "The textile *chaîne opératoire*."

12. N. Shishlina, O. Orfinskaya, and V. Golikov, "Bronze Age textiles from North Caucasus: Problems of Origin," in *Steppe of Eurasia in Ancient Times and Middle Ages, Proceedings of International Conference*, ed. J.J. Piotrovskii (Saint Petersburg: The Hermitage, 2002), 253–9; M. Gleba, *Textile Production in Pre-Roman Italy* (Oxford: Oxbow, 2008), 70; Barber, *Prehistoric Textiles*, 18.

13. C. Bergfjord and B. Holst, "A procedure for identifying textile bast fibres using microscopy: flax, nettle/ramie, hemp and jute," *Ultramicroscopy* 110 (2010): 1192–7.

14. C. Bouchaud, M. Tengberg, and P. Dal Prà, "Cotton cultivation and textile production in the Arabian peninsula during Antiquity; the evidence from Madâ'in Sâlih (Saudi Arabia) and Qal'at-Bahrain (Bahrain)," *Vegetation History and Archaeobotany* 20.5 (2011): 405–17.

15. J.P. Wild, F. Wild, and A.J. Clapham, "Roman cotton revisited," in *Purpureae Vestes. Textiles y tintes del Mediterráneo Antiguo*, eds C. Alfaro, J.P. Wild, B. Costa (Valencia: University of Valencia: 2008), 143–8.

16. Gleba, *Textile Production in Pre-Roman Italy*; Barber, *Prehistoric Textiles*, 20.

17. M.L. Ryder, *Sheep and Man* (London: Duckworth, 1983); M.L. Ryder, "The human development of different fleece-types in sheep and its association with development of textile crafts," in *Northern Archaeological Textiles, Textiles symposium in Edinburgh 5th–7th May 1999*, NESAT VII, eds F. Pritchard and J.P. Wild (Oxford: Oxbow Books, 2005), 122–8.
18. Barber 1991; Andersson Strand, "The textile *chaîne opératoire*."
19. H. Waetzoldt, *Untersuchungen zur neusumerischen Textilindustrie*. Studi economici e technologici 1 (Rome: Centro per le antichita' e la storia dell'arte del Vicino Oriente, 1972); D.T. Potts, *Mesopotamian Civilization: The Material Foundations* (Ithaca, NY: Cornell University Press, 1997).
20. Lise Bender Jørgensen and P. Walton, "Dyes and Fleece Types in Prehistoric Textiles from Scandinavia and Germany," *Journal of Danish Archaeology* 5 (1986): 177–88; Barber, *Prehistoric Textiles*, 20–30; Michael Ryder, "The human development of different fleece-types in sheep"; A. Rast-Eicher, and L. Bender Jørgensen, "Sheep wool in Bronze and Iron Age Europe," *Journal of Archaeological Science* 40 (2013): 1224–41.
21. Waetzoldt, *Untersuchungen zur neusumerischen Textilindustrie*; Potts, *Mesopotamian Civilization*; Ryder, *Sheep and Man*; ibid., "The human development of different fleece-types in sheep"; A. Rast-Eicher, *Textilien, Wolle, Schafe der Eisenzeit in der Schweiz*, Antiqua 44. (Veröffentlichung der Archäologie Schweiz: Basel. 2008); A. Rast-Eicher and L. Bender Jørgensen, "Sheep wool in Bronze and Iron Age Europe."
22. Ryder, *Sheep and Man*; Barber, *Prehistoric Textiles*, 20–1.
23. M. Frangipane, E. Andersson Strand, R. Laurito, S. Möller-Wiering, M.-L. Nosch, A. Rast-Eicher, and A. Wisti Lassen, "Arslantepe, Malatya (Turkey): Textiles, Tools and Imprints of Fabrics from the 4th to the 2nd millennium BC," *Paléorient Pluridisciplinaire Review of Prehistory and Protohistory of Southwestern and Central Asia*. 35.1 (2009): 5–29.
24. Eva Andersson and M.-L. Nosch, "With a Little Help from My Friends: Investigating Mycenaean Textiles with Help from Scandinavian Experimental Archaeology," in *METRON. Measuring the Aegean Bronze Age*, eds K.P. Foster and R. Laffineur (Liege: *Aegeaum* 24. 2003), 197–206; E. Andersson, L. Mårtensson, M.-L. Nosch, and L. Rahmstorf, "New Research on Bronze Age Textile Production," *BICS* 51 (2008): 171–4.
25. E. Leadbeater, *Handspinning* (Bradford: Charles T. Brandford Company, 1976), 21–6; Gleba, *Textile Production in Pre-Roman Italy*, 98.
26. Andersson Strand, "The textile *chaîne opératoire*."
27. A.J. Witkowski and L.C. Parish, "The story of anthrax from Antiquity to the present: a biological weapon of nature and humans," *Clinics in Dermatology* 20.4 (2002): 336–7; Virgil. *Eclogues. Georgics. Aeneid: Books 1–6*, trans. H. Rushton Fairclough, revised by G.P. Goold, Loeb Classical Library 63 (Cambridge, MA: Harvard University Press, 1916).
28. M.F. Laforce, "Woolsorters' disease in England," *Bulletin of the New York Academy of Medicine* 54 (1978): 957.
29. Witkowski and Parish, "The story of anthrax from Antiquity to the present," 340.
30. Lise Bender Jøgensen, "The question of prehistoric silks in Europe," *Antiquity* 87 (2013): 581–8.
31. Berit Hildebrandt, "Seide als Prestigegut in der Antike," in *Der Wert der Dinge. Güter im Prestigediskurs*, eds B. Hildebrandt, C. Veit. München: C.H. Beck (Münchener Studien zu Alten Welt, 2009), 175–231.
32. G.M. Crowfoot, *Methods of Hand Spinning in Egypt and the Sudan* (Halifax, Bankfield Museum, 1931); Barber 1991, 43.
33. Barber 1991; Frangipane et al., "Arslantepe, Malatya (Turkey)"; Andersson et al., "New Research on Bronze Age Textile Production"; Andersson et al., "Old Textiles—New Possibilities."
34. M. Gleba, "Linen production in Pre-Roman and Roman Italy."
35. M. Gleba, "Linen production in Pre-Roman and Roman Italy," 109.

36. S. Lipkin, "Textile Making—Questions Related to Age, Rank and Status," in *Making Textiles in Pre-Roman and Roman Times. Peoples, Places and Identities*, eds M. Gleba and J. Pásztókai-Szeoke (Oxford: Oxbow Books, 2013), 19–29.

37. Andersson et al., "New Research on Bronze Age Textile Production"; Andersson Strand, "The textile *chaîne opératoire*."

38. G.M. Crowfoot, *Methods of Hand Spinning in Egypt and the Sudan*; Bette Hochberg, *Handspindles* (Santa Cruz: Bette and Bernard Hochberg, 1977). Barber, *Prehistoric Textiles*, 65–8.

39. Margarita Gleba and Ulla Mannering, "Introduction: textile Preservation, Analysis and Technology," in *Textiles and Textile Production in Europe from Prehistory to AD 400*, 1–23.

40. Barber, *Prehistoric Textiles*, 91; E. Broudy, *The Book of Looms. A History of the Handloom from Ancient Times to the Present* (Lebanon NH: University Press of New England, 1979), 26.

41. For more information on weaving on a warp-weighted loom and loom weights please see Andersson Strand and Nosch 2015 and Mårtensson et al. 2009.

42. J. Thompson and H. Granger-Taylor, "The Persian Zilu Loom of Meybod," *CIETA-Bulletin* 73 (1996): 27–53; Martin Ciszuk and Lena Hammerlund, "Roman Looms—a study of craftsmanship and technology in the Mons Claudianus Textile Project," in *Purpureae Vestes. Textiles y tintes del Mediterráneo Antiguo*, eds C. Alfaro, J.P. Wild, and B. Costa, 119–34. For more information on weaving on a warp weighted loom and loom weights see Eva Andersson Strand and Marie-Louise Nosch (eds), *Tools, Textiles and Contexts. Investigating Textile Production in the Aegean and Eastern Mediterranean Bronze Age* (Oxford: Oxbow Books 2015); L. Mårtensson, M-L. Nosch and E. Andersson Strand "Shape of things: understanding a loom weight," *Oxford Journal of Archaeology* 28 (4) (2009), 373–98.

43. See E. Broudy, *The Book of Looms*.

44. Karina Grömer, "Austria: Bronze and Iron Ages," in *Textiles and Textile Production in Europe from Prehistory to AD 400*, eds M. Gleba and U. Mannering, 27–64, 54, 58.

45. E. Broudy, *The Book of Looms*; K.-H. Stærmose Nielsen, *Kirkes væv. Opstadvævens historia og nutidige brug* (Lejre: Historisk-Arkeologisk Forsøgscenter, 1999).

46. Karina Grömer, "Austria: Bronze and Iron Ages," 54.

47. Lise Bender Jørgensen, L. *Forhistoriske tekstiler i Skandinavien. Prehistoric Scandinavian Textiles* (Nordiske Fortidsminder Serie B 9, Copenhagen, 1986); ibid, *North European Textiles until AD 1000* (Aarhus. Aarhus University Press, 1992).

48. Ulla Mannering, "Roman Garments from Mons Claudianus," in *Archéologie des textiles des origines au Ve siècle*, eds D. Cardon and M. Feugère (Monographies Instrumentum 14. Montagnac 2000), 283–90; Lena Hammarlund, "Handicraft Knowledge Applied to Archaeological Textiles," *The Nordic Textile Journal* 8 (2005): 86–119.

49. Sabine Schrenk, *Textilen des Mittelmeerraumes aus spätantiker bis Zeit* (Riggisberg: Abegg-Stiftung, 2004); Lise Bender Jørgensen, "The Mons Claudianus Textile Project," in *Archéologie des textiles des origines au Ve siècle*, eds D. Cardon and M. Feugère, 253–63.

50. P. Collingwood, *The Technique of Sprang, Plaiting on Stretched Threads* (New York: Watson-Guptill Publication, 1974); S. Halvorson, "Norway: Bronze and Iron Ages," in *Textiles and Textile Production in Europe from Prehistory to AD 400*, eds M. Gleba and U. Mannering, 275–90; D. Drinkler, "Tight-Fitting Clothes in Antiquity—Experimental Reconstruction," *Archaeological Textiles Newsletter* 49 (2009): 11–15; P. Linscheid, P. *Frübyzantinishe textile Kopfbedeckungen, Typologie, Verbreitung, Chronologie und soziologischer Kontext nach Orginalfunden*. Spätantike—frühes christentum-byzanz kunst im ersten jahrtausend, Reihe B: Studien und Perspektiven Band 30 (Wiesbaden: Dr. Ludwig Reichert Verlag, 2011).

51. P. Collingwood, *The Technique of Tablet Weaving* (New York: Watson-Guptill, 1982); M. Hald, *Ancient Danish Textiles from Bogs and Burials*; Lise Ræder-Knudsen, "Tiny Weaving Tablets, Rectangular Weaving Tablets," in *North European Symposium for Archaeological Textiles X*, eds E. Andersson Strand, M. Gleba, U. Mannering, C. Munkholt, and M. Ringgaard (Oxford: Oxbow Books, 2010), 150–6.

52. M. Gleba, *Textile production in Pre-Roman Italy*; Lise Ræder-Knudsen, "Tiny Weaving Tablets, Rectangular Weaving Tablets."
53. Ulla Mannering, "Roman Garments from Mons Claudianus."
54. Lena Hammarlund, "Handicraft knowledge applied to archaeological textiles."
55. Martin Ciszuk, "Taquetés from Mons Claudianus—Analyses and Reconstruction," in *Archéologie des textiles des origines au Ve siècle*, eds D. Cardon and M. Feugère, 265–82; M. Ciszuk and L. Hammerlund, "Roman Looms—a study of craftsmanship."
56. Sabine Schrenk, *Textilen des Mittelmeerraumes aus spätantiker bis Zeit*.
57. Ulla Mannering, "Early Iron Age Craftsmanship from a Costume Perspective," *Arkæologi i Slesvig/ Archäologie in Schleswig,* Sonderband Det 61. Internationale Sachsensymposion 2010 (Haderslev, Danmark 2011): 85–94. Dominique Cardon, *Natural Dyes, Sources, Tradition, Technology and Science* (London: Archetype Publications 2007).
58. Ina Vanden Berghe, B. Devia, M. Gleba, U. Mannering, "Dyes: to be or not to be. An investigation of Early Iron Age Dyes in Danish Peat Bog Textiles," in *North European Symposium for Archaeological Textiles X*, eds E. Andersson Strand et al., 247–51.
59. D. Cardon, *Natural Dyes*, 4.
60. Margarita Gleba, *Textile production in Pre-Roman Italy*, 76.
61. D. Cardon, *Natural Dyes*, 4.
62. I. Vanden Berghe et al., "Dyes: to be or not to be. An investigation of Early Iron Age Dyes in Danish Peat Bog Textiles"; Peder Flemestad, "Theophrastos of Eresos on Plants for Dyeing and Tanning," in *Purpureae Vestes* IV. *Production and Trade of Textiles and Dyes in the Roman Empire and Neighbouring Regions,* eds C. Alfaro, M. Tellenbach, and J. Ortiz (Valencia: University of Valencia, 2014), 203–9.
63. E. Barber *Prehistoric Textiles*, 216.
64. J.-A. Dickmann, "A 'Private' Felter's Workshop in the Casa dei Postumii in Pompeii," in *Making Textiles in Pre-Roman and Roman Times. Peoples, Places and Identities*, eds M. Gleba and J. Pásztókai-Szeoke (Oxford: Oxbow Books 2013), 208–27.
65. K. Gostenčnik, "Austria: Roman Period," in *Textiles and Textile Production in Europe from Prehistory to AD 400*, eds M. Gleba and U. Mannering, 65–88.
66. Margarita Gleba and Ulla Mannering, "Introduction: textile Preservation, Analysis and Technology," in *Textiles and Textile Production in Europe from Prehistory to AD 400*.
67. M. Tellenbach, R. Schulz, and A. Wieczorek (eds), *Die Macht der Toga. Dresscode im Römischen Weltreich* (Roemer- und Pelizaeus-Museum Hildesheim, in cooperation with the Reiss-Engelhorn-Museen Mannheim, 2013).
68. L. Bender Jørgensen, *Forhistoriske tekstiler i Skandinavien. Prehistoric Scandinavian Textiles;* ibid, *North European Textiles until AD 1000*.
69. Ibid.
70. M. Gleba, "Linen production in Pre-Roman and Roman Italy"; J.P. Wild, F. Wild, and A.J. Clapham, "Roman cotton revisited"; Felicitas Maeder, "Sea-silk in Aquincum: first production proof in Antiquity," in *Vestidos, textiles y tintes, Estudios sobre la producción de bienes de consume en la Antigüedad. Purpureae vestes II*, eds C. Alfaro and L. Karali (Valencia: Universitat de València 2008), 109–18.

2 Production and Distribution

1. *Il.* 3.125.
2. *Od.* 2.104–6 and 19.138–50. cf. other weaving women in the *Iliad* and *Odyssey*: Andromache *Il.* 22.440–1. Hecabe (*Il.* 6.294–5), Circe (*Od.* 10.222), and Calypso (*Od.* 5.62).
3. E.g. McClure 2002 Cf. Homer IL. 6.490–3.
4. Hesiod *Op.* 63–4 and 538; for a detailed terminology. Aristophanes *Frogs* 1346–51.
5. Cf. S.B. Pomeroy, *Xenophon—Oeconomicus. A Social and Historical Commentary* (Oxford: Oxford University Press, 1994), esp. 51.

6. Xen. *Oec.* 7.6.
7. Xen. *Oec.* 7.35; 7.41.
8. Xen. *Oec.* 9.9 and 9.16.
9. Euripides *Hec.* 357–64.
10. E. Hartmann, *Frauen in der Antike. Weitliche Lebenswelten von Sappho bis Theodora* (München: C.H. Beck, 2007), 64–5.
11. Garments stored in trunks in the bed-chambers: Cf. Hom. *Od.* 15.104–5; *Il.* 24.228.
12. Hom. *Od.* 8.392.
13. Hom. *Od.* 23.341; Men. *Aspis* 86–9.
14. Dem. 4.47; 24.114–15.
15. Thuc. 6.27–9.
16. Cf. W.K. Prichtett and A. Pippin, "The Attic Stelai: Part II," *Hesperia* 25/3 (1956), 205–8. *IG* 1³/421, col. 4, 222–49. Dowries, Hom. *Od.* 18.292–3; Hymn Ven 139–40; Isaeus 11.40 or TAD B 3.3:4–6.
17. See the summary account of preparing fleeces by Aristophanes (*Lys.* 574–82). Cf. Homer *Od.* 4.121–2; 6.305–6; 17.96–7.
18. Lisa C. Nevett, *House and Society in the Ancient Greek World* (Cambridge: Cambridge University Press, 1990), 40; R. Reuthner, *Wer webte Athens Gewänder? Die Arbeit von Frauen im antiken Griechenland* (Frankfurt: Campus, 2006), 238. See Larsson Lovén in this volume.
19. E.M. Harris, "Workshop, Marketplace and Household. The Nature of Technical Specialization in Classical Athens and Its Influence on Economy and Society," in Paul Cartledge, E.E. Cohen, L. Foxhall (eds), *Money, Labour and Land. Approaches to the Economies of Ancient Greece* (London and New York: Routledge, 2001), 67–99.
20. Wool weavers: *IG* 2²/13178. Fullers: epigraphic evidence appears as early as the sixth century BC. All evidence collected by K. Ruffing, *Die berufliche Spezialisierung in Handel und Handwerk. Untersuchungen zu ihrer Entwicklung und zu ihren Bedingungen in der römischen Kaiserzeit im östlichen Mittelmeerraum auf der Grundlage der griechischen Inschriften und Papyri* (Rahden/Westf.: Marie Leidorf, 2008), 498. Wool workers (maybe indicating spinners): *IG* 2²/1553–78; *SEG* 18/36; *SEG* 25/180. M. Faraguna, "Aspetti della schiavitù domestica femminile in Attica tra oratoria ed epigrafia," in F. Reduzzi Merola and A. Storchi Marino (eds), *Femmes-esclaves. Modèles d'interpretation anthropologique, économique, juridique* (Napoli: Jovene, 1999), 68–73; Ruffing, *Spezialisierung*, 767–8), a spinner: *IG* 5.1/209, and a flock-weaver: *IG* 1³/1341bis (= *IG* 2²/7967). Cf. A. Bresson, *La cité marchande* (Bordeaux: Editions Ausonius, 2000), 34.
21. Thuc. 1.58.
22. D.M. Robinson and J.W. Graham, *Excavations at Olynthus VIII: The Hellenic House. A Study of the Houses Found at Olynthus with a Detailed Account of Those Excavated in 1931 and 1934* (Baltimore: Johns Hopkins Press, 1938), 209.
23. D.M. Robinson, *Excavations at Olynthus XII: Domestic and Public Architecture* (Baltimore: John Hopkins Press 1946), 34–40; N. Cahill, *Household and City Organisation at Olynthus* (New Haven and London: Yale University Press, 2002), 250–2.
24. Robinson, *Olynthus*, 34–5 n. 105; Cahill, *Household*, 251.
25. C. Kardara, "Dyeing and Weaving Works at Isthmia," *AJA* 65/3 (1961): 261–6. An interpretation as tanning workshops is also conceivable: V.R. Anderson-Stojanovic, "The University of Chicago Excavations in the Rachi Settlement at Isthmia 1989," *Hesperia* 65/1 (1996): 91.
26. A specialization in textile goods can also be observed in Megara. Bresson, *La cité*, 293; R.P. Legon, *Megara: The Political History of a Greek City-state to 336 BC* (Ithaca: Cornell University Press, 1981), 231–2, 279–81.
27. A. Loftus, "A textile factory in the third centruy BC Memphis. Labor, capital and private enterprise in the Zenon archive," in D. Cardon and M. Feugère *Archéologie des textiles des origines au Vᵉ siècle*, eds (Montagnac: Éditions monique mergoil, 2000), 173–84.

28. J.S. Kloppenborg, "Collegia and Thiasoi. Issues in Function, Taxonomy and Membership," in *Voluntary Associations in the Graeco-Roman World*, eds J.S. Kloppenborg and S.G. Wilson (London and New York: Routledge, 1996), 17; V. Gabrielsen, "Brotherhoods of Faith and Provident Planning: The Non-public Associations of the Greek World," *Mediterranean Historical Review* 22/2 (2007): 189–94.

29. M.-L. Nosch, "Linen Textiles and Flax in Classical Greece. Provenance and Trade," in K. Droß-Krüpe (ed.), *Textile Trade and Distribution in Antiquity* (Wiesbaden: Harrassowitz, 2014), 17–42.

30. Greek literary sources mention professional and specialized textile craftspeople: dyer: Pl. *Resp.* 429d; fuller: Antiphanes fr. 121, Ar. *Plut.* 166, *Dem.* 54.7; *Lys.* 3.15–16, and 23.2, Theophr. *Char.* 10.14 and 18.6, weaver: Pl. *Grg.* 449d; Pl. *Phd.* 87b–c; Arist. *Pol.* 1.3.1256a6; linen-worker: Alexis fr. 36 K–A (= Poll. 7.72). Cf. Harris, "Workshop."

31. E.g. *Laudatio Turiae* (*ILS* 8393; 8394) or *CIL* 1²/1211 (= *ILS* 8403); Suetonius *Aug.* 64.

32. L. Larsson Lovén, "Wool-work as a gender symbol in ancient Rome," in *Ancient textiles: Production, Craft and Society*, eds C. Gillis and M.-L. Nosch (Oxford: Oxbow, 2007), 229–36.

33. E.g. Mart. 12.59.6; *CIL* 4/8259.

34. Plin. *NH* 35.197; R. Vishina, "Caius Flaminius and the lex Metilia de fullonibus," *Athenaeum* 65 (1987): 527–34.

35. To give just a small selection from different parts of the Roman Empire: *CIL* 6/9813; *ILS* 7290a; *AE* 1950, 167; *CIL* 2/5812; *CIL* 4/3529; *AE* 1952, 135; *CIL* 2/5519 (= *ILS* 7594); weavers: *CIL* 13/7737.

36. For an overview of the scholarly debate see J. Liu, *Collegia Centonariorum: The Guilds of Textile Dealers in the Roman West* (Leiden: Brill, 2009), 1–24.

37. N. Tran, *Les membres des associations romaines. Le rang social des collegiati en Italie et en Gaule, sous le haut-empire* (Rome: École française de Rome, 2006).

38. K. Verboven, "The Associative Order: Status and Ethos Among Roman Businessmen in Late Republic and Early Empire," *Athenaeum* 95 (2007): 871–2.

39. W. Broekart, "The economics of culture. Shared mental models and exchange in the Roman business world," in K. Droß-Krüpe, S. Föllinger, K. Ruffing (eds), *Ancient Economies and Cultural Identities (2000 BC–AD 500)* (Wiesbaden: Harrassowitz, 2016), in preparation. M. Silver, "A forum on trade," in W. Scheidel (ed.), *The Cambridge Companion to the Roman Economy* (Cambridge: Cambridge University Press, 2012), 295.

40. Plut. *Numa* 17.

41. *CIL* 10/813(= *ILS* 6368). On this inscription see the controversial positions of W.O. Moeller, *The Wool Trade of Ancient Pompeii* (Leiden: Brill, 1976); W. Jongman, *The Economy and Society of Pompeii* (Amsterdam: Gieben, 1988), 155–72; F. Pesando and M.P. Guidobaldi, *Pompei, Oplontis, Ercolano, Stabiae* (Roma: Laterza, 2006), 44–6.

42. E.g. *CIL* 14/4573, 4364. Cf. a more detailed collection G. Labarre and M.-Th. Le Dinahet, "Les métiers du textile en Asie Mineure de l'époque hellénistique à l'époque impériale," in *Aspects de l'artisanat du textile dans le monde méditerranéen* (Paris and Lyon: Diffusion de Boccard, 1996), 49–116; F. Vicari, *Produzione e commercio dei tessuti nell'Occidente romano* (Oxford: BAR, 2001).

43. Cf. Liu, *Collegia.*

44. J. Reynolds, "The linen-market of Aphrodisias in Caria," in *Arculiana. Ioanni Boegli anno sexagesimo quinto feliciter peracto amici, discipuli, collegae, socii dona dederunt*, eds F.E. König and S. Rebetez (Avenches: L.A.O.T.T., 1995), 523–7.

45. K. Droß-Krüpe, *Wolle—Weber—Wirtschaft. Die Textilproduktion der römischen Kaiserzeit im Spiegel der papyrologischen Überlieferung* (Wiesbaden: Harrassowitz, 2011), 136–9; Ruffing, *Spezialisierung*, 139–40.

46. Pliny *NH* 22.2. Cf. J.P. Wild, *Textile Manufacture in the Northern Roman Provinces* (Cambridge: Cambridge University Press, 2009 (2nd ed.)); M. Rorison, *Vici in Roman Gaul* (Oxford, 2001), 53; J.F. Drinkwater, "The Gallo-Roman woolen industry and the great

debate. The Igel column revisited," in *Economies Beyond Agriculture,* eds D.J. Mattingly and J. Salmon, 297–308; F. Vicari, "Economia della Cisalpina romana—la produzione tessile," *Rivista storica dell'Antichà* 24 (1994): 239–60.

47. Droß-Krüpe, *Wolle,* 262–5.
48. On Oxyrhynchos see Droß-Krüpe, *Wolle,* 78–86 contra. P. van Minnen, "The Volume of the Oxyrhynchite Textile Trade," *MBAH* 5/2 (1986), 88–95.
49. Silver, "Forum," 292–3.
50. Papyri are skewed both chronologically and geographically, providing most evidence for the second century AD and the Arsinoites. References to other areas are sparse. W. Habermann, "Zur chronologischen Verteilung der papyrologischen Zeugnisse," *ZPE* 122 (1998): 144–160.
51. Vicari, *Produzione,* 114–15; for Ptolemaic textile production cf: W. Habermann and B. Tenger, "Ptolemäer," in B. Schefold (ed.) *Wirtschaftssysteme im historischen Vergleich* (Stuttgart: Steiner, 2004), 304–9.
52. Droß-Krüpe, *Wolle,* 47–102.
53. Ruffing, *Spezialisierung,* 213–14.
54. Droß-Krüpe, *Wolle,* 167–9; F. Reiter, *Die Nomarchen des Arsinoites. Ein Beitrag zum Steuerwesen im römischen Ägypten* (Paderborn et al.: de Gruyter, 2004), 111–44; S.L. Wallace, *Taxation in Egypt from Augustus to Diocletian* (Princeton: Princeton University Press, 1938), 200–1.
55. A female dyer from the fourth century AD: *P.Oxy.* 24/2421.
56. Bang states that approximately 50 percent of the overall production of consumer goods in Roman times entered the market. P.F. Bang, "A Forum on Trade," in W. Scheidel (ed.), *The Cambridge Companion to the Roman Economy* (Cambridge: Cambridge University Press, 2012), 299.
57. A female master: *SB* 18/13305.
58. All evidence collected by Droß-Krüpe, *Wolle,* 107–8.
59. Droß-Krüpe, *Wolle,* 164–6.
60. In Rome weavers (*textores*) were probably exclusively slaves (*Dig.* 114.4.1.1).
61. E.B. Andersson et al., "New Research on Bronze Age Textile Production," *BICS* 51 (2008), 173.
62. Droß-Krüpe, *Wolle,* 197–8.
63. A. Wilson, "Timgad and Textile Production," in *Economies beyond Agriculture,* eds D. Mattingly and J. Salmon, 271–96; M. Flohr, *The World of the Fullo: Work, Economy and Society in Roman Italy* (Oxford: Oxford University Press, 2013), esp. 242–87. For Rome, Ostia, and Florence see Flohr, *Fullo:* 77, for Pompeii see Vicari, *Produzione,* 15.
64. D. Robinson, "Re-thinking the social organisation of trade and industry in first century AD Pompeii," in A. MacMahon and J. Price (eds), *Roman Working Lives and Urban Living* (Oxford: Oxbow, 2005), 94.
65. Droß-Krüpe, *Wolle,* 221–32.
66. Droß-Krüpe, *Wolle,* 175–82.
67. A. Jördens, *Statthalterliche Verwaltung in der römischen Kaiserzeit: Studien zum praefectus Aegypti* (Stuttgart: Steiner, 2009), 215–19; 241–2.
68. *BGU* 7/1564; 1572.
69. L. Wierschowski, Heer und Wirtschaft. Das römische Heer der Prinzipatszeit als Wirtschaftsfaktor (Bonn: Habelt, 1984), 58.
70. *BGU* 7/1564; *P.Ryl.* 2/189.
71. R. Coase, "The Nature of the Firm," *Economica* 4 (1937): 386–405; O.E. Williamson, *The Economic Institutions of Capitalism: Firms, Markets, Relational Contracting* (New York: Free Press, 1985). For more information on weaving on a warp weighted loom and loom weights see Eva Andersson Strand and Marie-Louise Nosch (eds), *Tools, Textiles and Contexts. Investigating Textile Production in the Aegean and Eastern Mediterranean Bronze*

Age (Oxford: Oxbow Books 2015); L. Mårtensson, M-L. Nosch and E. Andersson Strand "Shape of things: understanding a loom weight," *Oxford Journal of Archaeology* 28 (4) (2009), 373–98.

72. *Cod. Iust.* 11.9.1. Vicari, *Produzione*, 17–18; A. Kazhdan, s.v. Gynaikeion, *The Oxford Dictionary of Byzantium* 2 (1991), 888–9.

73. P. Herz, "Textilien vom nördlichen Balkan. Ein Beitrag zur Wirtschaft der römischen Provinz Raetia," in *Handel, Kultur und Militär. Die Wirtschaft des Alpen-Donau-Adria-Raumes,* eds P. Herz, P. Schmid, O. Stoll, (Berlin: Frank & Timme, 2011), 70.

74. J.A. Sheridan, *Columbia Papyri IX—The vestis militaris codex* (Atlanta: American Society of Papyrologists, 1998), 73–105.

75. D. Piekenbrock (ed.), *Gabler Kompakt-Lexikon Wirtschaft. 4500 Begriffe nachschlagen, verstehen, anwenden* (Berlin: Gabler, 2013 (11th ed.)).

76. Hom. *Od.* 14.287; 15.415–86.

77. M. Austin and P. Vidal-Naquet, *Gesellschaft und Wirtschaft im alten Griechenland* (München: C.H. Beck 1984), 34–6.

78. Ar. *Pax* 545–9; 1198–1263. Cf. J. Spielvogel, *Wirtschaft und Geld bei Aristophanes. Untersuchungen zu den ökonomischen Bedingungen in Athen im Übergang vom 5. zum 4. Jahrhundert. v. Chr.* (Frankfurt: Marthe Clauss, 2001), 83.

79. Spielvogel, *Wirtschaft*, 132–9.

80. Aristoph. *Frogs* 1346–1351. E.g. *IG* 2²/1568; *SEG* 11/84 A 18.

81. Phrygia: Ar. *Plut.* 493; the Cimmerians: Dem. 35.34; Hom. *Od.* 11.12–19; Hdt. 4.11–12; A.K. Gade Kristensen, *Who were the Cimmerians, and where did they come from? Sargon II, the Cimmerians, and Rusa I* (Copenhagen: Munksgaard, 1988); Miletos: Aristophanes. *Lys.* 278–80; 729.

82. Ar. *Hipp.* 129; *IG* 2²/1570, 24; 1572, 8.

83. Black Sea: Hdt. 2.105; Carthage: Xen. *Cyn.* 2.4; Egypt: Poll. 5.26. For linen see Nosch, "Linen Textiles" with a summary of older literature.

84. Clothes-seller (*himatiopolis*): *IG* 2²/11254 (Harris, "Workshop," 67–99). Another example of this profession is *IG* 2²/1673, recording a total of twenty-eight *exomides* purchased for public slaves from various *himatiopoloi*.

85. Cf. Jongman, *Economy* and van Minnen, *Volume*, 88–95: contra, see J.P. Wild, "Facts, Figures and Guesswork in the Roman Textile Industry," in L. Bender Jørgensen et al. (eds), *Textilien aus Archäologie und Geschichte. Festschrift für Klaus Tidow* (Neumünster: Wachholtz, 2003), 37–45.

86. Cf. L. Casson, *The Periplus Maris Erythraei* (Princeton: Princeton University Press, 1989). Cf. K. Droß-Krüpe, "Textiles and their Merchants in Rome's eastern Trade," in M. Gleba and J. Pásztókai-Szeőoke, *Making Textiles in Pre-Roman and Roman Times. People, Places, Identities* (Oxford: Oxbow, 2013), 150; J.P. Wild and F.C. Wild, Berenike and textile trade on the Indian Ocean, in K. Droß-Krüpe (ed.), *Textile Trade and Distribution in Antiquity* (Wiesbaden: Harrassowitz, 2014), 91–109.

87. *TUAT NF* 1, 280–92.

88. P III 16–18/G II 11–12.

89. P III ii 86–7/G II ii 57.

90. Cf. J. Teixidor, "Un port romain du desert. Palmyre et son commerce d'Auguste a Caracalla," *Semitica* 34 (1984: 1–125; A. Schmidt-Colinet, *Palmyra. Kulturbegegnung im Grenzbereich* (Mainz: v. Zabern, 2005 (3rd ed.)).

91. E.g. a purple trader in *Raetia* (*negotiator artis purpurariae*, CIL 3/5824 [= *ILS* 7598]).

92. *Vestiarius*: e.g. *CIL* 6/9962, *CIL* 11/868; *negotiator vestiarius*: *CIL* 13/4564; *negotiator lanarius*: *CIL* 11/862; *negotiator sagarius*: *CIL* 5/5925.

93. *CIL* 6/33906 (= *ILS* 758).

94. *AE* 1929. 23; *CIL* 6/37820.

95. For the city of Rome alone, twenty men and women trading purple are known by name. A. Kolb and J. Fugmann, *Tod in Rom. Grabinschriften als Spiegel römischen Lebens* (Mainz: v. Zabern, 2008), 136.

96. E.g. a *vestiaria* in *CIL* 6/33920.

97. *CIL* 6/33920.

98. Parties involved in this privately-organized goods transfer are found inside and outside the family, dealing with both every day and exotic goods. This system exhibits multi-level and hierarchical dependencies between trading partners which can be labeled as "principal—agent" relationships according to New Institutional Economics (NIE). Cf. E.G. Furubotn and R. Richter, *Institutions and Economic Theory. The Contribution of the New Institutional Economics* (Ann Arbor: University of Michigan Press, 2005 (2nd ed.)).

99. K. Droß-Krüpe, "Regionale Mobilität im privaten Warenaustausch im römischen Ägypten. Versuch einer Deutung im Rahmen der Prinzipal-Agenten-Theorie," in E. Olshausen and V. Sauer (eds), *Mobilität in den Kulturen der antiken Mittelmeerwelt* (Stuttgart: Steiner, 2014), 373–83.

100. S. Strassi, *L'archivio di Claudius Tiberianus da Karanis* (Berlin & New York: de Gruyter, 2008).

3 The Body

1. See further Lloyd Llewellyn-Jones (ed.), *Women's Dress in the Ancient Greek World* (Swansea: Classical Press of Wales, 2002); Liza Cleland, Mary Harlow, and Lloyd Llewellyn-Jones (eds), *The Clothed Body in the Ancient World* (Oxford: Oxbow, 2005); Liza Cleland, Glenys Davies, and Lloyd Llewellyn-Jones, *Dress in Ancient Greece and Rome A–Z* (London: Routledge, 2007); Georges Losfield, *Essai sur le costume grec* (Paris: De Boccard, 1991); Georges Losfeld, *L'Art grec et le vêtement* (Paris: De Boccard, 1994); Judith Sebesta and Larissa Bonfante (eds), *The World of Roman Costume* (Madison and London: University of Wisconsin Press, 1994); Jonathan Edmondson and Alison Keith (eds), *Roman Dress and the Fabrics of Roman Culture* (Toronto, Buffalo, and London: University of Toronto Press, 2008).

2. Homer, *Iliad* 2.262; *Odyssey* 6.28–48, 214; Hans van Wees, "Greeks Bearing Arms: the State, the Leisure Class, and the Display of Wealth in Archaic Greece," in *Archaic Greece: New Approaches and New Evidence,* eds N. Fisher and H. van Wees (Swansea: Classical Press of Wales, 1998), 333–78.

3. See further Bridget Thomas, "Constraints and Contradictions: Whiteness and Femininity in Ancient Greece," in *Women's Dress in the Ancient Greek World,* Lloyd Llewellyn-Jones (ed.), 1–16.

4. For a study of the semantics of the Greek conception of beauty see David Konstan, *Beauty. The Fortunes of an Ancient Greek Idea* (Oxford: Oxford University Press, 2015).

5. Apollonius Rhodius, *Argonautica* 4. 421–34.

6. The word probably derives from the Akkadian *kitinnu* (linen garment), a non-specific word for clothing. Supposedly of Ionian origin, in the Homeric period it is attested only as a male garment, but in the Classical era it is predominantly female.

7. Homer, *Iliad* 14.180, Odyssey 18.292–4. For the epithet "white arms" see Homer, *Iliad* 1.55, 6.371. See Bridget Thomas, "Constraints and Contradictions".

8. Homer, *Iliad* 6.90, 271, 293; *Odyssey* 15.107.

9. For underwear see Kelly Olson, "Roman Underwear Revisited," *Classical World* 96, no. 2 (2003), 201–10. The breastband was a long piece of cloth bound round the breasts.

10. A lighter under-tunic could be worn as underwear, or several tunics might be worn on top of one another in cold weather. Wearing two tunics became fashionable in the later imperial

period: the inner one had long sleeves and fell to the ankles, while the outer one had shorter sleeves and was mid-calf length.

11. For the various ways in which the toga was draped see Hans R. Goette, *Studien zu römischen Togadarstellungen* (Mainz: von Zabern, 1990); Shelley Stone, "The Toga: From National to Ceremonial Costume," in *The World of Roman Costume,* eds Judith Sebesta and Larissa Bonfante, 13–45.

12. Michele George, "The 'Dark Side' of the Toga," in *Roman Dress and the Fabrics of Roman Culture*, eds Jonathan Edmondson and Alison Keith, 94–112.

13. For the dress of women see Birgit Scholz, *Untersuchungen zur Tracht der römischen Matrona* (Cologne: Böhlau, 1992); Judith Sebesta, "Symbolism in the Costume of the Roman Woman," in *The World of Roman Costume,* eds Judith Sebesta and Larissa Bonfante, 46–53; Alexandra Croom, *Roman Clothing and Fashion* (Stroud: Amberley Publishing, 2000); Kelly Olson, *Dress and the Roman Woman, Self-presentation and Society* (London and New York: Routledge, 2008). There has been much discussion about the design of the *stola* but it appears to have been a tube suspended on shoulder straps: like the toga, its use was "revived" by Augustus, and it is debatable whether it was in fact much worn in practice.

14. For the various types of cloak available see Lillian Wilson, *The Clothing of the Ancient Romans* (Baltimore 1938; reprinted by Johns Hopkins Press, 1978); F. Kolb, "Römische Mäntel: Paenula, Lacerna, Mandye," *Römische Mitteilungen* 80 (1973), 69–167.

15. Hans van Wees, "Greeks Bearing Arms: the State, the Leisure Class, and the Display of Wealth in Archaic Greece," in *Archaic Greece: New Approaches and New Evidence*, eds N. Fisher and H. van Wees.

16. See Lloyd Llewellyn-Jones, *Aphrodite's Tortoise: The Veiled Woman of Ancient Greece* (Swansea: Classical Press of Wales, 2003).

17. See Sue Blundell, "Clutching at Clothes," in *Women's Dress in the Ancient Greek World*, ed. Lloyd Llewellyn-Jones, 143–69. Veiling was part of a Greek ideology that required women to be socially invisible; by placing herself beneath a veil a woman was symbolically separated from society. See Lloyd Llewellyn-Jones, *Aphrodite's Tortoise*; Douglas Cairns, "The Meaning of the Veil in Ancient Greek Culture," in *Women's Dress in the Ancient Greek World*, ed. Lloyd Llewellyn-Jones, 73–93.

18. See Mary Harlow, "Dressed Women on the Streets of the Ancient City: what to wear," in *Women and the Roman City in the Latin West*, eds Emily Hemelrijk and Greg Woolf (Leiden: Brill, 2013), 225–42.

19. See esp. Quintilian *Instituto Oratoria* 11.3.137–49 and Chapter 9 in this volume.

20. See Emeline Hill Richardson and L. Richardson Jr., "*Ad Cohibendum Bracchium Toga*: An archaeological examination of Cicero, *Pro Caelio* 5.11," *Yale Classical Studies* XI (1966): 253–69.

21. Women should adopt a hairstyle to suit the shape of their face (3 135–54), and the color of their clothes to suit their complexion (3.188–92; 269–70); skinny women should wear bulky garments and a loose robe, and padding for shoulder blades that stuck out too far; women with ugly feet should wear closed ankle boots, and so on (3.261–74).

22. *Ars Amatoria* 3.269; the medical writers Soranus and Galen also suggest the breastband could be used to prevent a girl's bust growing too big.

23. Xenophon, *Cyropaedia* 8. 3.3.

24. Suetonius, *Augustus* 82; Quintilian *Instituto Oratoria* 11.3.144.

25. Elizabeth Barber, *Prehistoric Textiles: the Development of Cloth in the Neolithic and Bronze Ages with Special Reference to the Aegean* (Princeton: Princeton University Press, 1991), 225, 236–40.

26. Homer, *Odyssey* 6.50–100.

27. Matrons might wear an under-tunic called the *indusium* or *intusium*, and girls one called a *supparum*, but it is not clear how these garments differed from one another: Kelly Olson, "Roman Underwear Revisited."

28. Cicero mentions that an actor should wear a loincloth (*subligaculum*) under his tunic so as to avoid the risk of exposing himself to his audience (*de officiis* 1.35.129), and it is possible that soldiers and huntsmen, who wore shorter tunics, wore some form of underwear too.

29. Alexandra Croom, *Roman Clothing and Fashion*, 95. See Chapter 8 in this volume.

30. Larissa Bonfante, "Nudity as Costume in Classical Art," *American Journal of Archaeology* 93 (1989): 543–70.

31. This type of garment was also called a *subligaculum, subligar, licium*, and *cingullum*: the precise differences implied by the existence of so many names are uncertain. The Etruscans, like the Romans, seem to have disliked the Greek practice of exercising and competing naked, and preferred to wear a *perizoma*—which could be quite a fitted garment on the lines of the modern Y-front.

32. Martial 14.30: leather cap (*galericulum*) worn to prevent hair from becoming dirtied.

33. Soranus, *Gynaecology* 2.14 [85]. Swaddling was thought to encourage the growth of straight limbs: Alexandra Croom, *Roman Clothing and Fashion*, 117–18.

34. H. Gabelmann, "Römische Kinder in *Toga Praetexta*," *JDAI* 100 (1985): 487–541.

35. Fanny Dolansky, "*Togam virile sumere*: Coming of Age in the Roman World," in *Roman Dress and the Fabrics of Roman Culture*, eds Jonathan Edmondson and Alison Keith, 47–70.

36. Laetitia La Follette, "The Costume of the Roman Bride," in *The World of Roman Costume*, eds J. Sebesta and L. Bonfante, 54–64; Kelly Olson, *Dress and the Roman Woman*, 21–5.

37. Birgit Scholz, *Untersuchungen zur Tracht der römischen Matrona*; Judith Sebesta, "Symbolism in the Costume of the Roman Woman"; Kelly Olson, *Dress and the Roman Woman*, 25–41.

38. Quintilian, *Institutio Oratoria* 11.1.31; SHA, *Severus Alexander*, 27.4.

39. For a discussion of the phenomenon, and numerous examples, see Christopher Hallett, *The Roman Nude. Heroic Portrait Statuary 200 BC–AD 300*. Oxford Studies in Ancient Culture and Representation (Oxford: Oxford University Press, 2005). The only goddess routinely represented naked was Aphrodite/Venus.

40. Larissa Bonfante, "Nudity as Costume in Classical Art," 543–70.

41. Romans taking part in Greek-style games may have competed nude, but the extent to which the Romans embraced nudity otherwise is debated.

4 Belief

1. Gils Bartholeyns, "Le moment chrétien. Fondation antique de la culture vestimentaire médiévale," in *Vêtements Antiques. S'habiller, se déshabiller dans les mondes anciens*, ed. F. Gherchanoc and V. Huet (Arles: éd. Errance, 2012), 113–34.

2. Sokolowski *LSCG* 65. For a critical text and commentary of this inscription, see Laura Gawlinski, *The Sacred Law of Andania: A New Text and Commentary* (Berlin: Walter de Gruyter, 2012); ibid, "'Fashioning' Initiates: Dress at the Mysteries," in *Reading a Dynamic Canvas: Adornment in the Ancient Mediterranean World*, eds C.S. Colburn and M.K. Heyn (Newcastle, UK: Cambridge Scholars, 2008), 146–69.

3. Gawlinski, *The Sacred Law of Andania*, 113.

4. On differentiation in terms of color, see Christopher Jones, "Processional Colors," in *The Art of Ancient Spectacle*, eds B.A. Bergman and C. Kondoleon (Washington: National Gallery of Art/New Haven, CT and London, UK: Yale University Press, 1999), 251.

5. The law specifies that daughters of female initiates and slaves can wear the *kalasiris* and *sindonitan*, the latter was made of fine linen (muslin), or even cotton, see Gawlinski, *The Sacred Law of Andania*, 123–4.

6. Ibid, 123. On the fringed mantle, see Elizabeth Walters, *Attic Grave Reliefs that Represent Women in the Dress of Isis* (Princeton, NJ: American School of Classical Studies at Athens, 1988), 8–11.

7. Jones, *The Art of Ancient Spectacle*, 251; Gawlinski *The Sacred Law of Andania*, 122.

8. See Apul. *Met.* 11.7–11.

9. Plutarch *De Is. et Os.* 4=*Mor.* 352b–c.

10. Eibert Tigchelaar, "The White Dress of the Essenes and the Pythagoreans," in *Jerusalem, Alexandria, Rome: Studies in Ancient Cultural Interaction in Honour of A. Hilhorst*, eds F. García Martínez and G.P. Luttikhuizen (Leiden: Brill, 2003), 303 and 306.

11. See Ex. 28: 40–3 and Ezek. 44: 17. Lynda Coon, *Sacred Fictions: Holy Women and Hagiography in Late Antiquity* (Philadelphia: University of Pennsylvania Press 1997), 56.

12. Gawlinski, *The Sacred Law of Andania*, 115–17. Ibid, *Reading a Dynamic Canvas*, 160.

13. Gawlinski, *The Sacred Law of Andania*, 116.

14. Alexandra T. Croom, *Roman Clothing and Fashion* (Stroud: Tempus, 2000), 28.

15. Christopher Rowe, "Concepts of Colour and Colour Symbolism in the Ancient World," *Eranos Jahrbuch* 41 (1972): 44; Judith L. Sebesta, "Symbolism in the Costume of the Roman Woman," in *The World of Roman Costume*, eds J.L. Sebesta and L. Bonfante (Madison: University of Wisconsin Press, 2001), 48; Tigchelaar, *Jerusalem, Alexandria, Rome*, 306.

16. Joan B. Connelly, *Portrait of a Priestess: Women and Ritual in Ancient Greece* (Princeton, NJ: Princeton University Press, 2007), 90–1. Cf. Valerius Flaccus on the priest at Delphi in a "white robe shining from afar" (*Argon.* 3.430–3).

17. The Greek term used in the following examples is *leukos*. ICos ED 180 and ICos ED 215; Connelly, *Portrait of a Priestess*, 91. At Andania, some officials wore a felt, white cap, see Gawlinski, *The Sacred Law of Andania*, 111.

18. Sokolowski *LSAM* 11 and 35.

19. Alexia Petalis-Diomidis, *Truly Beyond Wonders: Aelius Aristides and the Cult of Asclepius* (Oxford: Oxford University Press. 2010), 236–7. E.g. a third-century inscription for an Asclepeion in Pergamon, see Sokolowski *LSAM* 14.

20. Paus. 6.20.2–3; Connelly, *Portrait of a Priestess*, 91.

21. The Latin term used is *candidus*, see *De pall.* 4.10.10; Gawlinksi, *The Sacred Law of Andania*, 118.

22. Ovid *Fast.* 4.619–20.

23. Apul. *Met.* 11.7–11.

24. Vincenzo Pavan, "La veste bianca battesimale, *indicium* escatologico nella Chiesa dei primi secoli," *Augustinianum* 18 (1978): 257–71.

25. Jones, *The Art of Ancient Spectacle*, 252; Gawlinski, *The Sacred Law of Andania*, 108.

26. Sokolowski *LSAM* 16; Harriet Mills, "Greek Clothing Regulations: Sacred and Profane?" *ZPE* 55 (1984): 260–1.

27. Shelly Stone, "The Toga: From National Costume to Ceremonial Costume," in *The World of Roman Costume*, 15.

28. For a detailed consideration of Roman women's mourning clothing, see Olson, "*Insignia Lugentium*: Female Mourning Garments in Roman Antiquity," *American Journal of Ancient History* 3–4 (2004–2005): 89–103.

29. Dafna Schlezinger-Katsman, "Clothing" in *The Oxford Handbook of Jewish Daily Life in Roman Palestine*, ed. Catherine Hezser (Oxford: Oxford University Press, 2010), 377.

30. Gawlinski, *The Sacred Law of Andania*, 110.

31. Festus *Gloss. Lat.* 56L; Kelly Olson, *Dress and the Roman Woman: Self-Presentation and Society* (London and New York: Routledge, 2008), 24; Cynthia Thompson, "Hairstyles, Head-Coverings, and St. Paul: Portraits from Roman Corinth," *Biblical Archaeologist* 51.2 (1988): 100; Mary Beard, John North, and Simon Price, *Religions of Rome*, vol. 2 (Cambridge: Cambridge University Press, 1998), 59.

32. Uta Kron, "Götterkronen und Priesterdiademe. Zu den griechischen Ursprüngen der sog. Büstenkronen," in *Festschrift für Jale İnan Armağanı* (Yayınevı: Arkeoloji Sanat Yayınları, 1989), 373–90.

33. Emily Hemelrijk, "Local Empresses: Priestesses of the Imperial Cult in the Cities of the Latin West," *Phoenix* 61 (2007): 331–8.

34. Inez Scott Ryberg, *Rites of the State Religion in Roman Art* (Rome: American Academy in Rome, 1955), 47.

35. Gawlinski, *The Sacred Law of Andania*, 111–12.
36. Gawlinski, *Reading a Dynamic Canvas*, 151–4.
37. Ibid, 155; Douglas Cairns, "Vêtu d'impudeur et enveloppé de chagrin. Le rôle des métaphores de 'l'habillement' dans les concepts d'émotion en Grèce ancienne," in *Vêtements Antiques. S'habiller, se déshabiller dans les mondes anciens*, 179.
38. Connelly, *Portrait of a Priestess*, 32–3. Christiane Sourvinou-Inwood, *Studies in Girl's Transitions: Aspects of the Arkteia and Age Representation in Attic Iconography* (Athens: Kardamitsa, 1988), 119–24.
39. Nancy Serwint, "The Female Athletic Costume at the Heraia and Prenuptial Initiation Rites," *AJA* 97.3 (1993): 403–22.
40. Pironti, "Autour du corps viril en Crète ancienne: l'ombre et le *peplos*," in *Vêtements Antiques. S'habiller, se déshabiller dans les mondes anciens*, 93–104.
41. Serwint, "The Female Athletic Costume at the Heraia," 420–1. Plutarch (*Quaest. Graec.* 304b–e) states that the priest of Heracules on Cos wore female garb and a turban during sacrifice.
42. Stat. *Silv.* 116–20; Sen. *Ep.* 4.2; Fanny Lyn Dolansky, "Coming of Age in Rome: the History and Social Significance of assuming the *Toga Virilis*," Ph.D. thesis, University of Victoria, BC, 1999.
43. Evy Johanne Håland, "The Ritual Year of Athena. The Agricultural Cycle of the Olive, Girls' Rites of Passage, and Official Ideology," *Journal of Religious History* 36.2 (2012): 258.
44. Elizabeth J.W. Barber, "The Peplos of Athena," in *Goddess and Polis. The Panathenaic Festival in Ancient Athens*, ed. J. Neils (Princeton, NJ: Princeton University Press, 1992), 112–17.
45. *Arrephoroi* were young Athenian girls in Athena's service, who at the festival of the Chalkeia set up the loom for the weaving of the *peplos*. For a discussion of the frieze, see Håland, "The Ritual Year of Athena," 267–8. The identification of the figures in the Parthenon frieze is debated, see Olga Palagia, "The Parthenon Frieze: Boy or Girl?" *Antike Kunst* 51 (2008): 3–7.
46. Gawlinski, *Reading a Dynamic Canvas*, 164.
47. Liza Cleland, *The Brauron Clothing Catalogues: Text, Analysis, Glossary and Translation* (Oxford: John and Erica Hedges, Ltd., 2005).
48. How clothing was stored in temples is less clear, see Matthew Dillon, *Girls and Women in Classical Greek Religion* (London and New York: Routledge, 2002), 19–23.
49. Sokolwski *LSS* 32; Mills, "Greek Clothing Regulations," 258.
50. Daniel Ogden, "Controlling Women's Dress: *Gynaikonomoi*," in *Women's Dress in the Ancient Greek World*, ed. L. Llewellyn-Jones (Swansea: Classical Press of Wales, 2003), 206; Gawlinski, *The Sacred Law of Andania*, 122–3.
51. Mills, "Greek Clothing Regulations," identified similar laws at Pergamon, Rhodes, and the cult of Demeter near Patras and Lycosura.
52. Gawlinski, *The Sacred Law of Andania*, 128.
53. Ibid, 128. Elizabeth Bartman, "Hair and the Artifice of Roman Female Adornment," *American Journal of Archaeology* 105 (2001): 1–25. Plutarch, *Quaest. Rom.* 14, 267, points out that women's hair in mourning is the opposite of their expected routine.
54. Olson, *Dress and the Roman Woman*, 80–95. On Christian anti-adornment rhetoric see Alicia Batten, "Neither Gold nor Braided Hair (1 Timothy 2.9; 1 Peter 3.5): Adornment, Gender, and Honour in Antiquity," *New Testament Studies* 55 (2009): 484–501. On the Jewish position see Naftali Cohn, "What to Wear: Women's Adornment and Judean Identity in the Third Century Mishnah," in *Dressing Judeans and Christians in Antiquity*, eds K. Upson-Saia, C. Daniel-Hughes, and A. Batten (Farnham, UK and Burlington, VT: Ashgate, 2014), 21–36.
55. Mills, "Greek Clothing Regulations," 260; Gawlinski, *The Sacred Law of Andania*, 109.
56. See Ogden, "Controlling Women's Dress" in *Women's Dress in the Ancient Greek World*.

57. On whiteness as an ideal of female beauty see Bridget Thomas, "Whiteness and Femininity from Women's Clothing in the Ancient Greek World," in *Women's Dress in the Ancient Greek World*, 1–16.

58. Margaret Miller, "The *Ependytes* in Classical Athens," *Hesperia* 58.3 (1989): 319–23. For a discussion of the various ranks of officials, including slaves and freedman, see Marietta Horster, "Living on Religion: Professionals and Personnel," in *A Companion to Roman Religion*, ed. J. Rüpke (Malden, MA: Blackwell, 2011), 331–42.

59. Jenifer Neils, *The Parthenon Frieze*, (Cambridge: Cambridge University Press, 2006), 168–9; Ralf van den Hoff, "Images of Cult Personnel in Athens between the Sixth and First Centuries BC," in *Practitioners of the Divine Greek Priests and Religious Officials from Homer to Heliodorus,* eds B. Dignas and K. Trampedach (Washington, DC: Center for Hellenic Studies. Cambridge, MA: Harvard University Press, 2008): 113.

60. Connelly, *Portrait of a Priestess*, 92–104; van den Hoff, *Practioners of the Divine*, 117.

61. At Andania, the leaders, called the Ten, wore a purple headband that may have imitated the iconic clothing of the Eleusinian mysteries, see Gawlinski, *Reading a Dynamic Canvas*, 164 and Connelly, *Portrait of a Priestess*, 92.

62. Connelly *Portrait of a Priestess*, 87–90.

63. Connelly, *Portrait of a Priestess*, 92; Gawlinski, *The Sacred Law of* Andania, 131. At Eleusis, for example, the main priests were known for their purple cloaks, the *phoinikides*, see Kevin Clinton, *The Sacred Officials of the Eleusinian Mysteries.* (Philadelphia: American Philosophical Society, 1974), 46–7, 48 and 68.

64. Rowe, "Concepts of Colour and Colour Symbolism," 46–7; Jonathan Edmondson, "Public Dress and Social Control in Late Republican and Early Imperial Rome," in *Roman Dress and the Fabrics of Roman Culture*, eds J. Edmondson and A. Keith (Toronto, Buffalo and London: University of Toronto Press, 2008), 28.

65. Stone, *The World of Roman Costume*, 13–15. Bonfante-Warren on the antecedents of the notes that the dark-colored, boarded toga: "Roman Costumes: A Glossary and Some Etruscan Derivations," *Aufstieg und Niedergang der römischen Welt* I.4 (1973): 591 n23.

66. Ryberg, *Rites of the State Religion in Roman Art,* 43.

67. Valerie Huet, "Le voile du sacrifiant à Rome sur les reliefs romains: une norme?" in *Vêtements Antiques. S'habiller, se déshabiller dans les mondes anciens*, 47–62.

68. On the *lituus*, see Livy 1.18.7–10. On the *trabea*, Serv. *Ad Aen.* 7.612; John Scheid, *An Introduction to Roman Religion* (Bloomington: Indiana University Press, 2003), 132. This garment was also worn by the *sodales salii*, see Dion. Hal. *Ant. Rom.* 70.1–2.

69. Serv. *Ad Aen.* 4.262.

70. Katharine Esdaile, "The Apex or Titulus in Roman Art," *Journal of Roman Studies* 1 (1911): 212–26; Bonfante-Warren, "Roman Costumes," 605 and 607.

71. Esdaile "The Apex or Titulus," 215; Ryberg, *Rites of the State Religion in Roman Art,* 43–6.

72. Aul. Gell. *NA* 10.15.1–25; Bonfante-Warren, "Roman Costumes," 588.

73. Varro *Ling.*7.44; Festus *Gloss. Lat.* 484 and 486L; Olson, *Dress and the Roman Woman,* 38–9.

74. Laetitia LaFollette, "The Costume of the Roman Bride," in *The World of Roman Costume*, 56.

75. Festus *Gloss. Lat.* 454 L. For a modern reconstruction of the Vestal's hairstyle, see hairstylist Janet Stephens https://www.youtube.com/watch?v=eA9JYWh1r7U. Accessed January 19, 2015.

76. Elaine Fantham, "Covering the Head at Rome: Ritual and Gender," *Roman Dress*, 163.

77. Judith Sebesta, "Women's Costume and Feminine Civic Morality in Augustan Rome." *Gender and History* 9 (1997), 35.

78. Festus *Gloss. Lat.* 100 L and 474 L; Robin Lorsch Wildfang *Rome's Vestal Virgins: A Study of Rome's Vestal Priestesses in the late Republic and Early Empire* (London and New York: Routledge, 2006), 13.

79. Scheid, *An Introduction to Roman Religion*, 133.

80. *Fast.* 6.293–4 (trans. LCL 253 Fraser 1931: 340–1); see Lorsch Wildfang, *Rome's Vestal Virgins*, 13.

81. On imperial priestesses' imitation of the empress they served, see Hemelrijk, "Local Empresses," 343. Beard, North, and Price, *Religions of Rome*, 143–4.

82. Xen. *Ephes.* 1.2.5–7; see Connelly *Portrait of a Priestess*, 106.

83. Gawlinski, *The Sacred Law of Andania*, 132.

84. Craig Williams, *Roman Homosexuality: Ideologies of Masculinity in Classical Antiquity* (Oxford and New York: Oxford University Press, 1999), 177–8.

85. Apul. *Met.* 8.24–30.

86. Maarten J. Vermaseren, *Cybele and Attis: the Myth and the Cult* (London: Thames & Hudson, 1997), 97.

87. Elizabeth Walters challenges earlier interpretations that suggest funerary reliefs of women adorned as Isis are her priestesses; she suggests instead that they are initiates commemorated in this look in order to highlight their privileged relationship the goddess and her exclusive cult, see *Attic Grave Reliefs*, 52–7.

88. Ibid, 6–7.

89. Ibid, 35 and 79–80.

90. Lucille Roussin, "Costume in Roman Palestine: Archaeological Remains and the Evidence from the Mishnah," in *The World of Roman Costume*, 188; Jodi Magness, *The Archaeology of Qumran and the Dead Sea Scrolls* (Grand Rapids, MI: William B. Eerdmans, 2002), 196–7; Shlezinger-Katsman, *Oxford Handbook of Jewish Daily Life*, 378.

91. Ex. 28:40–3; Joseph. *AJ* 3.7.1–4 = 151–8; Joan Taylor, "Imaging Judean Priestly Dress: The Berne Josephus and *Judea Capta* Coinage," in *Dressing Judeans and Christians*, 200–4.

92. Ex. 28:1–29:46.

93. Lev. 16:4.

94. Taylor, *Dressing Judeans and Christians*, 200–4.

95. Taylor suggests that images of male figures with breeches on the Roman *Judea Capta* (Type 2) coins are Roman representations of Jewish priests, see Ibid, 207–11. For how the role of breeches in the construction of male status among the ancient Israelites, see Deborah Rooke, "Breeches of the Covenant: Gender, Garments, and the Priesthood," in *Embroidered Garments: Priests and Gender in Ancient Israel*, ed. D. Rooke (Sheffield: Sheffield Phoenix Press, 2009), 9–37.

96. The Dura Europos frescoes also show the influence of Persian fashion, see Alfred Rubens, *A History of Jewish Costume* (London: Valentine, Mitchell, 1967), 11.

97. Douglas Edwards, "The Social, Religious, and Political Aspects of Costume in Josephus," in *The World of Roman Costume*, 156–7; Swartz, "The Semiotics of Priestly Vestments in Ancient Judaism," in *Sacrifice in Religious Experience*, ed. A.I. Baumgarten (Leiden: Brill, 2002), 57–80.

98. Mary Harlow, "Clothes Maketh the Man: Power Dressing and Elite Masculinity in the Later Roman Empire," in *Gender in the Early Medieval World: East and West, 300–900*, eds L. Brubaker and J.M.H. Smith (Cambridge: Cambridge University Press, 2004), 44–69.

99. E.g. Mt. 5:41 and 23:5; Mk 15:17; Lk 23:11; Jn 19:23; Acts 12.8; Coon, *Sacred Fictions*, 56.

100. Dyan Elliott, "Dressing and Undressing the Clergy: Rites of Ordination and Degradation," in E. Jane Burns (ed.), *Medieval Fabrications: Dress, Textiles, Clothwork, and Other Cultural Imaginings*, ed. E.J. Burns (New York: Palgrave Macmillan, 2004) 57–8.

101. Bartholeyns, *Vêtements Antiques*.

102. Gal. 3:27; Rom. 13:14; Maier, "Kleidung II (Bedeutung)," *Reallexikon für Antike und Christentum* 21 (2004): 41 and 45; Robin Darling Young, "The Influence of Evagrius of Pontus," in *To Train His Soul in Books: Syriac Asceticism in Early Christianity*, eds R.D. Young and M. Blanchard (Washington, DC: Catholic University of America Press, 2011), 157–75. For biblical clothing metaphors in the Syriac tradition, see "Metaphors as a Means

of Theological Expression in Syriac Tradition," in *Typus, Symbol, Allegorie bei den östlichen Vätern und ihren Parallelen im Mittelalter*, ed. M.Schmidt (Regensburg: F. Pustet, 1982), 11–38. For clothing imagery and baptismal ritual, see Carly Daniel Hughes, "Putting on the Perfect Man: Clothing and Soteriology in the Gospel of Philip," in *Dressing Judeans and Christians*, 215–31.

103. For further discussion see Daniel-Hughes, *The Salvation of the Flesh in Tertullian of Carthage: Dressing for the Resurrection* (New York: Palgrave Macmillan, 2011) and Stephen Davis, "Fashioning a Divine Body: Coptic Christology and Ritualized Dress," *Harvard Theological Review* 98 (2005): 335–62.

104. Maier, "Kleidung II," 5–6.

105. Ibid, 184.

106. Ibid, 184–5; T.C. Brennan, "Tertullian's *De Pallio* and Roman Dress in North Africa," in *Roman Dress and the Fabrics of Roman Culture*, 257–70.

107. Ibid, 189–94.

108. Pach. *Praec.* 81; Andrew Crislip, *From Monastery to Hospital: Christian Monasticism and the Transformation of Health Care in Late Antiquity* (Ann Arbor: University of Michigan Press, 2005), 61.

109. For references to hair-shirts in ascetic literature, see Rebecca Kraweic, "'Garments of Salvation': Representations of Monastic Clothing in Late Antiquity," *Journal of Early Christian Studies* 17 (2009): 125–50.

110. Maier, "Kleidung II," 49; Crislip, *From Monastery to Hospital*, 60.

111. For a comparison of Evagrius and Cassian on monastic clothing, see William Harmless, *Desert Christians: Introduction to the Literature of Early Monasticism* (Oxford: Oxford University Press, 2004), Table 12.3.

112. Hagiographies likewise suggest that monastic and clerical clothing could have divine properties; see an example from the *Life of Shenoute* in Kraweic, "'Garments of Salvation,'" 136. For clerical clothing in hagiographies, see Coon, *Sacred Fictions*, 69.

113. Henry Maguire, "Garments Pleasing to God: the Significance of Domestic Textiles in the early Byzantine Period," *Dumbarton Oaks Papers* 44 (1990): 215–44.

114. 1 Cor. 11:2–16; 1 Tim. 2:8–10; 1 Pet. 3:3–6; Batten, "Neither Gold nor Braided Hair."

115. Kristi Upson-Saia, *Early Christian Dress: Gender, Virtue, and Authority* (New York: Routledge, 2011), 33–58.

116. Aideen Hartney, "Dedicated Followers of Fashion: John Chrysostom on Female Dress," in *Women's Dress in the Ancient Greek World*, 243–58.

117. See Daniel-Hughes, *The Salvation of the Flesh*, 63–91.

118. Hartney, *Women's Dress in the Ancient World*, 248–9. For a discussion of Roman anti-adornment rhetoric, see Maria Wyke, "Woman in the Mirror: The Rhetoric of Adornment in the Roman World," in *Women in Ancient Societies: an Illusion of Night*, eds L. Archer, S. Fischler, and M. Wyke (New York: Routledge, 1994), 134–51; Batten, "'Neither Gold nor Braided Hair'"; Daniel-Hughes, *The Salvation of the Flesh*, 83–91.

119. Batten, "'Neither Gold nor Braided Hair'"; Daniel-Hughes, *The Salvation of the Flesh*, 83–91.

120. Clothing changes feature in sources about ascetic men as well, see Coon, *Sacred Fictions*, 66–70 and Kraweic, "Garments of Salvation."

121. E.g. Jer. *Ep.* 38.4, *Ep.* 128.2 =LCL 262 (ed. Wright), 164–5 and 468–9; *V. Mel.* 31; Kraweic, "Garments of Salvation," 137.

122. Coon, *Sacred Fictions*, 38–9; Upson-Saia, *Early Christian Dress*, 71–2. For discussions of hagiographies of "cross-dressing saints," see Upson-Saia, *Early Christian Dress*, 84–103.

123. Upson-Saia, *Early Christian Dress*, 73.

124. David Hunter, "Clerical Celibacy and the Veiling of Virgins," in *The Limits of Ancient Christianity: Essays on Late Antique Thought and Culture in Honor of R.A. Markus*, eds

W.E. Klingshirn and M. Vessey (Ann Arbor: The University of Michigan Press, 1999), 139–52; Upson-Saia, *Early Christian Dress*, 53.

125. Bartholeyns, *Vêtements Antiques*, 128.

126. Canons 22 and 23.

127. Coon, *Sacred Fictions*, 61.

128. Elliott, *Medieval Fabrications*.

129. Coon, *Sacred Fictions*, 62.

130. Herbert Norris, *Church Vestments: Their Origin and Development* (New York: E.P. Dutton, 1950), 180–1.

131. Norris, *Church Vestments*, 9.

132. Ibid, 61–2.

133. Adam Serfass, "Unravelling the *Pallium* Dispute between Gregory the Great and John of Ravenna," in *Dressing Judeans and Christians*, 83.

134. The prophet Elijah's gift of his cloak to Elisha also figured into the symbolism (2 Kg 2:13–18), see Serfass, *Dressing Judeans and Christians*, 80, and had already informed monastic stories of succession, see Kraweic, "Garments of Salvation," 136.

135. Jer. *In Ezech*. 43.14 and 44.19; Norris, *Church Vestments*, 17.

136. Coon, *Sacred Fictions*, 38.

5 Gender and Sexuality

1. Lawrence Langner, *The Importance of Wearing Clothes* (London: Constable Books, 1959), 51.

2. The various ways of draping the toga in the imperial period could be seen as an exception to this general trend, but the pattern of drapery folds created by the toga was always visually quite distinct from the various ways in which women draped their *palla*. See further, Kelly Olson, "Toga and Pallium. Status, Sexuality, Identity," in *Sex in Antiquity. Exploring Gender and Sexuality in the Ancient World*, eds M. Masterson, Nancy Sorkin Rabinowitz, and James Robson (London: Routledge, 2015), 422–48.

3. The term "*peplos*" is therefore more common and important in modern historical literature than it is in ancient sources. See Mireille Lee, "The Ancient Greek Peplos and the 'Dorian Question,'" in *Ancient Art and Its Historiography*, eds A.A. Donohue and M.D. Fullerton (New York: Cambridge University Press, 2003), 118–47.

4. Cf. Fanny Dolansky, "*Togam virile sumere*: Coming of Age in the Roman World," in *Roman Dress and the Fabrics of Roman Culture*, eds Jonathan Edmondson and Alison Keith (Toronto: University of Toronto Press, 2008), 47–70. For the significance of the adult toga see Glenys Davies, "What made the Roman toga *virilis*?" in *The Clothed Body in the Ancient World*, eds Liza Cleland et al. (Oxford: Oxbow Books, 2005), 121–30.

5. For girls wearing the toga see Judith Sebesta, "Symbolism in the Costume of the Roman Woman," in *The World of Roman Costume*, eds Judith Sebesta and Larissa Bonfante (Madison: University of Wisconsin Press, 1994), 46–7; for illustrations in Roman art see Hans R. Goette, *Studien zu römischen Togadarstellungen* (Mainz: von Zabern, 1990), 80–2, 158–9, list N.

6. See, for example, the complex innuendo made by Cicero about Mark Antony in *Philippics* 2.44: as soon as he assumed the *toga virilis* Antony made it a *toga muliebris* (the dress of a whore) until he was made an "honest woman" by Curio and swapped his whore's toga for the matron's *stola*.

7. Sue Blundell, "Clutching at Clothes," in *Women's Dress in the Ancient Greek World*, ed. Lloyd Llewellyn-Jones, 143–70; Mary Harlow, "Dressed Women on the Streets of the Ancient City: what to wear," in *Women and the Roman City in the Latin West*, eds Emily Hemelrijk and Greg Woolf (Leiden and Boston: Brill, 2013), 225–42.

8. See further Lloyd Llewellyn-Jones, *Aphrodite's Tortoise*, 94–110.
9. Sappho fr. 67.
10. Male attitudes to women's adornment are explored by Maria Wyke, "Woman in the Mirror: the Rhetoric of Adornment in the RomanWorld," in *Women in Ancient Societies: An Illusion of the Night*, eds Léonie J. Archer, Susan Fischler, and Maria Wyke (London: MacMillan, 1994), 134–51.
11. For Pandora see Judith Lynn Sebesta, "Visions of Gleaming Textiles and a Clay Core: Textiles, Greek Women and Pandora," in *Women's Dress in the Ancient Greek World*, 125–42. For the pomegranate motif in jewelry see Dyffri Williams and Jack Ogden, *Greek Gold: Jewellery of the Classical World* (London: British Museum Press, 1995).
12. See examples in Paul Roberts, *Mummy Portraits from Roman Egypt* (London: British Museum Press, 2008).
13. See Françoise Frontisi-Ducroux and François Lissarrague, "From Ambiguity to Ambivalence: A Dionysiac Excursion Through the 'Anakreontic' Vases," in David M. Halperin, John J. Winkler, and Froma Zeitlin (eds), *Before Sexuality. The Construction of the Erotic Experience in the Ancient Greek World* (Princeton: Princeton University Press, 1990), 211–56.
14. Cicero *de haruspicum responsis* (on the replies of the haruspices), 43–4; see Julia Heskel, "Cicero as Evidence for Attitudes to Dress in the Late Republic," in *The World of Roman Costume*, 139–40. Cf. Plutarch *Life of Caesar*, 9–10.
15. Aristophanes, *Women at the Thesmophoria* 138, 253; *Frogs* 46.
16. Plutarch, *Life of Antony* 26.
17. The range of meaning of the Latin terms *effeminatus* and *mollis* is not identical to the sense of the modern terms effeminate or camp. Such characteristics were typical of the *cinaedus*, who was seen as a man whose sexuality was improper, but who was not "homosexual" in the modern sense: see Craig A. Williams, *Roman Homosexuality. Ideologies of Masculinity in Classical Antiquity* (New York and Oxford: Oxford University Press, 1999), esp. 142–3. For effeminate dress as the target of political invective see Anthony Corbeill, *Controlling Laughter. Political Humor in the late Roman Republic* (Princeton University Press, Princeton, 1996), 159–65 and 194–5.
18. Antony Corbeill, *Nature Embodied. Gesture in Ancient Rome* (Princeton: Princeton University Press, 2004), 133–7; see also Antony Corbeill, "Dining Deviants in Roman Political Invective," in *Roman Sexualities*, eds Judith P. Hallett and Marilyn B. Skinner (Princeton: Princeton University Press, 1997), 118–23.
19. Suetonius, *Caligula* 25.
20. Lynn E. Roller, "The Ideology of the Eunuch Priest," in *Gender and the Body in the Ancient Mediterranean,* ed. Maria Wyke (Oxford: Blackwell, 1998), 118–35. See Chapter 4 in this volume.
21. See Llewellyn-Jones, *Aphrodite's Tortoise*, 2003. On Spartan women Lloyd Llewellyn-Jones, "Veiling the Spartan Woman," in *Dress and Identity*, ed. M. Harlow (Oxford: Archaeopress, 2012), 19–38.
22. The much-quoted anecdote cited by Valerius Maximus (6.3.10) about C. Sulpicius Gallus, the consul of 166 BC, who allegedly divorced his wife for leaving the house with her head uncovered, should not be taken at face value, but may suggest that this was still seen as the ideal at the beginning of the imperial period.
23. Plutarch *Moralia* 142C 31.
24. C. Chafiq and F. Khosrokhavar, *Femmes sous le voile. Face à la loi islamique* (Paris: Editions du Félin 1995), 145–55.
25. See in particular Lloyd Llewellyn-Jones, *Aphrodite's Tortoise*.
26. Lawrence Langner, *The Importance of Wearing Clothes*, 76.
27. Hans van Wees, "Greeks Bearing Arms: the State, the Leisure Class, and the Display of Wealth in Archaic Greece," in *Archaic Greece: New Approaches and New Evidence*, eds N. Fisher and H. van Wees, (Swansea: Classical Press of Wales, 1998), 347.

28. See further discussion in James Robson, *Sex and Sexuality in Classical Athens* (Edinburgh: Edinburgh University Press, 2013), 116–44.
29. Transparent clothing as worn by matrons is mentioned (as a bad thing, to be avoided) by Seneca the Elder, *Controversiae (Debates)* 2.5.7 and 7.2.4, and by Seneca the Younger in *de consolatione ad Helviam* 16.4; the same author also refers to see-through togas (in the context of Maecenas' dress style) in *Epistles* 114.21. Propertius (4.2.23) and Horace (*Satire* 1.2.141–2) both suggest it was a style of dress worn by women of low repute, although the elegiac poets in general appreciated its sensual qualities. See Kelly Olson, *Dress and the Roman Woman, Self-presentation and Society* (London and New York: Routledge, 2008), 14.
30. See especially J-P.Thuillier, "La nudité athlétique", *Nikephoros* 1, (1988): 29–48.
31. Plut. *Cato* 20.8.
32. Christopher H. Hallett, *The Roman Nude. Heroic Portrait Statuary 200 BC–AD 300* (Oxford: Oxford University Press, 2005), for the female portrait statues see 190 and 221–2.
33. See generally, Aileen Ribeiro, *Dress and Morality* (London: Batsford, 1986).
34. See Llewellyn-Jones, *Aphrodite's Tortoise*, 2003.
35. Alison Lurie, *The Language of Clothes* (London: Heinemann, 1981), 212. See further, Faegheh Shirazi, *The Veil Unveiled. The Hijab in Modern Culture* (Tallahassee: University Press of Florida, 2001), 56–7.
36. John Carl Flügel, *The Psychology of Clothes* (London: Hogarth, 1930). For a further discussion of his theory of the shifting erogenous zone in the context of Greek art and dress see Lloyd Llewellyn-Jones, "Sexy Athena: The dress and erotic representation of a virgin war-goddess," in *Athena in the Classical World*, eds S. Deacy and A. Villing (Leiden: Brill, 2001), 233–57 and *Aphrodite's Tortoise*, 283–98.
37. Jacques Lacan, *Ecrits: A selection* (trans. A. Sheridan), (London: Tavistock Publications, 1977), 314.
38. For dress and the *korai* see Mary Stieber, *The Poetics of Appearance in the Attic Korai* (Austin: University of Texas Press, 2005).
39. The possibilities were explored especially by Hellenistic sculptors. A good example of drapery used to tease by partially covering the statue is the Aphrodite Kallipygos, who hold a large drape behind her, covering one buttock, while turning round to look over her shoulder at the other one.
40. This is implied by the criticism expressed by Cicero (*against Verres* 5.137) of Verres' behavior in front of his son, who was still wearing the *toga praetexta*: the purple band on the toga should have acted as a protection against obscenity and sexual behavior. For further discussion see Heskel, "Cicero as Evidence," 135; Kelly Olson, "The Appearance of the Young Roman Girl," in *Roman Dress and the Fabrics of Roman Culture*, eds Jonathan Edmondson and Alison Keith, 141–2; see also Sebesta "Symbolism in the Costume of the Roman Woman," 46–8.
41. For descriptions and interpretations of the symbolism of the Roman bride's dress see Karen K. Hersch, *The Roman Wedding. Ritual and Meaning in Antiquity* (Cambridge and New York: Cambridge University Press, 2010), 69–114; Laetitia La Follette, "The Costume of the Roman Bride," in *The World of Roman Costume,* eds Judith Sebesta and Larissa Bonfante, 54–64; Olson, *Dress of the Roman Woman*, 21–5; Sebesta, "Symbolism," 48, and Judith Lynn Sebesta, "Women's Costume and Civic Morality in Augustan Rome," in *Gender and the Body in the Ancient Mediterranean*, ed. M. Wyke, 110–11.
42. See Andrew Dalby, "Levels of Concealment: The Dress of *Hetairai* and *Pornai* in Greek Texts," in *Women's Dress in the Ancient Greek World,* ed. Lloyd Llewellyn-Jones, 111–24.
43. Martial, 2.39, 6.64.4, 10.52; Juvenal, 2.68–70.
44. Cf. Jessica Dixon, "Dressing the adulteress," in *Greek and Roman Textiles and Dress*, eds Mary Harlow and Marie-Louise Nosch (Oxford: Oxbow Books, 2014), 298–305.

45. Horace, *Satires* 1.2. 95–104.
46. Tacitus *Annals* 13. 45.

6 *Status*

1. Liza Cleland, G. Davies, and L. Llewellyn-Jones, *Greek and Roman Dress from A–Z* (London and New York: Routledge, 2007), 179.
2. A. Batten, "Clothing and Adornment," *Biblical Theology Bulletin* 40 (2010): 148; Maria Parani, "Defining Personal Space: Dress and Accessories in Late Antiquity," in *Objects in Context, Objects in Use: Material Spatiality in Late Antiquity,* eds L. Lavan, E. Swift, and T. Putzeys (Leiden: Brill, 2008), 497–529.
3. On clothing in late Antiquity see Parani, "Defining Personal Space."
4. Cleland et al., *Greek and Roman Dress,* 181.
5. Homer, *Odyssey* 19.241–2; *Iliad* 13.685; Hans Van Wees, "Clothes, Class and Gender in Homer," in *Body Language in the Greek and Roman Worlds,* ed. Douglas Cairns (Swansea: The Classical Press of Wales, 2005), 2.
6. Homer, *Iliad* 2.42–5, 8.221; *Odyssey* 3.467.
7. Hans Van Wees, "Clothes, Class and Gender in Homer," in *Body Language in the Greek and Roman Worlds,* 2, 22.
8. Ibid., 9. On the form of the *peplos,* see now M. Lee, "Constru(ct)ing Gender in the Feminine Greek *Peplos,*" in *The Clothed Body in the Ancient World,* eds Liza Cleland, M. Harlow, and L. Llewellyn-Jones (Oxford: Oxbow Books, 2005), 55–64; and "The *Peplos* and the 'Dorian Question,'" in *Ancient Art and its Historiography,* eds A.A. Donohue and M. Fullerton (Cambridge, UK: Cambridge University Press, 2003), 118–47.
9. White: *Iliad*, 3.141; saffron: *Iliad*, 19.1; purple: *Iliad*, 24.796; black: *Homeric Hymn* 2.182–3; decorated: *Iliad*, 3.125–28, 6.289, 6.294; multi-colored: *Iliad*, 5.735, *Odyssey*, 18.293. There is some scholarly debate as to whether such patterning was embroidered, see E. Abrahams, *Greek Dress* (London: Murray, 1908), 38, 89, 100, 102–3; or woven in: A.J.B. Wace, "Weaving or Embroidery?" *AJA* 48 (1948): 51–5; see most recently Kerstin Droß-Krüpe and Annette Paetz gen. Schieck, "Unravelling the Tangled Threads of Ancient Embroidery: a compilation of written sources and archaeologically preserved textiles," in *Greek and Roman Textiles and Dress, An Interdisciplinary Anthology*, eds M. Harlow and M.-L. Nosch (Oxford: Oxbow Books, 2014), 207–35. See also Elizabeth J.W. Barber, *Prehistoric Textiles: The Development of Cloth in the Neolithic and Bronze Ages* (Princeton, NJ: Princeton University Press, 1991), 372–83.
10. *Odyssey*, 18.292–4.
11. Lloyd Llewellyn-Jones, *Aphrodite's Tortoise: the Veiled Woman of Ancient Greece* (Swansea, Wales: The Classical Press of Wales, 2003), 136.
12. *Amphipoloi*; Ibid., 126.
13. Ibid., 138.
14. *Iliad* 18.401; *Odyssey* 18.297–8; Hesiod *Opera.* 74–5; van Wees, "Clothes, Class and Gender," 12.
15. *Odyssey,* 15.106–8; *Iliad* 6.293–5, in chests 2.339; van Wees, "Clothes, Class and Gender," 13–14.
16. Thucydides, 1.6.3–5; Heracleides Pontus; Müller, *FGH* ii. 200.
17. H. Mills, "Greek Clothing Regulations: Sacred and Profane," *ZPE* 55 (1984), 265 n. 39.
18. Llewellyn-Jones, *Aphrodite's Tortoise,* 138–9.
19. A.G. Geddes, "Rags and Riches: the Costume of Athenian Men in the Fifth Century," *CQ* 37.2 (1987): 307–31.
20. Ar. *Thesm.* 136ff, *Ach.* 117–21; Plato *Hipp. Ma.* 294a, 291a.
21. M. Miller, *Athens and Persia in the Fifth Century BC A Study in Cultural Receptivity* (Cambridge, UK: Cambridge University Press, 1997), 155.

22. Ibid., 180.
23. Beth Cohen, "Ethnic Identity in Democratic Athens and the Visual Vocabulary of Male Costume," in *Ancient Perceptions of Greek Ethnicity,* ed. Irad Malkin (Washington, DC: Center for Hellenic Studies, 2001), 251.
24. Ps-Xenophon, *Ath. Pol.* 2.8.
25. Miller, *Athens and Persia,* 176; and M. Miller, "The *Ependytes* in Classical Athens," *Hesperia* 58.3 (1989), 313–29.
26. Miller, *Athens and Persia,* 179. The garment may have been also known as the *chitōniskos.*
27. Cohen, "Ethnic Identity," 247.
28. Geddes, "Rags and Riches," 314–15.
29. Cf. Ar. *Wasps* 474–6, Plato *Prot.* 342; Demos. 54.34; Geddes, "Rags and Riches," 309. See also Chapter 9 in this volume.
30. See Dem. 48.55. See also Dem. 59.35, 46; Xen. *Mem.* 3.11.15.
31. Lee, "Constru(ct)ing Gender," 56.
32. Ibid., 56. See here for problems in identifying different types of garments, chronological changes in Greek women's dress, and caveats of the ancient evidence.
33. Cf. Aristoph. *Lys.* 229, *Th.* 734, *Clouds* 149ff; Miller, *Athens and Persia,* 154.
34. Ibid., 158–9, 160–61, 168, 176, 177–9.
35. Ibid., 179; see L. Cleland, "The Semiosis of Description: Some Reflections on Fabric and Colour in the Brauron Inventories," in *The Clothed Body,* 91–3.
36. Cleland et al., *Greek and Roman Dress,* 36.
37. Llewellyn-Jones, *Aphrodite's Tortoise,"* 139.
38. Plut. *Solon,* 21.4; 20.4.
39. L. Kurke, "The Politics of ἁβροσύνη in Archaic Greece," Classical Antiquity 11 (1992), 93–6.
40. Mills, "Greek Clothing Regulations," 264. Thus for example, at Pergamon, the worshipper had to wear white clothing, but could not have a ring, belt, any gold, shoes, or braided hair (see here 258, with references).
41. Homer, *Odyssey* 6.25–30, 57–65.
42. Cf. Homer, *Odyssey,* 13.434–5; van Wees, "Clothes, Class and Gender," 13; S. Milanezi, "On *Rhakos* in Aristophanic Theatre," in *The Clothed Body,* 75.
43. S. Lewis, *The Athenian Woman: An Iconographic Handbook* (London and New York: Routledge, 2002), 79; J. Reilly, "Many Brides: 'Mistress and Maid' on Athenian Lekythoi," *Hesperia* 58 (1989), 411–44; see Chapter 9 in this volume.
44. See Xen. *Hel.* 5.4.4–6 where the slaves of the "courtesans" are veiled as well; Llewellyn-Jones, *Aphrodite's Tortoise,* 142–3. See also Chapter 5 in this volume.
45. *Ath. Pol.* 1.10.
46. On Etruscan clothing, see L. Bonfante-Warren, "Roman Costumes: a Glossary and Some Etruscan Derivations," *ANRW* 1.4 (1973): 584–614; L. Bonfante, *Etruscan Dress,* 2nd ed. (Baltimore: Johns Hopkins University Press, 2003).
47. Diod. Sic. 5.40.
48. Bonfante, *Etruscan Dress,* 89 and 90–2.
49. Cleland et al., *Greek and Roman Dress,* 62; Bonfante, *Etruscan Dress,* 13.
50. Bonfante, *Etruscan Dress,* 11, 14, 16; Cleland et al., *Greek and Roman Dress,* 62.
51. Bonfante, *Etruscan Dress,* 59. Cf. Crat. *Fr.* 131.
52. Bonfante, *Etruscan Dress,* 90.
53. See Olson, *Dress and the Roman Woman*; and Kelly Olson, "Masculinity, Appearance, and Sexuality: Dandies in Roman Antiquity," *The Journal of the History of Sexuality* 23.2 (2014): 182–205.
54. Ovid, *Ars* 1.505–24; on ancient wool, see Barber, *Prehistoric Textiles,* 20–30; R.J. Forbes, *Studies in Ancient Technology,* vol. IV, 2nd ed. (Leiden: Brill), 2–26.
55. On silk togas see Pliny, *Nat.* 11.78; Juv. 2.78; on *gausapa*: Pliny, *Nat.* 8.193.

56. Hero Granger-Taylor, "The Emperor's Clothes: the Fold-Lines," *Bulletin of the Cleveland Museum of Art* 74.3 (1987): 117. See also Hero Granger-Taylor, "A Fragmentary Roman Cloak Probably of the 1st c. CE and Off Cuts from Other Semi-Circular Cloaks," *Archaeological Textiles Newsletter* 46 (2008): 7–8.

57. For evidence of dyed textiles in archaeology, see Lise Bender Jørgensen, "*Clavi* and Non-*Clavi*: Definitions of Various Bands on Roman Textiles," in *Purpureae Vestes III: Textiles y tintes en la ciudad Antigua*, eds C. Alfaro et al. (Valencia: Univ. of València: 2010), 75–81; Ulla Mannering, "Roman Garments from Mons Claudianus," in *Archéologie des textiles des origins au Vᵉ siècle. Actes du colloque de Lattes, octobre 1999*, eds D. Cardon and M. Feugere (Monogr. Instrumentum 14, Montagnac: Monique Mergoil, 2000), 283–90; G.W. Taylor, "Detection and Identification of Dyes on Pre-Hadrianic Textiles from Vindolanda," *Textile History* 2 (1983): 115–24.

58. The color purple as a symbol of status and rank in antiquity has been admirably and thoroughly treated in English by M. Reinhold, *History of Purple as a Status Symbol in Antiquity* (Brussels: Coll. Latomus 116, 1970). For more recent work see: L. Bessone, "La porpora a Roma," in *La Porpora: realtà e immaginario di un colore simbolico*, ed. O. Longo (Venice: Instituto Veneto di Scienze, Lettere ed Arti, 1998), 149–202; and J. Napoli, "Ars purpuraire et législation a l'époque Romaine," in *Purpureae Vestes: Actas del I Symposium Internacional sobre Textiles y Tintes del Mediterráneo en época romana*, eds Carmen Alfaro, J.P. Wild, and B. Costa (Valencia: University of Valencia, 2004), 123–36.

59. There is a solid bibliography on purple dyeing in Antiquity: e.g., Bessone, "La Porpora"; J. Bridgeman, "Purple Dye in Late Antiquity and Byzantium," in *The Royal Purple and the Biblical Blue: Argaman and Tekhelet*, ed. E. Spanier (Jerusalem: Keter Publishing House, 1987), 159–65; Cardon et al., "Who Could Wear True Purple"; O. Longo, "La zoologia delle porpore nell'antichità Greco-Romana," in *La Porpora: realtà e immaginario di un colore simbolico*, ed. O. Longo (Venice: Instituto Veneto di Scienze, Lettere ed Arti, 1998), 79–90.

60. Pliny *Nat.* 21.45–7.

61. Mark Bradley, *Colour and Meaning in Ancient Rome* (Cambridge: Cambridge University Press, 2009), 199.

62. On *puniceus*, see J. André, *Étude sur les termes de couleur dans la langue latine* (Paris: Librairie C. Klincksieck, 1949), 88–90.

63. Pliny *Nat.* 9.140–1.

64. Alexandra Croom, *Running the Roman Home* (Stroud: The History Press, 2011), 108; Mark Bradley, "It All Comes Out In The Wash: Looking Harder at the Roman *Fullonica*," *JRA* 15 (2002): 29.

65. Cf. Cic. *Att.* 2.3.1; Pers. 1.15–16; Mart. 14.145; on care of white clothing see Bradley, "It All Comes Out In The Wash."

66. On its color see Mart. 5.79, 2.46; as costume for the Saturnalia see Stat. *Silv.* 4.9; Mart. 6.24.1–2; T. J. Leary, *Martial Book XIV: The Apophoreta* (London: Duckworth, 1996), 3, 51, 205.

67. On the *pallium* see Olson 2014b, with references.

68. Croom 2011, 110; Granger-Taylor 1987, 122.

69. On clothes-chests see for example Cat. 25; John Peter Wild "Tunic No. 4219: an Archaeological and Historical Perspective," *Riggisberger Berichte* 2 91994): 29. On clothes-presses, see now Flohr 2013, 145–8, 162–3, with references.

70. Croom, *Running the Roman Home,* 102; Bradley, "It All Comes Out In The Wash," 36; see ibid., 31–2 on urine as both cleansing and polluting.

71. See now M. Flohr, *The World of the* Fullo: *Work, Economy, and Society in Roman Italy* (Oxford: Oxford University Press, 2013), 117–18.

72. Bradley, "It All Comes Out In The Wash," 36. Recent excavations in Barcelona suggest Roman fulleries used lavender and possibly other perfumes in the rinsing process: see J. Juan-

Tresseras, "El uso de plantas para el lavado y teñido de tejidos en época romana. Análisis de residuos de la *fullonica* y la *tinctoria* de Barcino," *Complutum* 11 (2000): 245–52.

73. Bradley, "It All Comes Out In The Wash," 29.

74. *Epid.* 230–235. See Olson, *Dress and the Roman Woman,* 11–12, with references. On female clothing, see for example Alexandra T. Croom, *Roman Clothing and Fashion* (Stroud: Tempus, 2000/2002), 75–118; Kelly Olson, *Dress and the Roman Woman: Self-presentation and Society* (London and New York: Routledge, 2008); B. Scholtz, *Untersuchungen zur Tracht der römischen Matrona* (Köln: Böhlau, 1992).

75. *Ars* 3.169–192. See Olson, *Dress and the Roman Woman,* 11–12, with references.

76. Petr. *Satyr.* 131.

77. Cf. e.g., Pl. *Most.* 289; Suetonius, *Julius Caesar,* 43.

78. Cic. *Hars.* 44; see also Var. *L.* 7.53; on yellow as a female color, see Judith L. Sebesta, "*Tunica Ralla, Tunica Spissa*: the Colors and Textiles of Roman Costume," in *The World of Roman Costume,* eds J.L. Sebesta and L. Bonfante (Madison: University of Wisconsin Press, 1994), 65–76.

79. Prop. 4.2.23.

80. On transparency see Pliny *Nat.* 11.76; Mary Harlow, "Clothes Maketh the Man: Power Dressing and Elite Masculinity in the Later Roman World," in *Gender in the Early Medieval World: East and West, 300–900,* eds L. Brubaker and J.M.H. Smith (Cambridge: Cambridge University Press, 2004), 212.

81. On the *palla,* see Olson, *Dress and the Roman Woman,* 33–6, with references.

82. E.g., Sen. *Con.* 2.7.6.

83. Val. Max. 5.2.1; Croom, *Roman Clothing,* 89.

84. On the *stola,* see Olson, *Dress and the Roman Woman,* 27–33; Scholz, *Untersuchungen zur Tracht,* 13–93; Judith Sebesta, "Women's Costume and Feminine Civic Morality in Augustan Rome," *Gender and History* 9.3 (1997): 531, 535–7.

85. Pliny *Nat.* 37.197–200.

86. See Olson, *Dress and the Roman Woman,* 80–95.

87. On sumptuary legislation in Roman Antiquity, see M. Dauster, "Roman Republican Sumptuary Legislation," *Studies in Latin Literature and Roman History* 11 (2003): 65–93; E. Zandam (2011), *Fighting Hydra-Like Luxury: Sumptuary Legislation in the Roman Republic.* (London: Bristol Classical Press, 2011), esp. 1–71.

88. Zanda, *Fighting Hydra-Like Luxury,* 18–24, 52, 55–8, 128.

89. On legislation against the use of purple in Roman Antiquity, see Bessone, "La porpora," 157–67, 181, 187, 190; Napoli, "Ars purpuraire," Reinhold, *History of Purple,* 39–41, 45–6, 49–50, 58, 63, 65–68.

90. Cf. on controlling purple: Suet. *Calig.* 35; *Nero* 32; on silk: *ne vestis serica viros foedaret;* Tac. *Ann.* 2.33. Legislation on male clothing: D. Dalla, *Ubi Venus mutatur: Omosessualita e diritto nel mondo Romano* (Milan: A. Giuffrè, 1987), 18–23.

91. Suet. *Calig.* 52.

92. Livy 34.1–8; P. Culham, "The *Lex Oppia,*" *Latomus* 41.4 (1982): 793; E. Hemelrijk, "Women's Demonstrations in Republican Rome," in *Sexual Asymmetry: Studies in Ancient Society,* eds J. Blok and P. Mason (Amsterdam: J.C. Gieben, 1987), 220–1; contra E. Zanda, *Fighting Hydra-Like Luxury,* 114–17. See also Chapter 9 in this volume.

93. J. V. Emberley, *The Cultural Politics of Fur* (Montreal: McGill-Queens University Press, 1997), 45.

94. On slave clothing, see Keith R. Bradley, *Slavery and Society at Rome* (Cambridge, UK: Cambridge University Press, 1994), 95–9, with references; and Michele George, "Slave Disguise in Ancient Rome," *Slavery & Abolition* 23 (2002): 41–54.

95. Bradley, *Slavery and Society,* 95–9; Pl. *Am.* 343.

96. Cf. Diod. Sicl. 34/35.2.38; Apul. *Met.* 9.12.

97. Pl. *As.* 497; Cic. *Pis.* 67.
98. See Bradley, *Slavery and Society,* 87–8.
99. *CIL* 6.8956; *CIL* 6. 33426.
100. Pl. *Truc.* 270–4, *St.* 745, *Mil.* 989.
101. Short tunics, togas: Pl. *Rud.* 549; Mart. 4.66; threadbare clothes: Mart. 2.46; riddled with holes: Mart. 2.43; shabby cloaks: Mart. 2.43; broken shoes: Mart. 12.29.
102. Hor. *Epp.* 1.1.95–96. On the *subucula*, see Kelly Olson, "Roman Underwear Revisited," *Classical World* 96.2 (2003): 209.
103. Var. *Cato vel de liberis educandis* [19] (Non. 155L); Mart. 4.66.
104. Croom, *Roman Clothing,* 80; shorter tunics used less cloth.
105. Pliny *Nat.* 33.152 and 35.48; Juv. 6.589.
106. See Kelly Olson, "*Insignia Lugentium:* Female Mourning Garments in Roman Antiquity," *American Journal of Ancient History* 3–4 (2004–5): 110–15.
107. *Prasinus*: André, *Étude sur les termes,* 192; *cerasinus*: ibid., 118. *Galbinus* and effeminacy: Mart. 3.82.26; Juv. 2.97.
108. *Russus*: Petr. *Satyr.* 27; André, *Étude sur les termes,* 83–4; *venetus*: ibid., 181–2 and Juv. 3.170.
109. Sebesta, "*Tunica ralla,*" 70–1.
110. Harlow, "Clothes Maketh the Man," 51, 54; short leggings were associated with men of lower status: Parani, "Defining Personal Space," 518.
111. Parani, "Defining Personal Space," 500.
112. Parani, "Defining Personal Space," 514–15, 517.
113. *SHA Comm.* 8.8; Dio 72.17.2.
114. Parani, "Defining Personal Space," 515–17.
115. Parani, "Defining Personal Space," 520.
116. Adornment as disrespect for God's handiwork, indicator of an un-Christian worldliness and vanity: Jerome, *Ep.* 107.5; elaborate *calcei* and *socci*: Jerome *Epp.* 38.4, 54.7, 79.7; elaborate hairstyles: *Epp.* 130.7, 130.18; and slaves dressed in finery to augment the status of the mistress: *Epp.* 54.13, 130.18. See also Chapters 4 and 9 in this volume.

7 Ethnicity

1. The *Oxford English Dictionary* defines ethnicity as the "Status in respect of membership of a group regarded as ultimately of common descent, or having a common national or cultural tradition; ethnic character."
2. Cf. Alison Lurie, *The Language of Clothes* (London: Bloomsbury, 1992); Roland Barthes, *The Language of Fashion* (Oxford/NY: Berg, 2006) esp. "Language and Clothing," 21–32.
3. See Ursula Rothe, "Chapter 35: Ethnicity in the Roman North-West," in *Blackwell Companion to Ethnicity in the Ancient Mediterranean,* ed. Jeremy McInerney (Malden, MA and Oxford: Blackwell, 2014), 497–513.
4. Andrew Wallace-Hadrill, *Rome's Cultural Revolution* (Cambridge: Cambridge University Press, 2008), 41.
5. Xenophon, *Anabasis* 5.4.13; *Memorabilia* 2.7.5; Aristophanes, *Birds* 946; Euripides, *Andromache* 592–604.
6. Thomas F. Scanlon, *Eros and Greek Athletics* (Oxford: Oxford University Press, 2002), 108–9.
7. Lloyd Llewellyn-Jones, "Veiling the Spartan woman," in *Dress and Identity,* ed. Mary Harlow (Oxford: Archaeopress, 2012), 17–35.
8. François Hartog, *The Mirror of Herodotus: The Representation of the Other in the Writing of History* (Berkeley: University of California Press, 1988).
9. Wulf Raeck, *Zum Barbarenbild in der Kunst Athens im 6. und 5. Jh. v. Chr* (Bonn: Habelt, 1981).

10. Alireza Shapour Shahbazi, "New Aspects of Persepolitan Studies," *Gymnasium* 85 (1978): 498–9; Willem Vogelsang, *The Rise and Organisation of the Achaemenid Empire: The Eastern Iranian Evidence* (Leiden: Brill, 1992), 174; Lloyd Llewellyn-Jones, *King and Court in Ancient Persia* (Edinburgh: Edinburgh University Press, 2013), 62.

11. Margarita Gleba, "You are what you wear: Scythian costume as identity," in *Dressing the Past,* eds Margarita Gleba, Cherine Munkholt, and Marie-Louise Nosch (Oxford: Oxbow, 2008), 13–28.

12. See, for example, Margarita Gleba, "You are what you wear: Scythian costume as identity," in *Dressing the Past*, 15, Figure 2.1.

13. Margarita Gleba, "You are what you wear: Scythian costume as identity," in *Dressing the Past,* 22.

14. Iain Ferris, *Enemies of Rome: Barbarians Through Roman Eyes* (Stroud: The History Press, 2003).

15. Tacitus, *Annals* 11.24. Trans. J. Jackson.

16. See, for example, Larissa Bonfante, *Etruscan Dress* (Baltimore: Johns Hopkins University Press, 2003), 48–51 and textiles finds from Verucchio: Annemarie Stauffer and Lise Raeder-Knudsen, "Kleidung als Botschaft: Die Mäntel aus den vorrömischen Fürstengräbern von Verucchio," in *Die Macht der Toga. Dresscode im römischen Weltreich,* eds Michael Tellenbach, Regine Schulz and Alfried Wieczorek (Regensburg: Schnell und Steiner, 2013), 69–71; Friedrich Wilhelm von Hase, "Zur Kleidung im frühen Etrurien," in *Die Macht der Toga*, 72–9.

17. Servius, *In Aeneadem* 1.282; Aulus Gellius, *Noctes Atticae* 6.12; Livy 8.13; Pliny, *Naturalis Historia* 34.23.

18. Virgil, *Aeneid* 1.282.

19. Cf. Tertullian *De pallio*, esp. 5.1–5.2; Juvenal 3.171.

20. See most recently Andrew Wallace-Hadrill, *Rome's Cultural Revolution.*

21. Cf. Ovid, *Ars Amatoria* 1.31–32; Festus 112.26L; Martial 1.35.8–9; 10.5.1; Birgit Scholz, *Untersuchungen zur Tracht der römischen* matrona (Cologne: Böhlau, 1992); Kelly Olson, *Dress and the Roman Woman* (London: Routledge, 2008), 31–3; Alexandra Croom, *Roman Clothing and Fashion* (Stroud/Charleston: Tempus, 2002), 76. See also Chapter 8 this volume.

22. Ursula Rothe, "Dress in the middle Danube provinces: the garments, their origins and their distribution," *Jahreshefte des Österreichischen Archäologischen Instituts* 81 (2012): 137–231: 175 figure 23.

23. Cicero, *In Verrem* 2.4.54–55; 2.5.31; 2.5. See chapter 9 in this volume.

24. *SHA Septimius Severus* 1.7.

25. Fanny Dolansky, "*Togam virilem sumere*: Coming of Age in the Roman World," in *Roman Dress and the Fabrics of Roman Culture,* eds Jonathan Edmondson and Alison Keith (Toronto: University of Toronto Press, 2008), 47–70 for a thorough discussion of the ceremony and its significance.

26. Suetonius, *Claudius* 15.2.

27. Ubian area: Ursula Rothe, *Dress and Cultural Identity in the Rhine-Moselle Region of the Roman Empire* (Oxford: Archaeopress, 2009), cat. no. U20, U55; Mediomatricorum: Yasmine Freigang, "Die Grabmäler der gallo-römischen Kultur im Moselland. Studien zur Selbstdarstellung einer Gesellschaft," *Jahrbuch des Römisch-Germanischen Zentralmuseums* 44, no. 1 (1997): 277–440: cat. no. Med 167, 173, 189, 192, 198.

28. Ursula Rothe, *Dress and Cultural Identity in the Rhine-Moselle Region*, 131–2 and plate XII; Jacques Mersch, *La Colonne d'Igel. Das Denkmal von Igel* (Luxembourg: Les Imprimeries Centrales, 1985).

29. Ursula Rothe, *Dress and Cultural Identity in the Rhine-Moselle Region* 49–53.

30. E.g. Bernard Goldman, "Graeco-Roman dress in Syro-Mesopotamia," in *The World of Roman Costume,* eds Judith Sebesta and Larissa Bonfante (Madison: University of Wisconsin Press, 1994), 163–81: 172 Figures 10.10 and 10.11.

31. Ursula Rothe, "Dress in the middle Danube provinces: the garments, their origins and their distribution," 158–71.

32. Eduard Freiherr von Sacken, *Das Grabfeld von Hallstatt in Oberösterreich und dessen Alterthümer* (Vienna: Wilhelm Braumüller, 1868), 58–67 and plates 2–3.

33. See Ursula Rothe, "Dress in the middle Danube provinces: the garments, their origins and their distribution," 178–9 for a more detailed discussion of the origins of this ensemble.

34. Ursula Rothe, "Dress in the middle Danube provinces: the garments, their origins and their distribution," for this and what follows below.

35. For ethnic groupings in northern Pannonia see Vladimír Sakař, "Čechy a podunajské provincie Rímské Ríše. Bohemia and the Danubian provinces of the Roman Empire," *Sborník Národního muzea vv Praze, řada A* 45 (1991): 1–66; Magdolna Kiss, "Zum Problem der barbarischen Ansiedlungen in Pannonien," *Specimina Nova* 9 (1993): 185–200; Dénes Gabler, "Die Siedlungen der Urbevölkerung Unterpannoniens in der frührömischen Zeit," in *Kelten, Germanen, Römer im Mitteldonaugebiet vom Ausklang der La Tene-Zivilisation bis zum 2.Jh.*, eds Jaroslav Tejral, Karol Pieta, and Ján Rajtár (Brno-Nitra: Archäologisches Institut der Akademie der Wissenschaften, Tschechische Republik, 1995), 63–81; Jenö Fitz, "Zur vorrömischen Geschichte der späteren Pannonien," *Alba Regia* 27 (1998): 7–9.

36. See, for example, Maya Nadig, *Die verborgene Kultur der Frau: Ethnopsychoanalytische Gespräche mit Bäuerinnen in Mexiko. Subjektivität und Gesellschaft im Alltag von Otomi-Frauen* (Frankfurt: Fischer, 1986); Deborah James, "'I Dress in This Fashion': Transformations in Sotho Dress and Women's Lives in a Sekhukhuneland Village, South Africa," in *Clothing and Difference: Embodied Identities in Colonial and Post-Colonial Africa,* ed. Hildi Hendrickson (Durham, NC, and London: Duke University Press, 1996), 34–65; Emma Tarlo, *Clothing Matters: Dress and Identity in India* (Chicago and London: The University of Chicago Press, 1996).

37. E.g. *CIL* III 10481; *AE* 1969/70, 493; 1986, 0598; 1999, 1251; 2003, 1416, 1418–1423. For a similar continuation in religious structures see Peter Scherrer, "Die Ausprägung lokaler Identität in den Städten in Noricum und Pannonien. Eine Fallstudie anhand der Civitas-Kulte," in *Lokale Identitäten in Randgebieten des Römischen Reiches,* ed. Andreas Schmidt-Colinet (Vienna: Phoibos, 2004), 175–87.

38. In the second century AD Pannonia was home to four legionary camps and a whole string of auxiliary camps along its Danube frontier, most of them foreign units originally recruited elsewhere: Krzysztof Królczyk, *Veteranen in den Donauprovinzen des Römischen Reiches (1.–3. Jahrhundert)* (Poznan: Wydawnictwo Poznańskie, 2009); Barnabás Lőrincz, "Westliche Hilfstruppen im Pannonischen Heer," *Annales Universitatis Scientiarum Budapestinensis, Sectio Historica* 26 (1993): 75–86; Barnabás Lőrincz, *Die römischen Hilfstruppen in Pannonien während der Prinzipatszeit. 1. Die Inschriften* (Vienna: Forschungsgesellschaft Wiener Stadtarchäologie, 2001). The epigraphy also shows, however, a large number of merchants from especially the eastern provinces in Pannonia in the second and third centuries: Radislav Hošek, "Die Orientalen in Pannonien," *Anodos* 1 (2001): 103–7; Zoltan Kadar, *Die kleinasiatisch-syrischen Kulte zur Römerzeit in Ungarn* (EPRO 2) (Leiden: Brill, 1962); Lajos Balla, "Les Syriens et le culte de Iuppiter Dolichenus dans la région du Danube," *Acta classica Universitatis scientiarum Debreceniensis* 12 (1976): 61–8; Lajos Balla, "Syriens de Commagène en Pannonie orientale (à propos d'une inscription d'Intercisa)," *Acta classica Universitatis scientiarum Debreceniensis* 16 (1980): 69–71; Jenö Fitz, *Les Syriens à Intercisa* (Brussels: Latomus, 1972); Heikki Solin, "Juden und Syrer in der römischen Welt," *Aufstieg und Niedergang der römischen Welt* II, 29.2 (1983): 587–789.

39. Ursula Rothe, "Chapter 35: Ethnicity in the Roman Empire," in *Blackwell Companion to Ethnicity in the Ancient Mediterranean*, 497–513.

40. *Ubi Erat Lupa* no. 16485; Landesmuseum Mainz Inv. No. S 146; *CIL* 13, 07067; *AE* 1995, 01170.

41. E.g. Bordeaux: Espérandieu 2, 1123, 1124, 1128, 1194; Bourges: Espérandieu 2, 1449; Saint-Ambroix-sur-Arnon: Espérandieu 9, 6993–7002, 7016, 7017; Lyon: Espérandieu 3, 1783; Langres: Espérandieu 4, 3280, 3483; Amiens: Espérandieu 5, 3945–49; Burgundy: Espérandieu 3, 1907, 1938 (Autun), 2122 (Meursault); Bourgogne: Espérandieu 4, 2787, 2803, 2804, 2834 (Sens), 3457, 3470, 3502, 3509 (Dijon). Germany: Espérandieu 9, 9663 (Nijmegen); Brigitta Galsterer and Hartmut Galsterer, *Die römischen Steininschriften aus Köln* (Cologne: Römisch-Germanisches Museum, 1975), no. 331 (Cologne); Espérandieu 8, 6288 (Bonn); Britain: Examples in John Peter Wild, "The clothing of Britannia, Gallia Belgica and Germania Inferior," *Aufstieg und Niedergang der römischen Welt* II.12.3 (1985): 362–423, 388 n. 98.

42. See, for example, Lothar Wierschowski, *Die regionale Mobilität in Gallien nach den Inschriften des 1. bis 3. Jahrhunderts n. Chr.* (Stuttgart: Franz Steiner, 1995).

43. Ursula Rothe, "The 'Third Way': Treveran women's dress and the 'Gallic Ensemble'," *AJA* 116(2) (2012): 235–52.

44. Andreas Schmidt-Colinet, "Palmyrenische Grabkunst als Ausdruck lokaler Identität(en): Fallbeispiele," in *Lokale Identitäten in Randgebieten des Römischen Reiches,* ed. Andreas Schmidt-Colinet (Vienna: Phoibos, 2004), 189–98.

45. E.g. Bernard Goldman, "Graeco-Roman dress in Syro-Mesopotamia," in *The World of Roman Costume,* 172 Figures 10.10 and 10.11.

46. Andreas Schmidt-Colinet, Annemarie Stauffer and Khaled al-As'ad, *Die Textilien aus Palmyra. Neue und alte Funde* (Mainz: P. von Zabern, 2000); Annemarie Stauffer, "Kleidung in Palmyra. Neue Fragen an alte Funde," in *Zeitreisen. Syrien—Palmyra—Rom. Festschrift für Andreas Schmidt-Colinet zum 65. Geburtstag,* eds Beatrix Bastl, Verena Gassner, and Ulrike Muss (Vienna: Phoibos, 2010), 209–18; Annemarie Stauffer, "Dressing the dead in Palmyra in the second and third centuries AD," in *Dressing the Dead in Classical Antiquity,* eds Maureen Carroll and John Peter Wild (Stroud: Amberley, 2012), 89–98.

47. Annemarie Stauffer, "Dressing the dead in Palmyra in the second and third centuries AD," in *Dressing the Dead in Classical Antiquity*, 91 Table 1.

48. Annemarie Stauffer, "Dressing the dead in Palmyra in the second and third centuries AD," in *Dressing the Dead in Classical Antiquity*, 90. Cf. Bernard Goldman, "Graeco-Roman dress in Syro-Mesopotamia," in *The World of Roman Costume,* 165.

49. Annemarie Stauffer, "Dressing the dead in Palmyra in the second and third centuries AD," in *Dressing the Dead in Classical Antiquity.*

50. Malcolm A.R. Colledge, *The Art of Palmyra* (Boulder: Westview Press, 1976), plate 44.

51. Malcolm A.R. Colledge, *The Art of Palmyra*, plate 41.

52. Inv. No. 02.29.1.

53. Frank Lepper and Sheppard Frere, *Trajan's Column* (Gloucester: Sutton, 1988), plates LXXX and LXXXI section 289.

54. Bernard Goldman, "Graeco-Roman dress in Syro-Mesopotamia," in *The World of Roman Costume,* 173–4; Annemarie Stauffer, "Dressing the dead in Palmyra in the second and third centuries AD," in *Dressing the Dead in Classical Antiquity,* 91–3.

55. Andreas Schmidt-Colinet, Annemarie Stauffer and Khaled al-As'ad, *Die Textilien aus Palmyra. Neue und alte Funde,* 46–7; Annemarie Stauffer, "Dressing the dead in Palmyra in the second and third centuries AD," in *Dressing the Dead in Classical Antiquity,* 90.

56. Bernard Goldman, "Graeco-Roman dress in Syro-Mesopotamia," in *The World of Roman Costume,* 167; Annemarie Stauffer, "Dressing the dead in Palmyra in the second and third centuries AD," in *Dressing the Dead in Classical Antiquity,* 93 Figures 4 and 95.

8 Visual Representations

1. For extensive studies on the *kouros* motif see G.M.A. Richter, *Kourai: Archaic Youths. A Study of the Development of the Greek Kouros from the Late Seventh to the Early Fifth Century BC* (London: Phaidon Press, 1960) and B.S. Ridgway, *The Archaic Style in Greek*

Sculpture (Princeton: University of Michigan Press, 1993). For more recent research see K. Karakasi, *Archaic Korai* (Los Angeles: Paul Getty Museum, 2003).

2. Thuc. 1.6.3–5; See Chapters 3 and 9 this volume; A.G. Geddes, "Rags and Riches: the Costume of Athenian Men in the Fifth Century," *Classical Quarterly* 37.2 (1987): 307.

3. E.B. Harrison, "The Dress of the Archaic Greek Korai," in *New Perspectives in Early Greek Art*, ed. D. Buitron-Oliver (Washington: National Gallery of Art, 1991), figs. 14–16; A.A. Donahue, "Interpreting Women in Archaic and Classical Greek Sculpture," in *A Companion to Women in the Ancient World*, eds S.L. James and S. Dillon (London: Wiley & Blackwell, 2012), 174, fig. 12.3.

4. Dillon 2010: 65; Lee 2010: 182.

5. E.B. Harrison, "The Dress of the Archaic Greek Korai," 227.

6. E.B. Harrison, "The Dress of the Archaic Greek Korai," figs.1–2.

7. E.B. Harrison, "The Dress of the Archaic Greek Korai," fig. 17.

8. G.M.A. Richter, *Korai: Archaic Greek Maidens. A Study of the Development of the Kore Type in Greek Sculpture* (London: Phaidon Press. 1968), 39ff. Figs. 139–46.

9. M. Lee, "Constru(ct)ing Gender in the Feminine Greek *Peplos*," in *The Clothed Body in the Ancient World*, eds L. Cleland et al. (Oxford: Oxbow Books, 2005), 55–64.

10. M. Lee, "Dress and Adornment in Archaic and Classical Greece," in *A Companion to Women in the Ancient World*, eds S.L. James and S. Dillon (London: Wiley & Blackwell, 2012), 182.

11. M. Lee, "Constru(ct)ing Gender in the Feminine Greek *Peplos*," 59–61.

12. Anne Hollander, *Seeing through Clothes* (Los Angeles: University of California Press, 1975 (1995)), 2ff.

13. Lloyd Llewellyn-Jones, "A women's view? Dress, eroticism, and the ideal female body in Athenian art," in *Women's Dress in the Ancient Greek World*, ed. L. Llewellyn-Jones (Swansea: Classical Press of Wales, 2002), 177ff.

14. S. Lewis, S. *The Athenian Woman: An Iconographic Handbook* (London & New York: Routledge, 2002).

15. Karen Stears, "Dead Women's Society. Constructing female gender in Classical Athenian funerary sculpture," in *Time, Tradition and Society in Greek Archaeology. Bridging the "Great Divide"*, ed. N. Spivey (London & New York: Routledge, 2013), 119ff.

16. Lloyd Llewellyn-Jones, *Aphrodite's Tortoise: the Veiled Woman of Ancient Greece* (Swansea, Wales: Classical Press of Wales, 2003); ibid. "Veiling the Spartan woman," in *Dress and Identity*, ed. M. Harlow (Oxford: Archaeopress, 2012), 17–35.

17. For discussions of veiling in this volume see Chapters 3, 4, 5, 6, 9.

18. Lee, "Dress and Adornment in Archaic and Classical Greece," 189.

19. Larissa Bonfante, "Nudity as a Costume in Classical Art," *American Journal of Archaeology* 93 (1989): 558; C. Havelock, *The Aphrodite of Knidos and her Successors: A Historical Review of the Female Nude in Greek Art* (Ann Arbor: Michigan University Press, 1995).

20. A.G. Geddes, "Rags and Riches."

21. Larissa Bonfante, "Nudity as a Costume in Classical Art," 543. See further Chapters 3 and 5 in this volume.

22. Sue Blundell, *Women in Ancient Greece* (London: British Museum Press, 1995), 93.

23. Larissa Bonfante, "Nudity as a Costume in Classical Art," 544. See also Chapter 3 in this volume.

24. C. Havelock, *The Aphrodite of Knidos and her Successors*.

25. S. Lewis, *The Athenian Woman*, 101ff.

26. S. Lewis, *The Athenian Woman*, 98–111, 142–9. See also Chapters 3 and 5 this volume.

27. Max Hollein, V. Brinkmann, O. Primavesi (eds,), *Circumlitio. The Polychromy of Antique and Medieval Sculpture* (München: Hirmer, 2010).

28. 2.11m high: The National Archaeological Museum in Athens.

29. Vinzenz Brinkmann, Ulrike Koch-Brinkmann, and Heinrich Piening, "The Funerary Monument of Phrasikleia," in *Circumlitio. The Polychromy of Antique and Medieval Sculpture*, eds M. Hollein, V. Brinkmann, O. Primavesi (München: Hirmer, 2010).

30. *Inscriptiones Grecae* I:3, 1261.

31. Lee, "Dress and Adornment in Archaic and Classical Greece," 187.

32. Sheila Dillon, "Hellenistic Tanagra Figurines," in *A Companion to Women in the Ancient World*, eds S.L. James and S. Dillon, 231–3.

33. Hans R. Goette, *Studien zu römischen Togadarstellungen* (Mainz: von Zabern, 1990), 4ff.

34. Lillian Wilson, *The Roman Toga* (Baltimore: John Hopkins Press, 1924) and *The Clothing of the Ancient Romans* (Baltimore: Johns Hopkins University Press, 1938); Hans R. Goette, *Studien zu römischen Togadarstellungen*; Glenys Davies, "What made the Roman toga *virilis*?" in *The Clothed Body in the Ancient World*, eds L. Cleland et al. (Oxford: Oxbow Books, 2005), 121ff; Alexandra Croom, *Roman Clothing and Fashion* (Stroud/Charleston: Tempus, 2000 (2nd ed. 2010)), 44–50.

35. Paul Zanker, *The Power of Images in the Age of Augustus* (Ann Arbor: University of Michigan Press, 1990), 162ff; Glenys Davies, "What made the Roman toga *virilis*?" 127. On the toga see also Chapters 3, 5, 6, 7, 9.

36. Shelley Stone, "The Toga: From National Costume to Ceremonial Costume," in *The World of Roman Costume*, eds J. Sebesta and L. Bonfante (Madison: University of Wisconsin Press, 1994 (2nd ed. 2001)); Caroline Vout, "The myth of the toga: Understanding the history of Roman dress," *Greece & Rome* 43, (1996): 204–20; Glenys Davies, "What made the Roman toga *virilis*?"

37. Michele George, "A Roman funerary monument with a mother and a daughter," in *Childhood, Class and Kin in the Roman World*, ed. S. Dixon (London: Routledge, 2001), 183–6.

38. On the clothes of lower status individuals see Chapter 6 in this volume.

39. Alexandra Croom, *Roman Clothing and Fashion*, 53–60. On cloaks see also Chapters 3, 5 and 6 this volume.

40. Lena Larsson Lovén, "Coniugal concordia: Marriage and Marital Ideals on Roman Funerary Monuments," in *Ancient Marriage in Myth and Reality*, eds L. Larsson Lovén and A. Strömberg. (Newcastle upon Tyne: Cambridge Scholars Publishing, 2010); for the wedding dress see L. La Follette, "The Costume of the Roman Bride," in *The World of Roman Costume*, eds J. Sebesta and L. Bonfante (Madison: University of Wisconsin Press, 1994 (2nd ed. 2001)), 54–64; Karen Hersch, *The Roman Wedding. Ritual and Meaning in Antiquity* (Cambridge and New York: Cambridge University Press, 2010), chapter 2.

41. Michele George, "A Roman funerary monument with a mother and a daughter," 178.

42. *Ibid*, 180; Mary Harlow, "Dressing to please themselves: Clothing choices of Roman women," in *Dress and Identity*, ed. M. Harlow (Oxford: BAR Int. Ser. 2356. 2012), 40.

43. Jane Fejfer, *Roman Portraits in Context* (Berlin: de Gruyter, 2008).

44. Kelly Olson, *Dress and the Roman Woman. Self-presentation and Society* (London: Routledge, 2008).

45. Glenys Davies, "What made the Roman toga *virilis*?" 121ff.

46. Alexandra Croom, *Roman Clothing and Fashion*, fig. 10.

47. S. Stone, "The Toga: From National Costume to Ceremonial Costume"; Mary Harlow, "Clothes Maketh the Man: Power Dressing and Elite Masculinity in the Later Roman World," in *Gender in the Early Medieval World: East and West, 300–900*, eds L. Brubaker and J.M.H. Smith (Cambridge: Cambridge University. Press, 2004), 44–69; Alexandra Croom, *Roman Clothing and Fashion*.

48. B. Scholz, B. *Untersuchungen zur Tracht der römischen* matrona (Cologne: Böhlau, 1992), 83, 104.

49. Mary Harlow, "Female Dress, Third–Sixth Century: The Message in the Media?" *Antique Tardive* 12 (2004): 205; Mary Harlow, "Dressing to please themselves," 41.

50. Larissa Bonfante, "Nudity as a Costume in Classical Art"; Liza Cleland, M. Harlow, and L. Llewellyn-Jones (eds), *The Clothed Body in the Ancient World* (Oxford: Oxbow Books, 2005).

51. Diane Kleiner, "The Great Friezes of the Ara Pacis Augustae. Greek Sources, Roman derivatives, and Augustan social policy," *Mélanges de l'école française de Rome* 90 (1978): 753–85; Paul Zanker, *The Power of Images*.

52. Paul Zanker, *The Power of Images*; Andrew Wallace-Hadrill, *Rome's Cultural Revolution* (Cambridge: Cambridge University Press, 2008).

53. For more details see B.F. Rose, "Princes and Barbarians on the Ara Pacis," *AJA* 94 (1990): 453–67.

9 *Literary Representations*

1. Theocritus, *Idyll* 15. 34–38. I thank Graham Shipley for his translation (adapted from Anna Rist, *The Poems of Theocritus*. Chapel Hill: University of Carolina Press, 1978).

2. *Idyll* 15. 18–20, 29, 33.

3. Maria Wyke, "Woman in the mirror: the rhetoric of adornment in the Roman world," in *Women in Ancient Societies*, eds Léonie Archer et al. (London: Routledge, 1994), 134–51. See also Chapter 5 in this volume.

4. Cf. Claire Hughes, *Dressed in Fiction* (London: Berg, 2006), 2.

5. Anne Buck, "Clothes in fact and fiction 1825–1865," *Costume* 17 (1983): 89–90.

6. On embroidery in Antiquity see: A.J.B. Wace, "Weaving or embroidery," *AJA* 52 (1948): 51–5; Kerstin Droß-Krüpe and Annette Paetz gen. Schieck, "Unravelling the threads of ancient embroidery: a compilation of written sources and archaeologically preserved textiles," in *Greek and Roman Textiles and Dress*, eds Mary Harlow and Marie-Louise Nosch (Oxford: Oxbow 2014), 207–35.

7. Cf. Lisa Cleland et al. *Greek and Roman Dress from A–Z* (London: Routledge, 2007) s.v. *ampechone, sagum*. On the problems of visualizing textiles and garments from terminology see John Peter and Felicity Wild, "Berenike and textile trade on the Indian Ocean," in *Textile Trade and Distribution in Antiquity*, ed. Kerstin Droß-Krüpe (Wiesbaden: Harrassowitz, 2014), 94–6.

8. For the metaphorical and conceptual use of dress terminology see John Scheid and Jesper Svenbro, *The Craft of Zeus. Myths of Weaving and Fabric* (Cambridge, MA: Harvard University Press, 1996); and papers in Giovani Fanfani et al. (eds) *Spinning the Fates and the Song of the Loom* (Oxford: Oxbow, 2016).

9. Vergil, *Aeneid* 1.282. See Shelley Stone, "The toga: from national to ceremonial costume," in *The World of Roman Costume*, eds Judith Sebesta and Larissa Bonfante (Madison: University of Wisconsin Press, 1994), 38n.1 for references.

10. The three translations consulted here were: Anna Rist, *The Poems of Theocritus Theocritus* (Chapel Hill: University of North Carolina Press, 1978); Robert Wells, *The Idylls of Theocritus* (Manchester: Carcanet Press, 1988); J.M. Edmonds *The Greek Bucolic Poets* (London & New York: Heinemann, 1923).

11. See Chapter 7 in this volume.

12. See further, Chapter 5 in this volume.

13. Theophrastus, *Characters*, eds and trans. Jeffrey Rusten and I.C. Cunningham (Loeb Classical Library. Cambridge MA.: Harvard University Press, 2002): *Boorishness*, 4; *Penny-pinching*, 10; *Squalor*, 19; *Chiseling*, 30

14. *Verr.*5.13.31; 5.33.86; cf 4.86–-87.

15. *Verr.* 4.54, 40.

16. *Pro C Rabiro Postumo* 25–27. See Julia Heskel, "Cicero as evidence to attitudes to dress," in *The World of Roman Costume*, 135. On bi-lingualism and code-switching see Andrew Wallace-Hadrill, *Rome's Cultural Revolution* (Cambridge: Cambridge University Press, 2008), 63–4.

17. Suetonius, *Augustus* 40.5.

18. Suetonius, *Gaius* 52, cf. also 11, 19.2, 53 on Caligula's proclivity for dressing up. Josephus, *Jewish Antiquities* 19.30 on Caligula wearing woman's *stola*.

19. Suetonius, *Nero* 51.

20. See particularly *SHA* Macrinus 1.4–5; Gordianus 21; Elagabalus, 23; Gallienus 16. Mary Harlow, "Dress in the *Historia Augusta*: the role of dress in historical narrative," in *The Clothed Body in the Ancient World*, eds L. Cleland et al. (Oxford: Oxbow. 2005), 143–53. Jean-Pierre Callu, L'habit et l'ordre sociale: le témoignage de l'Histoire Auguste, *Antiquité Tardive* 12 (2004): 187–94; Agnès Molinier-Arbo, "*Imperium in virtute esse non in decore*": Le discours sur le costume dans *l'Histoire Auguste*," in *Costume et Société dans l'Antiquité et le haut Moyen Age*, eds Francois Chausson and Hervé Inglebert (Paris: editions Picard, 2003), 67–84.

21. *Iliad* 3. 139–44, 173–80 in Douglas Cairns, "The meaning of the veil in ancient Greek culture," in *Women's Dress in the Ancient Greek World*, ed. L.J. Llewellyn-Jones (Swansea: Classical Press of Wales, 2002), 74; Lloyd Llewellyn-Jones, *Aphrodite's Tortoise: The Veiled Women of Ancient Greece* (Swansea: Classical Press of Wales, 2003), 155.

22. See Douglas Cairns, "Clothed in Shamelessness, Shrouded in Grief. The Role of 'Garment' Metaphors in Ancient Greek Concepts of Emotion," in *Spinning the Fates*; ibid. "Vêtu d'Impudeur et envelope de Chagrin. Le role des metaphors de 'l'habillement' dans les concepts d'emotion en Grèce ancienne," in *Vêtements Antiques: S'habiller, se déshabiller dans les mondes anciens*, edited by Florence Gherchanoc and Valérie Huet (Arles: editions errance, 2012), 175–88.

23. *Odyssey*, 20 351. Cf. Cairns, "Clothed in Shamelessness."

24. *Odyssey*, 15. 123–127.

25. Herodotus, 5.87–88.

26. Mireille Lee, "'Evil wealth of raiment': Deadly *peploi* in Greek Tragedy" *Classical Journal* 99.3 (2004): 253–79.

27. Judith Fletcher, "The curse as a garment in Greek tragedy" and Emmanuela Bakola, "Textile symbolism and the 'wealth of the earth': creation, production and destruction in the 'tapestry scene' of Aeschylus' *Oresteia* (*Ag.* 905–78)," in *Spinning Fates*, eds G. Fanfani et al. (Oxford: Oxbow Books, 2016).

28. J. Mansfield, *The Robe of Athene and the Panathenaic Peplos* (Berkeley: University of California Press, 1985); Cecilie Brøns, *Gods and Garments: Textiles in Greek Sanctuaries in the 7th–1st centuries BC* (University of Copenhagen, PhD thesis, 2015).

29. Quintilian *Instituto Oratoria* 11.3.137–149.

30. *Sinus*: the folds in the front of the toga; *balteus*: rolled or gathered material that passed from right armpit to left shoulder; *umbo* U-shaped fold of cloth at the front of the toga, created by adjusting gathering of material, by pulling up any excess *lacinia* (front edge) might drag on the ground.

31. Quintilian *Instituto Oratoria* 11.3.137–149. Cf. Glenys Davies, "Togate statues and petrified orators," in *Form and Function in Roman Oratory*, eds D. Berry and Andrew Erskine (Cambridge: Cambridge University Press, 2010), 51–72.

32. Quintilian *Instituto Oratoria* 11.3.118, 131.

33. Suetonius. *Gaius* 35.3.

34. Cf. Shelley Stone, "The toga: from national to ceremonial costume," 17; Caroline Vout, "The myth of the toga: understanding the history of Roman Dress," *Greece and Rome* 43.2 (1996): 204–20; Peter Stewart, *The Social History of Roman Art* (Cambridge: Cambridge University Press, 2008), 96.

35. Suetonius, *Augustus* 40; on Tertullian see Chapter 4 in this volume; Carly Daniel Hughes, *The Salvation of the Flesh in Tertullian of Carthage: Dressing for the Resurrection* (New York: Palgrave Macmillan, 2011); on the toga in satire see Michele George, "The 'dark side' of the toga," in *Roman Dress and the Fabrics of Roman Culture*, eds Jonathan Edmondson and Alison Keith (Toronto: Toronto University Press, 2008), 94–112.

36. George, "The 'dark side' of the toga," 96–7; *Salutatio*: Martial, *Ep.* 1. 108, 10.74, 10.82, 11.24, 12.18. 5; 12.29(26); Juv. 3. 126.30; on other client duties see: Martial 2.57; 2.74; 3.46; Juv. *Sat.* 7.141–4.
37. Martial, 9.49.
38. Martial, 7.33, 4.34, 9.49, 57; 12.36; Juvenal, 3.149.
39. Martial, 4. 34, 5.22, 6.50, 12.18.5, 12.36.2, 14.135. Cf. Juvenal, 1.119–34; 3.126–30.
40. Aristophanes, *Lysistrata* 42–48.
41. For the extensive use of textile language and metaphor in Lysistrata see Jennifer Swalec, "Weaving for the people not a *peplos*, but a *chlaina*: woolworking, peace, and nuptial sex in Aristophanes' Lysistrata," in *Spinning the Fates*, edited by Fanfani et al.
42. Sappho is the notable exception here cf. Sappho 94.
43. Kelly Olson, "Matrona and Whore: The Clothing of Roman Woman in Antiquity," *Fashion Theory* 6.4 (2002): 387–420.
44. Thucydides 1.6.3–4.
45. Aristophanes, *Wasps*, 1121–1165, Ed. with translation and notes by Alan H. Sommerstein (Warminster: Aris and Phillips, 1983.)
46. Plutarch *Alcibiades* 16.1.
47. On the *lex Oppia* see P. Culham, "The *Lex Oppia*," in *Latomus* (1982): 786–93; Andrew Wallace-Hadrill, *Rome's Cultural Revolution* (Cambridge: Cambridge University Press, 2008), 333–5.
48. For a similar idea of class, fashion and the "trickle-down effect" see Michael Carter on Georg Simmel's Philosophie der Mode (1905) in *Fashion Classics from Carlyle to Barthes* (Oxford: Berg, 2003), 69.
49. See Chapter 6 in this volume on the relationship between status and dress.
50. Leslie Shumka, "Designing Women: The Representation of Women's Toiletries on Funerary Monuments in Roman Italy," in *Roman Dress*, eds Jonathan Edmondson and Alison Keith, 172–91. Kelly Olson, "Matrona and whore: the clothing of Roman women in Antiquity," *Fashion Theory* 6.4 (2002): 387–420.
51. On *Ars Amatoria* 3 see Roy Gibson, *Ovid: Ars Amatoria Book 3. Translation and commentary*. (Cambridge: Cambridge University Press, 2003).
52. *Ars Am.* 3. 174–89.
53. See Mary Harlow, "Dressing to please themselves: clothing choices for Roman women," in *Dress and Identity* ed. M. Harlow (Oxford: Oxbow, 2012), 41–2; the literature on dyes is Antiquity is too large to include here, but see Dominque Cardon, *Natural Dyes* (London: Archetype Publications, 2007).
54. See Chapter 4 in this volume.
55. Tert. *De cultu feminarum* 1.8.2; on Tertullian see Carly Daniel Hughes, *The Salvation of the Flesh in Tertullian of Carthage* (New York: Palgrave Macmillan, 2011); Mary Harlow, "The impossible art of dressing to please: Jerome and the rhetoric of dress," in *Objects in Context, Objects in Use: Material Spatiality in Late Antiquity*, eds L. Lavan, E. Swift, and T. Putzeys (Leiden: Brill, 2007), 531–49. For the material culture of *cultus* see Shumka, "Designing women."
56. Jerome, *Ep.* 130.18.
57. See Shumka, "Designing women"; for late Antiquity see Kurt Weitzmann (ed.), *Age of Spirituality: Late Antique and Early Christian Art, Third to Seventh Century*: catalog of the exhibition at the Metropolitan Museum of Art, November 1977–February 1978 (New York: Metropolitan Museum of Art, 1979).

参考文献

AJA *American Journal of Archaeology*
ANRW *Aufstieg und Niedergang der römischen Welt*
BICS *Bulletin of the Institute of Classical Studies*
CQ *Classical Quarterly*
JDAI *Jahrbuch des Deutschen Archäologischen Instituts*
JRA *Journal of Roman Archaeology*
JRS *Journal of Roman Studies*
MBAH *Münstersche Marburger Beiträge zur antiken Handelsgeschichte*
TAPA *Transactions of the American Philological Association*
ZPE *Zeitschrift für Papyrologie und Epigraphik*

Abrahams, E. (1908), *Greek Dress,* London: John Murray.

Alfaro, C., J.P. Wild and B. Costa (eds) (2004), *Purpureae Vestes: Actas del I Symposium Internacional sobre Textiles y Tintes del Mediterráneo en época romana*, Valencia: University of Valencia.

Alfaro, C., J.P. Wild and B. Costa (eds) (2008), *Purpureae Vestes: Textiles y tintes del Mediterráneo Antiguo*, Valencia: University of Valencia.

Alfaro, C., M. Tellenbach, and R. Ferraro (eds) (2009), *Textiles y Museología*, Valencia: Autor/a.

Anderson-Stojanovic, V.R. (1996), "The University of Chicago Excavations in the Rachi Settlement at Isthmia 1989," *Hesperia* 65.1: 57–98.

Andersson, E., L. Mårtensson, M.-L. Nosch and L. Rahmstorf (2008), "New Research on Bronze Age Textile Production," *BICS* 51, 171–4.

Andersson, E. and M.-L. Nosch (2003), "With a Little Help from My Friends: Investigating Mycenaean Textiles with Help from Scandinavian Experimental Archaeology," in *METRON. Measuring the Aegean Bronze Age*, eds K.P. Foster and R. Laffineur, Liege: *Aegeaum* 24: 197–206.

Andersson Strand, E. (2012), "The textile *chaîne opératoire*: using a multidisciplinary approach to textile archaeology with a focus on the Ancient Near East," in *Préhistoire des Textiles au Proche-Orient/ Prehistory of Textiles in the Near East*, eds C. Breniquet, M. Tengberg, E. Andersson Strand, and M.-L. Nosch, Paris. *Paléorient* 38 1–2: 21–40.

Andersson Strand, E., K. Frei, M. Gleba, U. Mannering, M.-L. Nosch, and I. Skals (2010), "Old Textiles—New Possibilities," *European Journal of Archaeology* V 13 (2): 149–73.

André, J. (1949), *Étude sur les termes de couleur dans la langue latine*, Paris: Librairie C. Klincksieck.

Austin, M. and P. Vidal-Naquet (1984), *Gesellschaft und Wirtschaft im alten Griechenland*, München: C.H. Beck.

Bakola, E. (2016), "Textile symbolism and the 'wealth of the earth': creation, production and destruction in the 'tapestry scene' of Aeschylus' *Oresteia* (*Ag.* 905–78)," in *Spinning Fates and the Song of the Loom*, eds G. Fanfani, M. Harlow, and M.-L. Nosch, Oxford: Oxbow.

Balla, L. (1976), "Les Syriens et le culte de Iuppiter Dolichenus dans la région du Danube," *Acta classica Universitatis scientiarum Debreceniensis* 12: 61–8.

Balla, L. (1980), "Syriens de Commagène en Pannonie orientale (à propos d'une inscription d'Intercisa)," *Acta classica Universitatis scientiarum Debreceniensis* 16: 69–71.

Banerjee, M. and D. Miller (2003), *The Sari*, Oxford: Berg.

Bang, P.F. (2012), "A Forum on Trade," in *The Cambridge Companion to the Roman Economy*, ed. W. Scheidel, 296–303, Cambridge: Cambridge University Press.

Barber, E.J.W. (1991), *Prehistoric Textiles: The Development of Cloth in the Neolithic and Bronze Ages with Special Reference to the Aegean*, Princeton, NJ: Princeton University Press.

Barber, E.J.W. (1992), "The Peplos of Athena," in *Goddess and Polis: The Panathenaic Festival in Ancient Athens*, ed. J. Neils, 103–18, Princeton, NJ: Princeton University Press.

Barthes, R. (2006), *The Language of Fashion*, Oxford/NY: Berg.

Bartholeyns, G. (2012), "Le moment chrétien: Fondation antique de la culture vestimentaire médiévale," in *Vêtements Antiques. S'habiller, se déshabiller dans les mondes anciens*, eds F. Gherchanoc and V. Huet, 113–35, Arles: Édition Errance.

Bartman, E. (2001), "Hair and the Artifice of Roman Female Adornment," *AJA* 105: 1–25.

Batten, A. (2009), "Neither Gold nor Braided Hair (1 Timothy 2.9; 1 Peter 3.5): Adornment, Gender, and Honour in Antiquity," *New Testament Studies* 55 (2009): 484–501.

Batten, A. (2010), "Clothing and Adornment," *Biblical Theology Bulletin* 40: 148–59.

Beard, M., J. North, and S. Price (1998), *Religions of Rome*, two vols., Cambridge: Cambridge University Press.

Bender Jørgensen, L. (1986), *Forhistoriske tekstiler i Skandinavien. Prehistoric Scandinavian Textiles*, Nordiske Fortidsminder Serie B 9, Copenhagen.

Bender Jørgensen, L. (1992), *North European Textiles until AD 1000*, Aarhus: Aarhus University Press.

Bender Jørgensen, L. (2000), "The Mons Claudianus Textile Project," in *Archéologie des textiles des origines au Ve siècle*, eds D. Cardon and M. Feugère. Actes du colloque de Lattes, oct. 1999. Monographies Instrumentum 14. Montagnac: Monique Mergoil: 253–63.

Bender Jørgensen, L. (2010), "*Clavi* and non-*clavi*: definitions of various bands on Roman textiles," in *Purpureae Vestes III: Textiles y tintes en la ciudad Antigua*, eds C. Alfaro, J.-P. Brun, Ph. Borgard, and R. Peirobon-Benoit, 75–81, Valencia: University of Valencia.

Bender Jørgensen, L. (2013), "The question of prehistoric silks in Europe," *Antiquity* 87: 581–8.

Bender Jørgensen, L. and P. Walton (1986), "Dyes and Fleece Types in Prehistoric Textiles from Scandinavia and Germany," *Journal of Danish Archaeology* 5: 177–88.

Berg, R. (2002), "Wearing Wealth: *Mundus Muliebris and Ornatus* as Status Markers for Women in Imperial Rome," in *Women, Wealth and Power in the Roman Empire*, eds P. Setälä, R. Berg, R. Hälikkaä, M. Keltanen, J. Pölönen, V. Vuolanto, Acta Instituti Romani Finlandiae 25, Rome: Institutum Romanum Finlandiae.

Bergfjord, C. and B. Holst (2010), "A procedure for identifying textile bast fibres using microscopy: flax, nettle/ramie, hemp and jute," *Ultramicroscopy* 110: 1192–7.

Bessone, L. (1998), "La porpora a Roma," in *La Porpora: realtà e immaginario di un colore simbolico*, ed. O. Longo, 149–202, Venice: Instituto Veneto di Scienze, Lettere ed Arti.

Birley, R. (2005), *Vindolanda. Extraordinary Records of Daily Life on the Northern Frontier*, Greenhead: Roman Army Museum Publications.

Blume, C. (2014), "Bright pink, blue and other preferences," in *Transformations. Classical Sculpture in Colour*, eds Jan Stubbe Østergaard and Anne Marie Nielsen, 166–90, Copenhagen: Ny Carlsberg Glyptotek.

Blundell, S. (1995), *Women in Ancient Greece*, London: British Museum Press.

Blundell, S. (2002), "Clutching at Clothes," in *Women's Dress in the Ancient Greek World*, ed. L. Llewellyn-Jones, 143–70, London and Swansea: Classical Press of Wales.

Bonfante, L. (1989), "Nudity as a Costume in Classical Art," *AJA* 93: 543–70.

Bonfante-Warren, L. (1973), "Roman Costumes: A Glossary and Some Etruscan Derivations," *ANRW* I.4: 584–614.

Bonfante-Warren, L. *Etruscan Dress* (2003, 2nd ed.), Baltimore: Johns Hopkins University Press.

Bouchaud, C., M. Tengberg, and P. Dal Prà (2011), "Cotton cultivation and textile production in the Arabian peninsula during Antiquity; the evidence from Madâ'in Sâlih (Saudi Arabia) and Qal'at-Bahrain (Bahrain)," *Vegetation History and Archaeobotany* 20.5: 405–17.

Boucher, F. (1966), *A History of Costume in the West*, London: Thames and Hudson.

Bradley, K.R. (1994), *Slavery and Society at Rome*, Cambridge: Cambridge University Press.

Bradley, M. (2002), "It All Comes Out In The Wash: Looking Harder at the Roman *Fullonica*," *JRA* 15: 20–44.

Bradley, M. (2009), *Colour and Meaning in Ancient Rome*, Cambridge: Cambridge University Press.

Brennan, T.C. (2008), "Tertullian's *De Pallio* and Roman Dress in North Africa," in *Roman Dress and the Fabrics of Roman Culture*, eds J. Edmondson and A. Keith, 257–70, Toronto, Buffalo and London: University of Toronto Press.

Bresson, A. (2000), *La cité marchande*, Bordeaux: Editions Ausonius.

Brewster, E. (1918), "The *Synthesis* of the Romans," *TAPA* 49: 131–43.

Bridgeman, J. (1987), "Purple Dye in Late Antiquity and Byzantium," in *The Royal Purple and the Biblical Blue: Argaman and Tekhelet*, ed. E. Spanier, 159–65, Jerusalem: Keter Publishing House.

Brinkmann, V. and U. Koch-Brinkmann (2010), "On the reconstruction of ancient polychromy techniques," in *Circumlitio. The Polychromy of Antique and Medieval Sculpture*, eds M. Hollein, V. Brinkmann, O. Primavesi, 105–35, München: Hirmer.

Brinkmann, V., U. Koch-Brinkmann and H. Piening (2010), "The Funerary Monument of Phrasikleia," in *Circumlitio. The Polychromy of Antique and Medieval Sculpture*, eds M. Hollein, V. Brinkmann, O. Primavesi, 189–218, München: Hirmer.

Brock, S. (1982), "Clothing Metaphors as a Means of Theological Expression in Syriac Tradition," in *Typus, Symbol, Allegorie bei den östlichen Vätern und ihren Parallelen im Mittelalter*, ed. M. Schmidt, 11–38, Regensburg: Pustet.

Broekart, W. (2016), "The economics of culture. Shared mental models and exchange in the Roman business world," in *Ancient Economies and Cultural Identities (2000 BC–AD 500)*, eds K. Droß-Krüpe, S. Föllinger, K. Ruffing, Wiesbaden: Harrassowitz (Philippika).

Brøns, Cecilie (2015), *Gods and Garments: Textiles in Greek Sanctuaries in the 7th–1st centuries BC*, University of Copenhagen, PhD thesis.

Broudy, E. (1979), *The Book of Looms. A History of the Handloom from Ancient Times to the Present*, Lebanon NH: University Press of New England.

Buck, A. (1983), "Clothes in fact and fiction 1825–1865," *Costume* 17: 89–90.

Cahill, N. (2002), *Household and city organisation at Olynthus*, New Haven & London: Yale University Press.

Cairns, D. (2002), "The Meaning of the Veil in Ancient Greek Culture," in *Women's Dress in the Ancient Greek World*, ed. L. Llewellyn-Jones, London and Swansea: Classical Press of Wales.

Cairns, D. (2012), "Vêtu d'impudeur et enveloppé de chagrin: Le rôle des métaphores de 'l'habillement' dans les concepts d'émotion en Grèce ancienne," in *Vêtements Antiques*.

S'habiller, se déshabiller dans les mondes anciens, eds F. Gherchanoc and V. Huet, 175–88, Arles: Édition Errance.

Cairns, D. (2016), "Clothed in Shamelessness, Shrouded in Grief. The Role of 'Garment' Metaphors in Ancient Greek Concepts of Emotion," in *Spinning the Fates and the Song of the Loom*, eds G. Fanfani, M. Harlow, and M.-L. Nosch, Oxford: Oxbow.

Callu, J.-P. (2004), "L'habit et l'ordre sociale: le témoignage de l'Histoire Auguste," *Antiquité Tardive* 12 (2004): 187–194.

Capanelli, A. "Aspetti dell' amministrazione mineraria iberica nell'età del principato," in *Studi per Luigi De Sarlo*, ed. A. Giuffrè, 63–89, Milano: Giuffrè.

Cardon, D. (2007), *Natural Dyes, Sources, Tradition, Technology and Science*, London: Archetype Publications.

Cardon, D. and M. Feugère (eds) (2000), *Archéologie des textiles des origines au Ve siècle*, Montagnac: editions Monique Mergoil.

Cardon, D., W. Nowik, H. Granger-Taylor, N. Marcinowska, K. Kusyk, and M. Trojanowicz (2011), "Who Could Wear True Purple in Roman Egypt? Technical and Social Considerations on Some New Identifications of Purple from Marine Mollusks in Archaeological Textiles," in *Purpureae Vestes III: Textiles y tintes en la ciudad Antigua*, eds C. Alfaro, J.-P. Brun, Ph. Borgard, and R. Peirobon-Benoit, 197–214, Valencia: University of Valencia.

Cardon, D., H. Granger-Taylor, and W. Nowik (2011), "What did they look like? Fragments of clothing found at Didymoi: Case studies," in *Didymoi. Une garnison romaine dans le desert Oriental d'Égypt*, ed. Hélène Cuvigny, Cairo: Institut français d'archéologie orientale.

Carlier, P. (1983), "La femme dans la société mycénienne d'apres les archives en linéaire B," in *La femme dans les sociétés antiques, Actes des colloques de Strasbourg* (mai 1980 et mars 1981), ed. E. Levy, 9–32, Strasbourg: AECR.

Carr, K. (2000), "Women's work: spinning and weaving in the Greek home," in *Archéologie des textiles des origins au Ve siècle*, eds Dominique Cardon and Michel Feugère, 163–6, Montagnac: Editions Monique Mergoil.

Carter, M. (2003), *Fashion Classics from Carlyle to Barthes*, Oxford: Berg.

Casson, L. (1989), *The Periplus Maris Erythraei*, Princeton: Princeton University Press.

Chafiq, C. and F. Khosrokhavar (1995), *Femmes sous le voile. Face à la loi islamique*, Paris: Editions du Félin.

Ciszuk, M. (2000), "Taquetés from Mons Claudianus—Analyses and Reconstruction,", in *Archéologie des textiles des origines au Ve siècle*, eds D. Cardon and M. Feugère, 265–82, Actes du colloque de Lattes, oct. 1999. Monographies Instrumentum 14. Montagnac: Monique Mergoil.

Ciszuk, M. and L. Hammerlund (2008), "Roman Looms—a study of craftsmanship and technology in the Mons Claudianus Textile Project," in *Purpureae Vestes. Textiles y tintes del Mediterráneo Antiguo*, eds C. Alfaro, J.P. Wild and B. Costa, 119–34, Valencia: University of Valencia.

Cleland, L. (2005a), "The Semiosis of Description: Some Reflections on Fabric and Colour in the Brauron Inventories," in *The Clothed Body in the Ancient World*, eds L. Cleland et al, 87–95, Oxford: Oxbow Books.

Cleland, L. (2005b), *The Brauron Clothing Catalogues: Text, Analysis, Glossary and Translation*, BAR International Series, 1428, Oxford: BAR.

Cleland, L., G. Davies, and L. Llewellyn-Jones (eds) (2007), *Greek and Roman Dress from A–Z*, London and New York: Routledge.

Cleland, L., M. Harlow, and L. Llewellyn-Jones (eds) (2005), *The Clothed Body in the Ancient World*, Oxford: Oxbow Books.

Clinton, K. (1974), *The Sacred Officials of the Eleusinian Mysteries*, TAPA, V. 64 pt.3, Philadelphia: American Philosophical Society.

Coase, R. (1937), "The Nature of the Firm," *Economica* 4: 386–405.

Cohen, B. (2001), "Ethnic Identity in Democratic Athens and the Visual Vocabulary of Male Costume," in *Ancient Perceptions of Greek Ethnicity*, ed. I. Malkin, 235–74, Washington, DC: Center for Hellenic Studies.

Cohen, S.J.D. (2000), *The Beginnings of Jewishness*, Berkeley: University of California Press.

Cohn, N. (2009), "Rabbis as Jurists: On the Representation of Past and Present Legal Institutions in the Mishnah," *Journal of Jewish Studies* 60 (2): 245–63.

Cohn, N. (2012), *The Memory of the Temple and the Making of the Rabbis*, Philadelphia: University of Pennsylvania Press.

Cohn, N. (2014), "What to Wear: Women's Adornment and Judean Identity in the Third Century Mishnah," in *Dressing Judeans and Christians in Antiquity*, eds K. Upson-Saia, C. Daniel-Hughes, and A. Batten, 21–36, Farnham, UK and Burlington, VT: Ashgate.

Colledge, M.A.R. (1976), *The Art of Palmyra*, Boulder: Westview Press.

Collingwood, P. (1974), *The Technique of Sprang, Plaiting on Stretched Threads*, New York: Watson-Guptill Publication.

Collingwood, P. (1982), *The Technique of Tablet Weaving*, New York: Watson-Guptill.

Connelly, J. (2007), *Portrait of a Priestess: Women and Ritual in Ancient Greece*, Princeton, NJ: Princeton University Press.

Coon, L. (1997), *Sacred Fictions: Holy Women and Hagiography in Late Antiquity*, Philadelphia: University of Pennsylvania Press 7.

Corbeill, A. (1996), *Controlling Laughter. Political Humor in the late Roman Republic*, Princeton: University Press.

Corbeill, A. (1997), "Dining Deviants in Roman Political Invective," in *Roman Sexualities*, eds Judith P. Hallett and Marilyn B. Skinner, 118–23, Princeton: Princeton University Press.

Corbeill, A. (2004), *Nature Embodied. Gesture in Ancient Rome*. Princeton: Princeton University Press.

Crislip, A. (2005), *From Monastery to Hospital*: *Christian Monasticism and the Transformation of Health Care in Late Antiquity*, Ann Arbor: University of Michigan Press.

Croom, A.T. (2000 (2002 2nd ed.)), *Roman Clothing and Fashion*, Stroud: Tempus.

Croom, A.T. (2011), *Running the Roman Home*, Stroud: The History Press.

Crowfoot, G.M. (1931), *Methods of Hand Spinning in Egypt and the Sudan*, Halifax: Bankfield Museum.

Culham, P. (1982), "The *Lex Oppia*," *Latomus* 41.4: 786–93.

Culham, P. (1986), "What Meaning Lies in Color!" *ZPE* 64: 235–45.

Dalby, A. (2002), "Levels of Concealment: The Dress of *Hetairai* and *Pornai* in Greek Texts," in *Women's Dress in the Ancient Greek World*, ed. Lloyd Llewellyn-Jones, 111–24, London and Swansea: Classical Press of Wales.

Dalla, D. (1987), *Ubi Venus mutatur: Omosessualita e diritto nel mondo Romano*, Milan: A. Giuffrè.

Daniel-Hughes, C. (2011), *The Salvation of the Flesh in Tertullian of Carthage: Dressing for the Resurrection*, New York: Palgrave Macmillan.

Daniel-Hughes, C. (2014), "Putting on the Perfect Man: Clothing and Soteriology in the *Gospel of Philip*," in *Dressing Judeans and Christians in Antiquity*, eds K. Upson-Saia, C. Daniel-Hughes, and A. Batten, 215–32, Farnham, UK and Burlington, VT: Ashgate.

Dauster, M. (2003), "Roman Republican Sumptuary Legislation," *Studies in Latin Literature and Roman History* 11: 65–93.

Davies, G. (2005), "What made the Roman toga *virilis?*" in *The Clothed Body in the Ancient World,* eds L. Cleland et al., 121–30, Oxford: Oxbow Books.

Davies, G. (2010), "Togate statues and petrified orators," in *Form and Function in Roman Oratory* eds D. Berry and Andrew Erskine, 51–72, Cambridge: Cambridge University Press.

Davis, S. (2005), "Fashioning a Divine Body: Coptic Christology and Ritualized Dress," *Harvard Theological Review* 98: 335–62.

Demant, I. (2009), "Principles for reconstruction of costumes and archaeological textiles," in *Textiles y Museología*, eds Carmen Alfaro, Michael Tellenbach, and R. Ferraro, Valencia: Autor/a.

Demant, I. (2011), "From stone to textile: constructing the costume of the Dama di Baza," *Archaeological Textiles Newsletter* 52: 37–40.

Denzey, N. (2008), *The Bone Gatherers: The Lost Worlds of Early Christian Women*, Boston, MA: Beacon Press.

Dickmann, J-A. (2013), "A 'Private' Felter's Workshop in the Casa dei Postumii in Pompeii," in *Making Textiles in Pre-Roman and Roman Times. Peoples, Places and Identities*, eds M. Gleba and J. Pásztókai-Szeoke, 208–27, Oxford: Oxbow Books.

Dillon, M. (2002), *Girls and Women in Classical Greek Religion*, London and New York: Routledge.

Dillon, S. (2010), *The Female Portrait Statue in the Greek World*, Cambridge: Cambridge University Press.

Dillon, S. (2012), "Hellenistic Tanagra Figurines," in *Blackwell Companion to Women in the Ancient World*, eds S.L. James and S. Dillon, 231–4, London: Wiley & Blackwell.

Dixon, J. (2014), "Dressing the adulteress," in *Greek and Roman Textiles and Dress: An Interdisciplinary Anthology*, eds Mary Harlow and Marie-Louise Nosch, 298–305, Oxford: Oxbow Books.

Dolansky, F. (1999), *Coming of Age in Rome: the History and Social Significance of assuming the "Toga Virilis,"* Ph.D. diss., University of Victoria, BC, Canada.

Dolansky, F. (2008), "*Togam virilem sumere*: Coming of Age in the Roman World," in *Roman Dress and the Fabrics of Roman Culture*, eds J. Edmondson and A. Keith, 47–70, Toronto: University of Toronto Press.

Donahue, A.A. (2012), "Interpreting Women in Archaic and Classical Greek Sculpture," in *Blackwell Companion to Women in the Ancient World*, eds S.L. James and S. Dillon, 167–78, London: Wiley & Blackwell.

Drinkler, D. (2009), "Tight-Fitting Clothes in Antiquity—Experimental Reconstruction," *Archaeological Textiles Newsletter* 49: 11–15.

Drinkwater, J.F. (2001), "The Gallo-Roman woolen industry and the great debate. The Igel column revisited," in *Economies Beyond Agriculture in the Classical World*, eds D.J. Mattingly, J. Salmon, 297–308, London & New York.

Droß-Krüpe, K. (2011), *Wolle—Weber—Wirtschaft. Die Textilproduktion der römischen Kaiserzeit im Spiegel der papyrologischen Überlieferung*, Wiesbaden (Philippika 46): Harrassowitz.

Droß-Krüpe, K. (2012), "Zwischen Markt und Werkstatt tritt der Verleger? Überlegungen zur Existenz des Verlagssystems in der römischen Kaiserzeit," *MBAH* 29: 95–113.

Droß-Krüpe, K. (2013), "Textiles and their Merchants in Rome's eastern Trade," in *Making Textiles in pre-Roman and Roman Times. People, Places, Identitie*s, eds M. Gleba and J. Pásztókai-Sze ke, 149–60, Oxford: Oxbow (Ancient Textiles Series 13).

Droß-Krüpe, K. (2014), "Regionale Mobilität im privaten Warenaustausch im römischen Ägypten. Versuch einer Deutung im Rahmen der Prinzipal-Agenten-Theorie," in *Mobilität in den Kulturen der antiken Mittelmeerwelt* (Geographica Historica), eds E. Olshausen and V. Sauer, 373–83, Stuttgart: Steiner.

Droß-Krüpe, K. and A. Paetz gen. Schieck (2014), "Unravelling the Tangled Threads of Ancient Embroidery: a compilation of written sources and archaeologically preserved textiles," in *Greek and Roman Textiles and Dress, An Interdisciplinary Anthology*, eds M. Harlow and M.L. Nosch, 207–35, Oxford: Oxbow Books.

Edmonds, J.M. (1923), *The Greek Bucolic Poets*, London and New York: Heinemann.

Edmondson, J. (2008), "Public Dress and Social Control in Late Republican and Early Imperial Rome," in *Roman Dress and the Fabrics of Roman Culture*, eds J. Edmondson and A. Keith, 21–46, Toronto, Buffalo and London: University of Toronto Press.

Edmondson J. and A. Keith (2008), *Roman Dress and the Fabrics of Roman Culture*, Toronto, Buffalo and London: University of Toronto Press.

Edwards, D. (1994 (2001)), "The Social, Religious, and Political Aspects of Costume in Josephus," in *The World of Roman Costume*, eds J. L. Sebesta and L. Bonfante, 153–9, Madison: University of Wisconsin Press.

Elliott, D. (2004), "Dressing and Undressing the Clergy: Rites of Ordination and Degradation," in *Medieval Fabrications: Dress, Textiles, Clothwork, and Other Cultural Imaginings*, ed. E. Burns, 55–69, New York: Palgrave Macmillan.

Emberley, J.V. (1997), *The Cultural Politics of Fur*, Montreal: McGill-Queens University Press.

Esdaile, K. (1911), "The Apex or Titulus in Roman Art," *JRS* 1: 212–26.

Fanfani, G., M. Harlow and M.-L. Nosch (eds) (2016), *Spinning Fates and the Song of the Loom*, Oxford: Oxbow.

Fantham, E. (2008), "Covering the Head at Rome: Ritual and Gender," in *Roman Dress and the Fabrics of Roman Culture*, eds J. Edmondson and A. Keith, 158–71, Toronto, Buffalo and London: University of Toronto Press.

Faraguna, M. (1999), "Aspetti della schiavitù domestica femminile in Attica tra oratoria ed epigrafia," in *Femmes-esclaves. Modèles d'interpretation anthropologique, économique, juridique*, eds F. Reduzzi Merola, A. Storchi Marino, 68–73. Atti del XXI Colloquio Internazionale Girea. Lacco Ameno-Ischia, 27–9 ottobre 1994, Napoli: Jovene.

Fejfer, J. (2008), *Roman Portraits in Context*, Berlin: de Gruyter.

Ferris, I. (2003), *Enemies of Rome: Barbarians Through Roman Eyes*, Stroud: The History Press.

Fitz, J. (1972), *Les Syriens à Intercisa* (Collection Latomus 122), Brussels: Latomus.

Fitz, J. (1998), "Zur vorrömischen Geschichte der späteren Pannonien," *Alba Regia* 27: 7–9.

Flach, D. (1979), "Die Bergwerksordnungen von Vipasca," *Chiron* 9: 399–448.

Flemestad, P. (2014), "Theophrastos of Eresos on Plants for Dyeing and Tanning," in *Purpureae Vestes* IV. *Production and Trade of Textiles and Dyes in the Roman Empire and Neighbouring Regions*, eds C. Alfaro, M. Tellenbach and J. Ortiz, 203–9, Valencia: University of Valencia.

Fletcher, J. (2016), "The curse as a garment in Greek tragedy," in *Spinning Fates and the Song of the Loom*, eds G. Fanfani et al., Oxford: Oxbow.

Flohr, M. (2013), *The World of the* Fullo: *Work, Economy, and Society in Roman Italy*, Oxford: Oxford University Press.

Flügel, J.C. (1930), *The Psychology of Clothes*, London: Hogarth.

Forbes, R.J. (1964 2nd ed.), *Studies in Ancient Technology*, vol. IV, Leiden: Brill.

Freigang, Y. (1997), "Die Grabmäler der gallo-römischen Kultur im Moselland. Studien zur Selbstdarstellung einer Gesellschaft," *Jahrbuch des Römisch-Germanischen Zentralmuseums* 44(1): 277–440.

Frangipane, M., E. Andersson Strand, R. Laurito, S. Möller-Wiering, M.-L. Nosch, A. Rast-Eicher, and A. Wisti Lassen (2009), "Arslantepe, Malatya (Turkey): Textiles, Tools and

Imprints of Fabrics from the 4th to the 2nd millennium BC," *Paléorient Pluridisciplinaire Review of Prehistory and Protohistory of Southwestern and Central Asia.* 35.1: 5–29.

Frontisi-Ducroux, F. and F. Lissarrague (1990), "From Ambiguity to Ambivalence: A Dionysiac Excursion Through the 'Anakreontic' Vases," in *Before Sexuality. The Construction of the Erotic Experience in the Ancient Greek World*, eds David M. Halperin, John J. Winkler, and Froma Zeitlin, 211–56, Princeton: Princeton University Press.

Furubotn, E.G. and R. Richter (2005), *Institutions and Economic Theory. The Contribution of the New Institutional Economics,* Ann Arbor: University of Michigan Press.

Gabelmann, H. (1985), "Römische Kinder in *Toga Praetexta,*" *Jahrbuch des Deutschen Archäologischen Instituts* 100: 487–541.

Gabler, D. (1995), "Die Siedlungen der Urbevölkerung Unterpannoniens in der frührömischen Zeit," in *Kelten, Germanen, Römer im Mitteldonaugebiet vom Ausklang der La Tene-Zivilisation bis zum 2.Jh*, eds J. Tejral, K. Pieta, and J. Rajtár, Brno-Nitra: Archäologisches Institut der Akademie der Wissenschaften, Tschechische Republik.

Gabrielsen, V. (2007), "Brotherhoods of Faith and Provident Planning. The Non-public Associations of the Greek World," *Mediterranean Historical Review* 22/2: 183–210.

Gade Kristensen, A.K. (1988), *Who were the Cimmerians, and where did they come from? Sargon II, the Cimmerians, and Rusa I*, Copenhagen (The Royal Danish Academy of Sciences and Letters. Historisk-filosofiske meddelelser 57): Munksgaard.

Galsterer, B. and H. Galsterer (1975), *Die römischen Steininschriften aus Köln*, Cologne: Römisch-Germanisches Museum.

Gawlinski, L. (2008), "'Fashioning' Initiates: Dress at the Mysteries," in *Reading a Dynamic Canvas: Adornment in the Ancient Mediterranean World,* eds C. Colburn and M. Heyn, 146–69, Newcastle, UK: Cambridge Scholars.

Gawlinski, L. (2012), *The Sacred Law of Andania: A New Text and Commentary.* Vol. 2, Sozomena. Berlin: Walter de Gruyter.

Geddes, A.G. (1987), "Rags and Riches: the Costume of Athenian Men in the Fifth Century," CQ 37.2: 307–31.

George, M. (2001), "A Roman funerary monument with a mother and a daughter," in *Childhood, Class and Kin in the Roman World,* ed. S. Dixon, 178–89, London: Routledge.

George, M. (2002), "Slave Disguise in Ancient Rome," *Slavery & Abolition* 23: 41–54.

George, M. (2008), "The 'dark side' of the toga," in *Roman Dress and the Fabrics of Roman Culture* eds Jonathan Edmonson and Alison Keith, 94–112, Toronto: Toronto University Press.

Gergel, R.A. (1994), "Costume as geographic indicator: barbarians and prisoners on cuirassed statue breastplates," in *The World of Roman Costume*, eds J. Sebesta and L. Bonfante, 191–209, Madison: University of Wisconsin Press.

Gherchanoc, F. and V. Huet (eds) (2012), *Vêtements Antiques. S'habiller, se déshabiller dans les mondes anciens*, Arles: Édition Errance.

Gibson, R. (2003), *Ovid: Ars Amatoria Book 3. Translation and Commentary*, Cambridge: Cambridge University Press.

Gilbert, F. and D. Chastenet (2007), *La Femme Romaine au début de l'empire*, Paris: Éditions Errance.

Gillis, C. and M-L. Nosch (eds) (2007), *Ancient Textiles: Production, Craft and Society*, Oxford: Oxbow.

Gleba, M. (2004), "Linen production in Pre-Roman and Roman Italy," in *Purpureae Vestes. Textiles y tintes del Mediterráneo Antiguo*, eds C. Alfaro, J.P. Wild, B. Costa, 29–38, Valencia: University of Valencia.

Gleba, M. (2008a), "You are what you wear: Scythian costume as identity," in *Dressing the Past*, eds M. Gleba, C. Munkholt, and M.-L. Nosch, Oxford: Oxbow.

Gleba, M. (2008b), *Textile Production in Pre-Roman Italy*, Oxford: Oxbow.

Gleba, M. (2012), "From textiles to sheep: investigating wool fibre development in pre-Roman Italy using scanning electron microscopy (SEM)," *Journal of Archaeological Science* 39.12: 3643–61.

Gleba, M. and U. Mannering eds (2012), *Textiles and Textile Production in Europe from Prehistory to AD 400*, Oxford: Oxbow Books.

Goette, H.R. (1990), *Studien zu römischen Togadarstellungen*, Mainz: von Zabern.

Goldman, B. (1994), "Graeco-Roman dress in Syro-Mesopotamia," in *The World of Roman Costume*, eds J. Sebesta and L. Bonfante, 163–81, Madison: University of Wisconsin Press.

Gostenčnik, K. (2012), "Austria: Roman Period," in *Textiles and Textile Production in Europe from Prehistory to AD 400*, eds M. Gleba and U. Mannering, 65–88, Oxford: Oxbow Books.

Granger-Taylor, H. (1982), "Weaving clothes to shape in the ancient world: the tunic and the toga of the Arringatore," *Textile History* 13: 3–25.

Granger-Taylor, H. (1987), "The Emperor's Clothes: the Fold-Lines," *Bulletin of the Cleveland Museum of Art* 74.3: 114–23.

Granger-Taylor, H. (2008), "A Fragmentary Roman Cloak Probably of the 1st c CE and Off Cuts from Other Semi-Circular Cloaks," *Archaeological Textiles Newsletter* 46: 6–16.

Grömer, Karina (2009), "Reconstruction of the pre-Roman dress in Austria: a basis for identity in the Roman province of Noricum," in *Textiles y Museología*, eds Carmen Alfaro, Michael Tellenbach, and R. Ferraro, 155–65, Valencia:Autor/a.

Grömer, Karina (2012), "Austria: Bronze and Iron Ages," in *Textiles and Textile Production in Europe from Prehistory to AD 400*, eds M. Gleba and U. Mannering, 27–64, Oxford: Oxbow Books, 2012.

Habermann, W. (1998), "Zur chronologischen Verteilung der papyrologischen Zeugnisse," *Zeitschrift für Papyrologie und Epigraphik* 122: 144–60.

Habermann, W. and B. Tenger (2004), "Ptolemäer," in *Wirtschaftssysteme im historischen Vergleich*, ed. B. Schefold, 271–333, Stuttgart: Steiner.

Håland, E. (2012), "The Ritual Year of Athena. The Agricultural Cycle of the Olive, Girls' Rites of Passage, and Official Ideology," *Journal of Religious History* 36, no. 2: 256–84.

Hald, M. (1980), *Ancient Danish Textiles from Bogs and Burials*, Copenhagen: The National Museum of Denmark.

Hallett, C.H. (2005), *The Roman Nude. Heroic Portrait Statuary 200 BC–AD 300* (Oxford Studies in Ancient Culture and Representation), Oxford: Oxford University Press.

Halvorson, S. (2012), "Norway: Bronze and Iron Ages," in *Textiles and Textile Production in Europe from Prehistory to AD 400*, eds M. Gleba and U. Mannering, 275–90, Oxford: Oxbow Books.

Hammarlund, L. (2005), "Handicraft knowledge applied to archaeological textiles," *The Nordic Textile Journal* 8: 86–119.

Harlizius-Klück, E. (2004), *Weberei als episteme und die Genese der deduktiven Mathematik: in vier Umschweifen entwickelt aus Platons Dialogue Politikos*, Berlin: Ebersbach.

Harlizius-Klück, E. (2014), "The importance of beginnings: gender and representation in mathematics and weaving," in *Greek and Roman Textiles and Dress. An Interdisciplinary Anthology*, eds M. Harlow and M.-L. Nosch, 46–59, Oxford: Oxbow Books.

Harlow, M. (2004a), "Clothes Maketh the Man: Power Dressing and Elite Masculinity in the Later Roman World," in *Gender in the Early Medieval World: East and West, 300–900*, eds L. Brubaker and J.M.H. Smith, 44–69, Cambridge: Cambridge University Press.

Harlow, M. (2004b), "Female Dress, Third–Sixth Century: The Message in the Media?" *Antiquité Tardive* 12: 203–15.

Harlow, M. (2005), "Dress in the *Historia Augusta*: the role of dress in historical narrative," in *The Clothed Body in the Ancient World*, eds L. Cleland et al., 143–53, Oxford: Oxbow Books.

Harlow, M. (2007), "The impossible art of dressing to please: Jerome and the rhetoric of dress," in *Objects in Context, Objects in Use: Material Spatiality in Late Antiquity*, eds L. Lavan, E. Swift, and T. Putzeys, 531–49, Leiden: Brill.

Harlow, M. (2012), "Dressing to please themselves: Clothing choices of Roman women," in *Dress and Identity*, ed. M. Harlow, 35–47, Oxford: BAR Int. Ser. 2356. 2012.

Harlow, M. (2013), "Dressed Women on the Streets of the Ancient City: what to wear," in *Women and the Roman City in the Latin West*, eds Emily Hemelrijk and Greg Woolf, 225–42, Leiden and Boston: Brill, 2013.

Harlow, M. and M–L. Nosch (2014a) "Weaving the threads: methodologies in textile and dress research for the Greek and Roman worlds—the state of the art and the case for cross-disciplinarity", in *Greek and Roman Textiles and Dress. An Interdisciplinary Anthology*, eds M. Harlow and M–L Nosch, 1–33, Oxford: Oxbow Books.

Harlow, M. and M–L. Nosch eds (2014b), *Greek and Roman Textiles and Dress. An Interdisciplinary Anthology*, Oxford: Oxbow Books.

Harmless, W. (2004), *Desert Christians: Introduction to the Literature of Early Monasticism*. Oxford: Oxford University Press.

Harris, E.M. (2001), "Workshop, Marketplace and Household. The Nature of Technical Specialization in Classical Athens and Its Influence on Economy and Society," in *Money, Labour and Land. Approaches to the Economies of Ancient Greece*, eds P. Cartledge, E.E. Cohen, L. Foxhall, 67–99, London and New York: Routledge.

Harrison, E.B. (1991), "The Dress of the Archaic Greek Korai," in *New Perspectives in Early Greek Art*, ed, D. Buitron-Oliver, 117–38, Washington: National Gallery of Art.

Hartmann, E. (2007), *Frauen in der Antike. Weitliche Lebenswelten von Sappho bis Theodora*, München: C.H. Beck.

Hartney, A. (2002), "Dedicated Followers of Fashion: John Chrysostom on Female Dress," in *Women's Dress in the Ancient Greek World*, ed. L. Llewellyn-Jones, 243–58, London and Swansea: Classical Press of Wales.

Hartog, F. (1988), *The Mirror of Herodotus: The Representation of the Other in the Writing of History*, Berkeley: University of California Press.

Hase, F-W. von (2013), "Zur Kleidung im frühen Etrurien," in *Die Macht der Toga. Dresscode im römischen Weltreich*, eds M. Tellenbach, R. Schulz, and A. Wieczorek, 72–9, Regensburg: Schnell und Steiner.

Havelock, C. (1995), *The Aphrodite of Knidos and her Successors: A Historical Review of the Female Nude in Greek Art*, Ann Arbor: Michigan University Press.

Hemelrijk, E. (1987), "Women's Demonstrations in Republican Rome," in *Sexual Asymmetry: Studies in Ancient Society*, eds J. Blok and P. Mason, 21–40, Amsterdam: J. C. Gieben.

Hemelrijk, E. (2007), "Local Empresses: Priestesses of the Imperial Cult in the Cities of the Latin West," *Phoenix* 61: 318–49.

Herbig, C. and U. Maier, (2011), "Flax for oil or fibre? Morphometric analysis of flax seeds and new aspects of flax cultivation in Late Neolithic wetland settlements in southwest Germany," *Vegetation History and Archaeobotany* 20.6: 527, 532.

Hersch, Karen K. (2010), *The Roman Wedding. Ritual and Meaning in Antiquity*, Cambridge and New York: Cambridge University Press.

Herz, P. (2011), "Textilien vom nördlichen Balkan. Ein Beitrag zur Wirtschaft der römischen Provinz Raetia," in *Handel, Kultur und Militär. Die Wirtschaft des Alpen-Donau-Adria-Raumes*, eds P. Herz, P. Schmid, O. Stoll, 61–78, Berlin: Frank & Timme.

Heskel, J. (1994 (2001)), "Cicero as Evidence for Attitudes to Dress in the Late Republic," in *The World of Roman Costume*, eds J. Sebesta and L. Bonfante, 133–45, Madison: University of Wisconsin Press.

Heuzey, L. (1922), *Histoire du costume antique d'après des études sur le modèle vivant*, Paris: É. Champion.

Hildebrandt, B. (2009), "Seide als Prestigegut in der Antike," in *Der Wert der Dinge. Güter im Prestigediskurs*, eds B. Hildebrandt, C. Veit, 175–231, München: C.H. Beck (Münchener Studien zu Alten Welt).

Hildebrandt, B. (2013), "Seidenkleidung in der römischen Kaiserzeit," in *Die Macht der Toga. Dresscode in römischen weltreich*, eds Michael Tellenbach et al., 58–61, Mannheim: Roemer- und Pelizaeus-Museum Hildesheim, in cooperation with the Reiss-Engelhorn-Museen, 2013.

Hochberg, B. (1977), *Handspindles*, Santa Cruz: Bette and Bernard Hochberg.

Hollander, A. (1975 (1995)), *Seeing through Clothes*, Los Angeles: University of California Press.

Hollein, M., V. Brinkmann, and O. Primavesi (eds) (2010), *Circumlitio. The Polychromy of Antique and Medieval Sculpture*, München: Hirmer.

Horster, M. (2011), "Living on Religion: Professionals and Personnel," in *Blackwell Companion to Roman Religion*, ed. J. Rüpke, 331–42, Malden, MA: Blackwell.

Hošek, R. (2001), "Die Orientalen in Pannonien." *Anodos* 1: 103–7.

Houston, M.G. (1947), *Ancient Greek, Roman and Byzantine Costume and Decoration*, London: Adam and Charles Black.

Huet, V. (2012), "Le voile du sacrifiant à Rome sur les reliefs romains: une norme?" in *Vêtements Antiques. S'habiller, se déshabiller dans les mondes anciens*, eds F. Gherchanoc and V. Huet, 47–62, Arles: Édition Errance.

Hughes, C. (2006), *Dressed in Fiction*, London: Berg.

Hunter, D. (1999), "Clerical Celibacy and the Veiling of Virgins," in *The Limits of Ancient Christianity: Essays on Late Antique Thought and Culture in Honor of R.A. Markus*, eds W. Klingshirn and M. Vessey, 139–52, Ann Arbor: University of Michigan Press.

Husselman, E. (1961), "Pawnbrokers' accounts from Roman Egypt," *TAPA* 92: 251–66.

Irwin M.E. (1974), *Colour Terms in Greek Poetry from Homer to the End of the Fifth Century*, Toronto: University of Toronto Press.

James, D. (1996), "'I Dress in This Fashion': Transformations in Sotho Dress and Women's Lives in a Sekhukhuneland Village, South Africa," in *Clothing and Difference: Embodied Identities in Colonial and Post-Colonial Africa*, ed. H. Hendrickson, 34–65, Durham, NC, and London: Duke University Press.

Jeammet, V. (2014), "Sculpture *en miniature*: polychromy on Hellenistic terracotta statuettes in the Louvre Museum's collection," in *Transformations. Classical Sculpture in Colour*, eds J. Stubbe Østergaard and A.M. Nielsen, 208–23, Copenhagen: Ny Carlsberg Glyptotek.

Johnson, K.K., S.J. Trontore, and J.B. Eicher (eds) (2003), *Fashion Foundations. Early Writings on Fashion and Dress*. Oxford: Berg.

Jones, C. (1999), "Processional Colors," in *The Art of Ancient Spectacle*, eds B. Bergman and C. Kondoleon, Studies in the History of Art, Symposium Papers 34, 247–57, Washington: National Gallery of Art/New Haven, CT and London, UK: Yale University Press.

Jongman, W. (1988), *The Economy and Society of Pompeii*, Amsterdam: Gieben.

Jördens, A. (2009), *Statthalterliche Verwaltung in der römischen Kaiserzeit: Studien zum praefectus Aegypti*, Stuttgart: Steiner (Historia Einzelschriften 175).

Juan-Tresseras, J. (2000), "El uso de plantas para el lavado y teñido de tejidos en época romana. Análisis de residuos de la *fullonica* y la *tinctoria* de Barcino." *Complutum* 11: 245–52.

Kadar, Z. (1962), *Die kleinasiatisch-syrischen Kulte zur Römerzeit in Ungarn* (EPRO 2), Leiden: Brill.

Karakasi, K. (2003), *Archaic Korai*, Los Angeles: Paul Getty Museum.

Kardara, C. (1961), "Dyeing and Weaving Works at Isthmia," *AJA* 65.3: 261–6.

Kazhdan, A. (1991), s.v. Gynaikeion, *The Oxford Dictionary of Byzantium* 2: 888–9.

Kemp B.J. and G. Vogelsang-Eastwood (2001), *The Ancient Textile Industry at Armana*, 23, Egypt Exploration Society.

Kilian-Dirlmeier, I. (1988), "Jewellery in Mycenaean and Minoan 'Warrior Graves'," in *Problems in Greek Prehistory*, eds E.B. French and K.A. Wardle, 161–5, Bristol: Bristol Classical Press.

Killen, J.T. (1984), *Pylos comes alive: Industry and Administration on a Mycenaean Palace*, New York: Fordham University.

Kiss, M. (1993), "Zum Problem der barbarischen Ansiedlungen in Pannonien," *Specimina Nova* 9: 185–200.

Kleiner, D. (1978), "The Great Friezes of the Ara Pacis Augustae. Greek Sources, Roman derivatives, and Augustan social policy," *Mélanges de l'école française de Rome* 90: 753–85.

Kloppenborg, J.S. (1996), "Collegia and Thiasoi. Issues in Function, Taxonomy and Membership," in *Voluntary Associations in the Graeco-Roman World*, eds J.S. Kloppenborg and S.G. Wilson, 16–30, London and New York: Routledge.

Kolb, F. (1973), "Römische Mäntel: Paenula, Lacerna, Mandye." *Römische Mitteilungen* 80: 69–167.

Kolb, A. and J. Fugmann (2008), *Tod in Rom. Grabinschriften als Spiegel römischen Lebens*, Mainz: von Zabern.

Konstan, D. (2015), *Beauty. The Fortunes of an Ancient Greek Idea.* Oxford: Oxford University Press.

Körber-Grohne, U. (1994), *Nutzpflanzen in Deutschland*, Theiss: Stuttgart.

Krawiec, R. (2009), "'Garments of Salvation': Representations of Monastic Clothing in Late Antiquity," *Journal of Early Christian Studies* 17 no. 1: 125–50.

Królczyk, K. (2009), *Veteranen in den Donauprovinzen des Römischen Reiches (1.–3. Jahrhundert)*. Poznan: Wydawnictwo Poznańskie.

Kron, U. (1989), "Götterkronen und Priesterdiademe. Zu den griechischen Ursprüngen der sog. Büstenkronen," in *Festschrift für Jale İnan Armağanı*, 373–90, Yayınevi: Arkeoloji Sanat Yayınları.

Kunst, C. (2005), "'Ornamenta Uxoria': Badges of Rank or Jewelry of Roman Wives," *The Medieval History Journal* 8: 127–45.

Kurke, L. (1992), "The Politics of ἀβροσύνη in Archaic Greece," *Classical Antiquity* 11: 93–116.

La Follette, L. (1994 (2001)), "The Costume of the Roman Bride," in *The World of Roman Costume*, eds J. Sebesta and L. Bonfante, 54–64, Madison: University of Wisconsin Press.

Labarre, G. (1998), "Les métiers du textile en Grèce ancienne." *Topoi* 8: 791–814.

Labarre, G. and M.-Th. Le Dinahet (1996), "Les métiers du textile en Asie Mineure de l'époque hellénistique à l'époque impériale," in *Aspects de l'artisanat du textile dans le monde méditeranéen*, 49–116, Paris and Lyon: Diffusion de Boccard.

Lacan, J. (1977), *Ecrits: A selection* (trans. A. Sheridan), London: Tavistock Publications.

Laforce, M.F. (1978), "Woolsorters' disease in England," *Bulletin of the New York Academy of Medicine* 54: 957.

Langner, L. (1959), *The Importance of Wearing Clothes*, London: Constable Books.

Larsson Lovén, L. (1998), "Lanam Fecit—wool working and female virtue," in *Aspects of Women in Antiquity*, eds Lena Larsson Lovén and Agneta Strömberg, 85–95, Jonsered: Paul Åströms Förlag.

Larsson Lovén, L. (2007), "Wool-work as a gender symbol in ancient Rome," in *Ancient Textiles: Production, Craft and Society*, eds C. Gillis and M.-L. Nosch, 229–36, Oxford: Oxbow.

Larsson Lovén, L. (2010), "Coniugal concordia: Marriage and Marital Ideals on Roman Funerary Monuments," in *Ancient Marriage in Myth and Reality*, eds L. Larsson Lovén and A. Strömberg, 204–22, Newcastle upon Tyne: Cambridge Scholars Publishing.

Leadbeater, E. (1976), *Handspinning*, Bradford: Charles T. Brandford Company.

Leary, T.J. (1996), *Martial Book XIV: The Apophoreta*, London: Duckworth.

Lee, M. (2003), "The Ancient Greek *Peplos* and the 'Dorian Question'," in *Ancient Art and its Historiography,* eds A.A. Donohue and M. Fullerton, 118–47, Cambridge: Cambridge University Press.

Lee, M. (2004), " 'Evil wealth of raiment': Deadly *peploi* in Greek Tragedy," *Classical Journal* 99.3: 253–79.

Lee, M. (2005), "Constru(ct)ing Gender in the Feminine Greek *Peplos*," in *The Clothed Body in the Ancient World*, eds L. Cleland et al., 55–64, Oxford: Oxbow Books.

Lee, M. (2012), "Dress and Adornment in Archaic and Classical Greece," in *A Companion to Women in the Ancient World*, eds S.L. James and S. Dillon, 179–90, London: Wiley & Blackwell.

Legon, R.P. (1981), *Megara. The Political History of a Greek City-state to 336 BC*, Ithaca: Cornell University Press.

Lepper, F. and S. Frere (1988), *Trajan's Column,* Gloucester: Sutton.

Leuzinger, U. and A. Rast-Eicher (2011), "Flax processing in the Neolithic and Bronze Age pile-dwelling settlements of eastern Switzerland," *Vegetation History and Archaeobotany* 20.6: 535–42.

Lewis, S. (2002), *The Athenian Woman: An Iconographic Handbook,* London and New York: Routledge.

Linscheid, P. (2011), *Frühbyzantinishe textile Kopfbedeckungen, Typologie, Verbreitung, Chronologie und soziologischer Kontext nach Orginalfunden.* Spätantike—frühes christentum-byzanz kunst im ersten jahrtausend, Reihe B: Studien und Perspektiven Band 30, Wiesbaden: Dr. Ludwig Reichert Verlag.

Lipkin, S. (2013), "Textile Making—Questions Related to Age, Rank and Status," in *Making Textiles in Pre-Roman and Roman Times. Peoples, Places and Identities*, eds M. Gleba and J. Pásztókai-Szeoke, 19–29, Oxford: Oxbow Books.

Liu, J. (2009), *Collegia Centonariorum. The Guilds of Textile Dealers in the Roman West,* Leiden: Brill.

Llewellyn-Jones, L. (2001), "Sexy Athena: The dress and erotic representation of a virgin war-goddess," in *Athena in the Classical world,* eds S. Deacy and A. Villing, 233–57, Leiden: Brill.

Llewellyn-Jones, L. (2002), "A women's view? Dress, eroticism, and the ideal female body in Athenian art," in *Women's Dress in the Ancient Greek World*, ed. L. Llewellyn-Jones, 171–202, Swansea: Classical Press of Wales.

Llewellyn-Jones, L. (2003), *Aphrodite's Tortoise: the Veiled Woman of Ancient Greece,* London and Swansea: Classical Press of Wales.

Llewellyn-Jones, L. (2010), "A Key to Berenike's Lock: Royal Women in Early Ptolemaic Egypt and the Hathoric Model of Queenship," in *Creating a Hellenistic World*, eds A. Erskine and L. Llewellyn-Jones, 247–69, London and Swansea: Classical Press of Wales.

Llewellyn-Jones, L. (2012), "Veiling the Spartan woman," in *Dress and Identity*, ed. M. Harlow, 17–35, Oxford: Archaeopress.

Llewellyn-Jones, L. (2013), *King and Court in Ancient Persia*, Edinburgh: Edinburgh University Press.

Longo, O. (1998), "La zoologia delle porpore nell'antichità Greco-Romana," in *La Porpora: realtà e immaginario di un colore simbolico,* ed. O. Longo, 79–90, Venice: Instituto Veneto di Scienze, Lettere ed Arti.

Lőrincz, B. (1993),"Westliche Hilfstruppen im Pannonischen Heer," *Annales Universitatis Scientiarum Budapestinensis, Sectio Historica* 26: 75–86.

Lőrincz, B. (2001), *Die römischen Hilfstruppen in Pannonien während der Prinzipatszeit. 1. Die Inschriften*, Vienna: Forschungsgesellschaft Wiener Stadtarchäologie.

Lorsch Wildfang, R. (2006), *Rome's Vestal Virgins: A Study of Rome's Vestal Priestesses in the late Republic and Early Empire*, London and New York: Routledge.

Losfeld, G. (1991), *Essai sur le costume grec*, Paris: De Boccard.

Losfeld, G. (1994), *L'Art grec et le vêtement*, Paris: De Boccard.

Lurie, A. (1992), *The Language of Clothes*, London: Bloomsbury.

Maeder, F. (2008), "Sea-silk in Aquincum: first production proof in Antiquity," in *Vestidos, textiles y tintes, Estudios sobre la producción de bienes de consume en la Antigüedad. Purpureae vestes II* eds C. Alfaro and L. Karali, 109–18, Valencia: University of Valencia.

Magness, J. (2002), *The Archaeology of Qumran and the Dead Sea Scrolls,* Grand Rapids, MI: William B. Eerdmans.

Maguire, H. (1990), "Garments Pleasing to God: the Significance of Domestic Textiles in the early Byzantine Period," *Dumbarton Oaks Papers* 44: 215–44.

Maier, H. (2004), "Kleidung II," in *Reallexicon für Antike und Christentum* 21: 1–59.

Mannering, U. (2000), "Roman Garments from Mons Claudianus," in *Archéologie des textiles des origins au Vᵉ siècle*, eds D. Cardon and M. Feugere, *Actes du colloque de Lattes, octobre 1999*, Monographies Instrumentum 14, 283–90, Montagnac: Monique Mergoil.

Mannering, U. (2011), "Early Iron Age Craftsmanship from a Costume Perspective," *Arkæologi i Slesvig/ Archäologie in Schleswig*, Sonderband Det 61. Internationale Sachsensymposion 2010, 85–94, Haderslev, Denmark.

Mansfield, J. (1985), *The Robe of Athena and the Panathenaic Peplos*, Berkeley: University of California Press.

Mårtensson, L., M–L. Nosch, E. Andersson Strand (2009), "Shape of things. Understanding a loom weight," *Oxford Journal of Archaeology* 28 (4): 373–98.

McClure, L. (ed.) (2002), *Sexuality and Gender in the Ancient World*, Oxford: Oxford University Press.

Mersch, J. (1985), *La Colonne d'Igel. Das Denkmal von Igel*, Luxembourg: Les Imprimeries Centrales.

Michel, C. and M–L Nosch eds (2010), *Textile Terminologies*, Oxford: Oxbow Books.

Milanezi, S. (2005), "On *Rhakos* in Aristophanic Theatre," in *The Clothed Body in the Ancient World*, eds L. Cleland et al., 75–86, Oxford: Oxbow Books.

Miller, M. (1989), "The *Ependytes* in Classical Athens," *Hesperia* 58.3: 313–29.

Miller, M.C. (1997), *Athens and Persia in the Fifth Century B.C. A Study in Cultural Receptivity.* Cambridge: Cambridge University Press.

Mills, H. (1984), "Greek Clothing Regulations: Sacred and Profane," *ZPE* 55: 255–65.

Moeller, W.O. (1976), *The Wool Trade of Ancient Pompeii*, Leiden: Brill.

Molinier-Arbo, Agnès (2003), " *'Imperium in virtute esse non in decore:'* Le discours sur le costume dans *l'Histoire Auguste*," in *Costume et Société dans l'Antiquité et le haut Moyen Age*, eds Francois Chausson and Hervé Inglebert, 67–84, Paris: editions Picard.

Möller-Wiering, S. (2011), *War and Worship: Textiles from 3rd to 4th century AD Weapon Deposits in Denmark and Northern Germany*, Oxford: Oxbow.

Muhly, J.D. (1970), "Homer and the Phoenicians," *Berytus* 19: 19–64.

Munro, J. (1983), "The Medieval Scarlet and the Economics of Sartorial Splendour," in *Cloth and Clothing in Medieval Europe: Essays in Memory of E.M. Carus-Wilson*, eds by N.B. Harte and K.G. Ponting, 13–70, Pasold Research Fund and Heineman: London.

Nadig, M. (1986), *Die verborgene Kultur der Frau: Ethnopsychoanalytische Gespräche mit Bäuerinnen in Mexiko. Subjektivität und Gesellschaft im Alltag von Otomi-Frauen*, Frankfurt: Fischer.

Napoli, J. (2004), "Ars purpuraire et législation a l'époque Romaine," in *Purpureae Vestes: Actas del I Symposium Internacional sobre Textiles y Tintes del Mediterráneo en época romana*, ed. C. Alfaro, J.P. Wild, and B. Costa, 123–36, Valencia: University of Valencia.

Neils, J. (2001), *The Parthenon Frieze*, Cambridge: Cambridge University Press.

Nevett, L.C. (1999), *House and Society in the Ancient Greek World*, Cambridge: Cambridge University Press.

Norris, H. (1950), *Church Vestments: their Origin and Development*, New York: E.P. Dutton.

Norris, H. (1999), *Costume and Fashion vol. 1: The Evolution of European Dress through the Earlier Ages*, London: J.M. Dent & Sons, 1924; reprinted as *Ancient European Costume and Fashion*, Mineola, NY: Dover.

Nosch, M.-L. (2008), "The Mycenaean Palace-Organised Textile Industry," in *The Management of Agricultural Land and the Production of Textiles in the Mycenaean and Near Eastern Economies*, eds M. Perna and F. Pomponio, 135–54, Naples: Studi egei e vicinorientali.

Nosch, M.-L. (2014), "Linen Textiles and Flax in Classical Greece. Provenance and Trade," in *Textile Trade and Distribution in Antiquity*, ed. K. Droß-Krüpe, 17–42, Wiesbaden: Harrassowitz Verlag.

Ogden, D. (2002), "Controlling Women's Dress: Gynaikonomoi," in *Women's Dress in the Ancient Greek World*, ed. L. Llewellyn-Jones, Swansea: Classical Press of Wales.

Olson, K. (2002), "Matrona and whore: the clothing of Roman women in Antiquity," *Fashion Theory* 6.4: 387–420.

Olson, K. (2003), "Roman Underwear Revisited," *Classical World* 96.2: 201–10.

Olson, K. (2004–5), "*Insignia Lugentium*: Female Mourning Garments in Roman Antiquity," *American Journal of Ancient History* 3–4: 89–130.

Olson, K. (2008a), "The Appearance of the Young Roman Girl," in *Roman Dress and the Fabrics of Roman Culture*, eds J. Edmondson and A. Keith, 139–57, Toronto, Buffalo and London: University of Toronto Press.

Olson, K. (2008b), *Dress and the Roman Woman. Self-presentation and Society*, London: Routledge.

Olson, K. (2014a), "Masculinity, Appearance, and Sexuality: Dandies in Roman Antiquity," *The Journal of the History of Sexuality* 23.2: 182–205.

Olson, K. (2014b) "Toga and *Pallium*: Status, Sexuality, Identity," in *Sex in Antiquity: New Essays on Gender and Sexuality in the Ancient World*, eds M. Masterson and N. Rabinowitz, 422–48, London and New York: Routledge.

Palagia, O. (2008), "The Parthenon Frieze: Boy or Girl?" *Antike Kunst* 51: 3–7.

Parani, M. (2008), "Defining Personal Space: Dress and Accessories in Late Antiquity," in *Objects in Context, Objects in Use: Material Spatiality in Late Antiquity,* eds L. Lavan, E. Swift, and T. Putzeys, 497–529, Leiden: Brill.

Parker, G. (2002), "Ex Oriente Luxuria. Indian Commodities and Roman Experience," *Journal of the Economic and Social History of the Orient* 45: 40–95.

Pavan, V. (1978), "La veste bianca battesimale, indicium escatologico nella Chiesa dei primi secoli," *Augustinianum* 18: 257–71.

Pesando, F. and M.P. Guidobaldi (2006), *Pompei, Oplontis, Ercolano, Stabiae,* Roma: Laterza.

Petsalis-Diomidis, A. (2010), *Truly Beyond Wonders: Aelius Aristides and the Cult of Asclepius,* Oxford: Oxford University Press.

Piekenbrock, D. (ed.) (2013), *Gabler Kompakt-Lexikon Wirtschaft. 4500 Begriffe nachschlagen, verstehen, anwenden,* Berlin: Gabler.

Piening, H. (2010), "From scientific findings to reconstruction: the technical background to the scientific reconstruction of colours," in *Circumlitio. The Polychromy of Antique and Medieval Sculpture,* eds M. Hollein, V. Brinkmann, O. Primavesi, 108–13, München: Hirmer.

Pironti, G. (2012), "Autour du corps viril en Crète ancienne: l'ombre et le *peplos,*" in *Vêtements Antiques. S'habiller, se déshabiller dans les mondes anciens,* eds F. Gherchanoc and V. Huet, 93–104, Arles: Édition Errance.

Pomeroy, S.B. (1994), *Xenophon—Oeconomicus. A Social and Historical Commentary,* Oxford: Oxford Universtiy Press.

Potts, T. (1997), *Mesopotamian Civilization: The Material Foundations,* Ithaca, NY: Cornell University Press.

Prichtett, W.K. and A. Pippin (1956), "The Attic Stelai: Part II," *Hesperia* 25.3: 225–99.

Raeck, W. (1981), *Zum Barbarenbild in der Kunst Athens im 6. und 5. Jh. v. Chr,* Bonn: Habelt.

Ræder-Knudsen, L. (2010), "Tiny Weaving Tablets, Rectangular Weaving Tablets," in *North European Symposium for Archaeological Textiles X,* eds E. Andersson Strand, M. Gleba, U. Mannering, C. Munkholt, and M. Ringgaard, 150–56, Oxford: Oxbow Books.

Rast-Eicher, A. (2008), *Textilien, Wolle, Schafe der Eisenzeit in der Schweiz,* Antiqua 44, Basel: Veröffentlichung der Archäologie Schweiz.

Rast-Eicher, A. and L. Bender Jørgensen (2013), "Sheep wool in Bronze and Iron Age Europe," *Journal of Archaeological Science* 40: 1224–41.

Reilly, J. (1989), "Many Brides: 'Mistress and Maid' on Athenian Lekythoi," *Hesperia* 58: 411–44.

Reinhold, M. (1970), *History of Purple as a Status Symbol in Antiquity,* Brussels: Coll. Latomus.

Reiter, F. (2004), *Die Nomarchen des Arsinoites. Ein Beitrag zum Steuerwesen im römischen Ägypten,* eds Paderborn et al., Berlin: de Gruyter.

Reuthner, R. (2006), *Wer webte Athens Gewänder? Die Arbeit von Frauen im antiken Griechenland,* Frankfurt: Campus.

Reynolds, J. (1995), "The linen-market of Aphrodisias in Caria," in *Arculiana. Ioanni Boegli anno sexagesimo quinto feliciter peracto amici, discipuli, collegae, socii dona dederunt,* eds F.E. König, S. Rebetez, 523–7, Avenches: L.A.O.T.T.

Ribeiro, A. (2003), *Dress and Morality,* Oxford: Berg (lst ed. Batsford 1986).

Richardson, E.H. and L. Richardson Jr. (1966), "*Ad Cohibendum Bracchium Toga*: An archaeological examination of Cicero, *Pro Caelio* 5.11," *Yale Classical Studies* XI: 253–69.

Richter, G.M.A. (1960), *Kourai: Archaic youths. A Study of the Development of the Greek Kouros from the Late Seventh to the Early Fifth Century BC,* London: Phaidon Press.

Richter, G.M.A. (1968), *Korai: Archaic Greek Maidens. A Study of the Development of the Kore Type in Greek Sculpture,* London: Phaidon Press.

Ridgway, B.S. (1993), *The Archaic Style in Greek Sculpture,* Princeton: University of Michigan Press.

Rist, Anna (1978), *The Poems of Theocritus,* Chapel Hill: University of North Carolina Press.

Roberts, P. (2008), *Mummy Portraits from Roman Egypt,* London: British Museum Press.

Robinson, D.M. (1946), *Excavations at Olynthus XII: Domestic and Public Architecture* (The Johns Hopkins University Studies in Archaeology 36), Baltimore: John Hopkins Press.

Robinson, D. (2005), "Re-thinking the social organisation of trade and industry in first century AD Pompeii," in *Roman Working Lives and Urban Living,* eds A. MacMahon and J. Price, 88–107, Oxford: Oxbow.

Robinson, D.M. and J.W. Graham (1938), *Excavations at Olynthus VIII: The Hellenic House. A Study of the Houses Found at Olynthus with a Detailed Account of Those Excavated in 1931 and 1934* (The Johns Hopkins University Studies in Archaeology 25), Baltimore: Johns Hopkins Press.

Robson, J. (2005), "New clothes a new you: clothing and character in Aristophanes," in *The Clothed Body in the Ancient World,* eds L. Cleland, M. Harlow, and L. Llewellyn-Jones, 65–74, Oxford: Oxbow Books.

Robson, J. (2013), *Sex and Sexuality in Classical Athens,* Edinburgh: Edinburgh University Press.

Roccos, L. (2005), *Ancient Greek Costume: An Annotated Bibliography, 1784–2005,* Jefferson, North Carolina: McFarland.

Roller, Lynn E. (1998), "The Ideology of the Eunuch Priest," in *Gender and the Body in the Ancient Mediterranean,* ed. Maria Wyke, 118–35, Oxford: Blackwell.

Rooke, D. (2009), "Breeches of the Covenant: Gender, Garments, and the Priesthood," in *Embroidered Garments: Priests and Gender in Ancient Israel,* ed. D. Rooke, Hebrew Bible Monographs, 25. King's College London Studies in the Bible and Gender 2, 19–37, Sheffield: Sheffield Phoenix Press.

Rorison, M. (2001), *Vici in Roman Gaul.* Oxford: BAR International Series 933.

Rose, B.F. (1990), " 'Princes' and Barbarians on the Ara Pacis," *AJA* 94: 453–67.

Rosivach, V.J. (1989), "Talasiourgoi and Paidia in IG II²1553–78, a note on Athenian Social History," *Historia* 38.3: 365–70.

Rothe, U. (2009), *Dress and Cultural Identity in the Rhine-Moselle Region of the Roman Empire.* Oxford: Archaeopress.

Rothe, U. (2012a), "Dress in the middle Danube provinces: the garments, their origins and their distribution," *Jahreshefte des Österreichischen Archäologischen Instituts,* 81: 137–231.

Rothe, U. (2012b), "The 'Third Way': Treveran women's dress and the Gallic Ensemble," *AJA* 116 (2): 235–52.

Rothe, U. (2014), "Chapter 35: Ethnicity in the Roman Empire," in *Blackwell Companion to Ethnicity in the Ancient Mediterranean,* ed. J. McInerney, 497–513, Malden, MA and Oxford: Blackwell.

Roussin, L.A. (1994 (2001)), "Costume in Roman Palestine: Archaeological Remains and the Evidence of the Mishnah," in *The World of Roman Costume,* eds J.L. Sebesta and L. Bonfante, 182–90, Madison: University of Wisconsin Press.

Rowe, C. (1972), "Concepts of Colour and Colour Symbolism in the Ancient World," *Eranos Jahrbuch* 41: 327–364.

Rubens, A. (1967), *A History of Jewish Costume.* London: Valentine, Mitchell.

Ruffing, K. (2008), *Die berufliche Spezialisierung in Handel und Handwerk. Untersuchungen zu ihrer Entwicklung und zu ihren Bedingungen in der römischen Kaiserzeit im östlichen*

Mittelmeerraum auf der Grundlage der griechischen Inschriften und Papyri, Rahden/Westf.: Marie Leidorf (Pharos 24).

Ruffing, K. (2014), "Seidenhandel in der römischen Kaiserzeit," in *Textile Trade and Distribution in Antiquity*, ed. K. Droß-Krüpe, 71–81, Wiesbaden (Philippika 73).

Ryberg, I. (1955), *Rites of the State Religion in Roman Art*. Memoirs of the American Academy in Rome 22, Rome: American Academy in Rome.

Ryder, M.L. (1983), *Sheep and Man*, London: Duckworth.

Ryder, M.L. (2005), "The human development of different fleece-types in sheep and its association with development of textile crafts," in *Northern Archaeological Textiles, Textiles symposium in Edinburgh 5th–7th May 1999*, NESAT VII, eds F. Pritchard and J.P. Wild, 122–8, Oxford: Oxbow Books.

Sacken, E.F. von (1868), *Das Grabfeld von Hallstatt in Oberösterreich und dessen Alterthümer*, Vienna: Wilhelm Braumüller.

Saka, V. (1991), "Čechy a podunajské provincie Rímské Ríše. Bohemia and the Danubian provinces of the Roman Empire," *Sborník Národního muzea v Praze, ada A* 45: 1–66.

Scanlon, T.F. (2002), *Eros and Greek Athletics*, Oxford: Oxford University Press.

Scheid, J. (2003), *An Introduction to Roman Religion*, Bloomington: Indiana University Press.

Scheid, J. and J. Svenbro (1996), *The Craft of Zeus. Myths of Weaving and Fabric*, Cambridge MA: Harvard University Press.

Scherrer, P. (2004), "Die Ausprägung lokaler Identität in den Städten in Noricum und Pannonien. Eine Fallstudie anhand der Civitas-Kulte," in *Lokale Identitäten in Randgebieten des Römischen Reiches*, ed. A. Schmidt-Colinet, 175–87, Vienna: Phoibos.

Schlabow, K. (1976), *Textilfunde der Eisenzeit in Norddeutschland*, Neumünster: Wachholtz.

Schlezinger-Katsman, D. (2010), "Clothing," in *The Oxford Handbook of Jewish Daily Life in Roman Palestine*, ed. C. Hezser Oxford: Oxford University Press.

Schmidt-Colinet, A. (2000), A. Stauffer and K. al-As'ad, *Die Textilien aus Palmyra. Neue und alte Funde*, Mainz: P. von Zabern.

Schmidt-Colinet, A. (2004), "Palmyrenische Grabkunst als Ausdruck lokaler Identität(en): Fallbeispiele," in *Lokale Identitäten in Randgebieten des Römischen Reiches*, ed. A. Schmidt-Colinet, 189–98, Vienna: Phoibos.

Schmidt-Colinet, A. (2005), *Palmyra. Kulturbegegnung im Grenzbereich*, Mainz: von Zabern.

Scholz, B. (1992), *Untersuchungen zur Tracht der römischen* matrona, Cologne: Böhlau.

Schrenk, S. (2004), *Textilen des Mittelmeerraumes aus spätantiker bis Zeit*, Riggisberg: Abegg-Stiftung.

Sebesta, J. (1994a (2001)) "Symbolism in the Costume of the Roman Woman," in *The World of Roman Costume*, eds J. Sebesta and L. Bonfante, 46–53, Madison: University of Wisconsin Press.

Sebesta, J.L. (1994b (2001)) "*Tunica Ralla, Tunica Spissa*: the Colors and Textiles of Roman Costume," in *The World of Roman Costume*, eds J.L. Sebesta and L. Bonfante, 65–76, Madison: University of Wisconsin Press.

Sebesta, J.L. (1997), "Women's Costume and Feminine Civic Morality in Augustan Rome," *Gender and History* 9.3: 529–41.

Sebesta, J.L. (2002), "Visions of Gleaming Textiles and a Clay Core: Textiles, Greek Women and Pandora," in *Women's Dress in the Ancient Greek World*, ed. Lloyd Llewellyn-Jones 125–42, London and Swansea: Classical Press of Wales.

Sebesta, J.L. (2005), "The *toga praetexta* of Roman children and praetextate garments," in *The Clothed Body in the Ancient World*, eds L. Cleland et al., 113–20, Oxford: Oxbow Books.

Sebesta, J.L. and L. Bonfante (eds) (1994), *The World of Roman Costume*, Madison: University of Wisconsin Press.

Serfass, A. (2014), "Unravelling the *Pallium* Dispute between Gregory the Great and John of Ravenna," in *Dressing Judeans and Christians in Antiquity*, eds K. Upson-Saia, C. Daniel-Hughes, and A. Batten, 75–96, Farnham, UK, and Burlington, VT: Ashgate.

Serwint, N. (1993), "The Female Athletic Costume at the Heraia and Prenuptial Initiation Rites," *American Journal of Archaeology* 97 no. 3: 403–22.

Shahbazi, A.S. (1978), "New Aspects of Persepolitan Studies," *Gymnasium* 85: 487–500.

Sheridan, J.A. (1998), *Columbia Papyri IX—The vestis militaris codex*, Atlanta: American Society of Papyrologists.

Shirazi, F. (2001), *The Veil Unveiled. The hijab in modern culture*, Tallahassee: University Press of Florida.

Shishlina, N., O. Orfinskaya, and V. Golikov (2002), "Bronze Age textiles from North Caucasus: Problems of Origin," in *Steppe of Eurasia in Ancient Times and Middle Ages, Proceedings of International Conference*, ed. J. J. Piotrovskii, St Petersburg: The Hermitage.

Shumka, L. (2008), "Designing Women: The Representation of Women's Toiletries on Funerary Monuments in Roman Italy," in *Roman Dress and the Fabrics of Roman Culture*, eds J. Edmondson and A. Keith, 172–91, Toronto: Toronto University Press.

Sidebotham, S.E. (2011), *Berenike and the Ancient Maritime Spice Route*, Berkeley: University of California Press.

Silver, M. (2012), "A forum on trade," in *The Cambridge Companion to the Roman Economy*, ed. W. Scheidel, 292–5, Cambridge: Cambridge University Press.

Solin, H. (1983), "Juden und Syrer in der römischen Welt," *Aufstieg und Niedergang der römischen Welt* II, 29.2: 587–789.

Sourvinou-Inwood, C. (1988), *Studies in Girl's Transitions: Aspects of the Arkteia and Age Representation in Attic Iconography*, Athens: Kardamitsa.

Spielvogel, J. (2001), *Wirtschaft und Geld bei Aristophanes. Untersuchungen zu den ökonomischen Bedingungen in Athen im Übergang vom 5. zum 4. Jahrhundert. v. Chr.* (Frankfurter althistorische Beiträge 8), Frankfurt: Marthe Clauss.

Sponsler, C. (1992), "Narrating the Social Order: Medieval Clothing Laws," *Clio* 21: 265–83.

Stærmose Nielsen, K.-H. (1999), *Kirkes væv. Opstadvævens historia og nutidige brug*, Lejre: Historisk-Arkeologisk Forsøgscenter.

Stauffer, A. (2010), "Kleidung in Palmyra. Neue Fragen an alte Funde," in *Zeitreisen. Syrien—Palmyra—Rom. Festschrift für Andreas Schmidt-Colinet zum 65. Geburtstag*, eds B. Bastl, Verena Gassner, and U. Muss, 209–18, Vienna: Phoibos.

Stauffer, A. (2012), "Dressing the dead in Palmyra in the second and third centuries AD," in *Dressing the Dead in Classical Antiquity*, eds M. Carroll and J.P. Wild, 89–98, Stroud: Amberley.

Stauffer, A. and L. Raeder Knudsen (2013), "Kleidung als Botschaft: Die Mäntel aus den Vorrömischen Fürstengräbern von Verucchio," in *Die Macht der Toga*, eds M. Tellenbach, R. Schulz, and A. Wieczorek, 69–71, Regensburg: Schnell und Steiner.

Stears, K. (2013), "Dead Women's Society. Constructing female gender in Classical Athenian funerary sculpture," in *Time, Tradition and Society in Greek Archaeology. Bridging the "Great Divide,"* ed. N. Spivey, 109–31, London and New York: Routledge.

Stewart, P. (2008), *The Social History of Roman Art* (Cambridge Key Themes), Cambridge: Cambridge University Press.

Stieber, M. (2005), *The Poetics of Appearance in the Attic Korai*, Austin: University of Texas Press.

Stone, S. (1994 (2001)), "The Toga: From National Costume to Ceremonial Costume," in *The World of Roman Costume: Wisconsin Studies in Classics*, eds J. Sebesta and L. Bonfante, 13–45, Madison: University of Wisconsin Press.

Stubbe Østergaard, J. (2010), "The polychromy of antique sculpture: a challenge to western ideals?" in *Circumlitio. The Polychromy of Antique and Medieval Sculpture*, eds M. Hollein, V. Brinkmann, O. Primavesi, 78–105, München,: Hirmer.

Stubbe Østergaard, J. and Anne-Marie Nielsen eds (2014), *Transformations: Classical Sculpture in Colour*, Copenhagen: Ny Carlsberg Glyptotek.

Strassi, S. (2008), *L'archivio di Claudius Tiberianus da Karanis*, Berlin and New York: de Gruyter.

Swalec, J. (2016), "Weaving for the people not a *peplos*, but a *chlaina*: woolworking, peace, and nuptial sex in Aristophanes' Lysistrata," in *Spinning the Fates and the Song of the Loom*, eds G. Fanfani, M. Harlow, and M.-L. Nosch, Oxford: Oxbow Books.

Swartz, M. (2002), "The Semiotics of Priestly Vestments in Ancient Judaism," in *Sacrifice in Religious Experience*, ed. A. Baumgarten, 57–80, Leiden: Brill.

Tarlo, E. (1996), *Clothing Matters: Dress and Identity in India*, Chicago and London: University of Chicago Press.

Taylor, G.W. (1983), "Detection and Identification of Dyes on Pre-Hadrianic Textiles from Vindolanda," *Textile History* 2: 115–24.

Taylor, J. (2014), "Imaging Judean Priestly Dress: The Berne Josephus and 'Judea Capta' Coinage," in *Dressing Judeans and Christians in Antiquity*, eds K. Upson-Saia, C. Daniel-Hughes, and A. Batten, 195–212, Farnham, UK, and Burlington, VT: Ashgate.

Taylor, L. (2001), *The Study of Dress History*, Manchester: Manchester University Press.

Taylor, L. (2004), *Establishing Dress History*, Manchester: Manchester University Press.

Teixidor, J. (1984), "Un port romain du desert. Palmyre et son commerce d'Auguste a Caracalla," *Semitica* 34: 1–125.

Tellenbach, M., R. Schulz, and A. Wieczorek (eds) (2013), *Die Macht der Toga. Dresscode im Römischen Weltreich*, Roemer- und Pelizaeus-Museum Hildesheim, in cooperation with the Reiss-Engelhorn-Museen Mannheim.

Thomas, B. (2002), "Whiteness and Femininity from Women's Clothing in the Ancient Greek World," in *Women's Dress in the Ancient Greek World*, ed. L. Llewellyn-Jones, 1–16, London and Swansea: Classical Press of Wales.

Thompson, C. (1988), "Hairstyles, Head-Coverings, and St. Paul: Portraits from Roman Corinth," *Biblical Archaeologist* 51 no.2: 99–115.

Thompson, J. and H. Granger-Taylor (1996), "The Persian Zilu Loom of Meybod," *CIETA-Bulletin* 73 (1996): 27–53.

Thuillier, J.-P. (1988), "La nudité athlétique," *Nikephoros* 1: 29–48.

Tigchelaar, E. (2003), "The White Dress of the Essenes and the Pythagoreans," in *Jerusalem, Alexandria, Rome: Studies in Ancient Cultural Interaction in Honour of A. Hilhorst*, eds F. Martínez and G. Luttikhuizen, supplements to the Journal for the Study of Judaism 82, 300.0.1–321, Leiden and Boston, MA: Brill.

Tran, N. (2006), *Les membres des associations romaines. Le rang social des collegiati en Italie et en Gaule, sous le haut-empire*, Rome: École française de Rome.

Treherne, P. (1995), "The Warrior's Beauty: the Masculine Body and Self-Identity in Pre–Modern Europe," *Journal of European Archaeology* 3.1: 105–44.

Upson-Saia, K. (2011), *Early Christian Dress: Gender, Virtue, and Authority*, Routledge Studies in Ancient History 3, New York: Routledge.

Upson-Saia, K., C. Daniel Hughes, and A. J. Batten (eds) (2014), *Dressing Judeans and Christians in Antiquity*, Farnham: Ashgate.

Urbano, A. (2014), "Sizing Up the Philosopher's Cloak: Christian Visual and Verbal Representations of the *Trib n*," in *Dressing Judeans and Christians in Antiquity*, eds K. Upson-Saia, C. Daniel-Hughes, and A. Batten, 174–94, Farnham, UK and Burlington, VT: Ashgate.

van den Hoff, R. (2008), "Images of Cult Personnel in Athens between the Sixth and First Centuries BC," in *Practitioners of the Divine Greek Priests and Religious Officials from Homer to Heliodorus*, eds B. Dignas and K. Trampedach, 107–41, Washington, DC: Center for Hellenic Studies, Cambridge, MA: Harvard University Press.

van Minnen (1986), The Volume of the Oxyrhynchite Textile Trade, *MBAH* 5.2: 88–95.

van Wees, H. (1998), "Greeks Bearing Arms: the State, the Leisure Class, and the Display of Wealth in Archaic Greece," in *Archaic Greece: New Approaches and New Evidence,* eds N. Fisher and H. van Wees, 333–78, London and Swansea: Classical Press of Wales.

van Wees, H. (2005), "Clothes, Class and Gender in Homer," in *Body Language in the Greek and Roman Worlds,* ed. F. Cairns, 1–36, London and Swansea: Classical Press of Wales, 2005.

Vanden Berghe, I., B. Devia, M. Gleba, and U. Mannering (2010), "Dyes: to be or not to be. An investigation of Early Iron Age Dyes in Danish Peat Bog Textiles," in *North European Symposium for Archaeological Textiles X*, eds E. Andersson Strand, M. Gleba, U. Mannering, C. Munkholt, and M. Ringgaard, 247–51, Oxford: Oxbow.

Verboven, K. (2007), "The Associative Order. Status and Ethos among Roman Businessmen in Late Republic and Early Empire," *Athenaeum* 95: 861–93.

Vermaseren, M. (1997), *Cybele and Attis: the Myth and the Cult*, London: Thames & Hudson.

Vicari, F. (1994), "Economia della Cisalpina romana—la produzione tessile." *RSA* 24: 239–60.

Vicari, F. (2001), *Produzione e commercio dei tessuti nell'Occidente romano*, Oxford: BAR (BAR International Series 916).

Virgil (1916), *Eclogues. Georgics. Aeneid: Books 1–6,* Trans. H. Rushton Fairclough, Rev. G.P. Goold, Loeb Classical Library 63, Cambridge, MA: Harvard University Press.

Vishina, R. (1987), "Caius Flaminius and the *lex Metilia de fullonibus*," *Athenaeum* 65: 527–34.

Vogelsang, W. (1992), *The Rise and Organisation of the Achaemenid Empire: The Eastern Iranian Evidence,* Leiden: Brill.

Vout, C. (1996), "The myth of the toga: Understanding the history of Roman dress," *Greece & Rome* 43: 204–220.

Wace, A.J.B. (1948), "Weaving or Embroidery?" *American Journal of Archaeology* 48: 51–5.

Waetzoldt, H. (1972), *Untersuchungen zur neusumerischen Textilindustrie*. Studi economici e technologici 1, Rome: Centro per le antichità e la storia dell'arte del Vicino Oriente.

Wagner-Hasel, B. (2000), *Der Stoff der Gaben. Kultur und Politik des Schenkens und Tauschens im archaischen Griechenland*, Frankfurt: Campus.

Walker, S. (ed.) (1997), *Ancient Faces*. London: British Museum.

Wallace, S.L. (1938 (repr. New York 1969), *Taxation in Egypt from Augustus to Diocletian*, Princeton: Princeton University Press.

Wallace-Hadrill, A. (2008), *Rome's Cultural Revolution*, Cambridge: Cambridge University Press.

Walters, E. (1988), *Attic Grave Reliefs that Represent Women in the Dress of Isis*, Hesperia Supplement 22, Princeton, NJ: American School of Classical Studies at Athens.

Weitzmann, K. (ed.) (1979), *Age of Spirituality: Late Antique and Early Christian Art, Third to Seventh Century*: catalog of the exhibition at the Metropolitan Museum of Art, Nov. 1977–Feb. 1978, New York: Metropolitan Museum of Art.

Wells, R. (1988), *The Idylls of Theocritus*. Manchester: Carcanet Press.

Westbrook, R. (2005), "Penelope's Dowry and Odysseus' Kingship," in *Symposion 2001. Papers on Greek and Hellenic Legal History*, eds R. W. Wallace and M. Gagarin, 3–23, Vienna: Verlag der Österr. Akademie der Wissenschaften.

Wickert-Micknat, G. (1982), *Die Frau, ArchHom III R.* Göttingen: Vandenhoeck & Ruprecht.

Wierschowski, L. (1984), *Heer und Wirtschaft. Das römische Heer der Prinzipatszeit als Wirtschaftsfaktor*, Bonn: Habelt.

Wierschowski, L. (1995), *Die regionale Mobilität in Gallien nach den Inschriften des 1. bis 3. Jahrhunderts n. Chr. Quantitative Studien zur Sozial- und Wirtschaftsgeschichte der westlichen Provinzen des Römischen Reiches*, (Historia Einzelschriften 91) Stuttgart: Franz Steiner.

Wild, J.P. (1968), "Die Frauentracht der Ubier," *Germania* 46(1): 67–73.

Wild, J.P. (1970 (2009)), *Textile Manufacture in the Northern Roman Provinces*, Cambridge: Cambridge University Press.

Wild, J.P. (1985), "The clothing of Britannia, Gallia Belgica and Germania Inferior," *ANRW* II.12.3: 362–423.

Wild, J.P. (1994), "Tunic No. 4219: an Archaeological and Historical Perspective," *Riggisberger Berichte* : 9–36.

Wild, J.P. (2000), "Textile production and trade in Roman literary sources," in *Archéologie des textiles des origines au Ve siècle*, eds D. Cardon and M. Feuguère, 209–14, Montagnac: éditions Monique Mergoil.

Wild, J.P. (2002), "The textile industries of Roman Britain," *Britannia* 33: 1–42.

Wild, J.P. (2003), "Facts, Figures and Guesswork in the Roman Textile Industry", in *Textilien aus Archäologie und Geschichte. Festschrift für Klaus Tidow*, eds L. Bender Jørgensen et al., 37–45, Neumünster: Wachholtz.

Wild, J.P. (2007), "Methodological Introduction,' in *Ancient Textiles: Production, Craft and Society*, eds C. Gillis and M–L. Nosch, 1–6, Oxford: Oxbow Books.

Wild, J.P. and F.C. Wild (2014), "Berenike and textile trade on the Indian Ocean," in *Textile Trade and Distribution in Antiquity*, ed. K. Droß-Krüpe, 91–109, Wiesbaden: Harrassowitz (Philippika 73).

Wild, J.P., F. Wild and A.J. Clapham (2008), "Roman cotton revisited," in *Purpureae Vestes. Textiles y tintes del Mediterráneo Antiguo*, eds C. Alfaro, J.P. Wild, B. Costa, 143–8, Valencia: University of Valencia.

Williams, C.A. (1999), *Roman Homosexuality. Ideologies of Masculinity in Classical Antiquity*, New York and Oxford: Oxford University Press.

Williams, D. and J. Ogden (1995), *Greek Gold: Jewellery of the Classical World*, London: British Museum Press.

Williamson, O.E. (1985), *The Economic Institutions of Capitalism: Firms, Markets, Relational Contracting*, New York: Free Press.

Wilson, A. (2001), "Timgad and Textile Production," in *Economies beyond Agriculture in the Classical World*, eds D. Mattingly and J. Salmon, 271–96, London and New York: Routledge.

Wilson, L. (1924), *The Roman Toga*, Baltimore: John Hopkins Press.

Wilson, L.M. (1938), *The Clothing of the Ancient Romans*, Baltimore: Johns Hopkins University Press.

Witkowski, A.J. and L.C. Parish (2002), "The story of anthrax from Antiquity to the present: a biological weapon of nature and humans," *Clinics in Dermatology* 20.4: 336–7.

Wyke, M. (1994), "Woman in the Mirror: the Rhetoric of Adornment in the Roman World," in *Women in Ancient Societies: An Illusion of the Night*, eds L. J. Archer, S. Fischler, and M. Wyke, 134–51, London: MacMillan.

Yadin, Y. (1963), *Finds from the Bar-Kokhba Period in the Cave of Letters*, Jerusalem: Israel Exploration Society.

Young, G.Y. (2001), *Rome's Eastern Trade. International Commerce and Imperial Policy*, 31 BC–AD 305, London and New York: Routledge.

Young, R.D. (2011), "The Influence of Evagrius of Pontus," in *To Train His Soul in Books: Syriac Asceticism in Early Christianity*, eds R. Young and M. Blanchard, Washington: Catholic University of America Press.

Zanda, E. (2011), *Fighting Hydra-Like Luxury: Sumptuary Legislation in the Roman Republic*, London: Bristol Classical Press.

Zanker, P. (1990) *The Power of Images in the Age of Augustus*, Ann Arbor: University of Michigan Press.

图书在版编目（CIP）数据

西方服饰与时尚文化. 古代 /（英）玛丽·哈洛
（Mary Harlow）编; 谭皓今, 杨帆译. -- 重庆: 重庆
大学出版社, 2024.1
（万花筒）
书名原文: A Cultural History of Dress and
Fashion in Antiquity
ISBN 978-7-5689-4214-0

Ⅰ.①西… Ⅱ.①玛… ②谭… ③杨… Ⅲ.①服饰文
化—文化史—研究—西方国家—古代 Ⅳ.①TS941.12-091

中国国家版本馆CIP数据核字(2023)第215993号

西方服饰与时尚文化：古代

XIFANG FUSHI YU SHISHANG WENHUA：GUDAI

[英] 玛丽·哈洛（Mary Harlow）——编

谭皓今　杨帆——译

策划编辑：张　维
责任编辑：鲁　静
责任校对：谢　芳
书籍设计：崔晓晋
责任印制：张　策

重庆大学出版社出版发行
出版人：陈晓阳
社址：（401331）重庆市沙坪坝区大学城西路 21 号
网址：http://www.cqup.com.cn
印刷：天津图文方嘉印刷有限公司

开本：720mm×1020mm　1/16　印张：19.75　字数：258 千
2024 年 1 月第 1 版　　2024 年 1 月第 1 次印刷
ISBN 978-7-5689-4214-0　定价：99.00 元

版贸核渝字（2020）第 102 号